建筑与市政工程施工现场专业人员职业标准培训教材

施工员岗位知识与专业技能
（装饰方向）

建筑与市政工程施工现场专业人员职业标准培训教材编审委员会

中国建设教育协会　　　　　　　　　　　　组织编写

朱吉顶　主编

中国建筑工业出版社

图书在版编目（CIP）数据

施工员岗位知识与专业技能. 装饰方向/朱吉顶主编. —北京：
中国建筑工业出版社，2013.1
　建筑与市政工程施工现场专业人员职业标准培训教材
　ISBN 978-7-112-16328-1

　Ⅰ.①施…　Ⅱ.①朱… 　Ⅲ.①建筑装饰-工程施工-职业培训-
教材　Ⅳ.①TU767

中国版本图书馆 CIP 数据核字（2014）第 011103 号

　　本教材是与《建筑与市政工程施工现场专业人员职业标准》及考核评价大纲配套培训教材，并参照装饰行业的职业技能鉴定规范，按照建筑装饰工程上岗人员基本要求，专门编写的职业能力培训规划教材。

　　本教材主要以装饰施工员岗位知识为基础，以施工员的岗位技能为主线。全书分为七部分内容，包括：装饰装修相关的管理规定和标准、施工组织设计及专项施工方案的内容和编制方法、施工进度计划的编制方法、环境与职业健康安全管理的基本知识、工程质量管理的基本知识、工程成本管理的基本知识、常用施工机械机具的性能等。整合了装饰施工员的基本岗位要求和必备技能，构建教材结构体系。教材内容与行业需求紧密联系，每一个环节都突出了岗位需求，落实岗位技能。本教材着重培养和提高装饰施工员的实际运用能力，图文对照，新颖直观，通俗易懂，流程清晰，便于学习。

　　本书既可作为参加现场施工专业人员职业资格考核培训必备的学习用书，也可供施工项目现场材料管理人员及各类院校相关师生参考使用。

　　责任编辑：朱首明　李　明　杨　琪
　　责任设计：李志立
　　责任校对：党　蕾　赵　颖

建筑与市政工程施工现场专业人员职业标准培训教材
施工员岗位知识与专业技能
（装饰方向）
建筑与市政工程施工现场专业人员职业标准培训教材编审委员会
　　　　　　　　　　　　　　　　　　　　　　　　　　　组织编写
中国建设教育协会
朱吉顶　主编

*

中国建筑工业出版社出版、发行（北京西郊百万庄）
各地新华书店、建筑书店经销
北京科地亚盟排版公司制版
北京富生印刷厂印刷

*

开本：787×1092 毫米　1/16　印张：14¾　字数：365 千字
2014 年 3 月第一版　　2015 年 4 月第三次印刷
定价：**38.00** 元
ISBN 978 - 7 - 112 - 16328 - 1
（25031）

建筑与市政工程施工现场专业人员职业标准培训教材
编审委员会

出 版 说 明

　　建筑与市政工程施工现场专业人员队伍素质是影响工程质量和安全生产的关键因素。我国从 20 世纪 80 年代开始，在建设行业开展关键岗位培训考核和持证上岗工作。对于提高建设行业从业人员的素质起到了积极的作用。进入 21 世纪，在改革行政审批制度和转变政府职能的背景下，建设行业教育主管部门转变行业人才工作思路，积极规划和组织职业标准的研发。在住房和城乡建设部人事司的主持下，由中国建设教育协会、苏州二建建筑集团有限公司等单位主编了建设行业的第一部职业标准——《建筑与市政工程施工现场专业人员职业标准》，已由住房和城乡建设部发布，作为行业标准于 2012 年 1 月 1 日起实施。为推动该标准的贯彻落实，进一步编写了配套的 14 个考核评价大纲。

　　该职业标准及考核评价大纲有以下特点：（1）系统分析各类建筑施工企业现场专业人员岗位设置情况，总结归纳了 8 个岗位专业人员核心工作职责，这些职业分类和岗位职责具有普遍性、通用性。（2）突出职业能力本位原则，工作岗位职责与专业技能相互对应，通过技能训练能够提高专业人员的岗位履职能力。（3）注重专业知识的完整性、系统性，基本覆盖各岗位专业人员的知识要求，通用知识具有各岗位的一致性，基础知识、岗位知识能够体现本岗位的知识结构要求。（4）适应行业发展和行业管理的现实需要，岗位设置、专业技能和专业知识要求具有一定的前瞻性、引导性，能够满足专业人员提高综合素质和适应岗位变化的需要。

　　为落实职业标准，规范建设行业现场专业人员岗位培训工作，我们依据与职业标准相配套的考核评价大纲，组织编写了《建筑与市政工程施工现场专业人员职业标准培训教材》。

　　本套教材覆盖《建筑与市政工程施工现场专业人员职业标准》涉及的施工员、质量员、安全员、标准员、材料员、机械员、劳务员、资料员 8 个岗位 14 个考核评价大纲。每个岗位、专业，根据其职业工作的需要，注意精选教学内容、优化知识结构、突出能力要求，对知识、技能经过合理归纳，编写为《通用与基础知识》和《岗位知识与专业技能》两本，供培训配套使用。本套教材共 29 本，作者基本都参与了《建筑与市政工程施工现场专业人员职业标准》的编写，使本套教材的内容能充分体现《建筑与市政工程施工现场专业人员职业标准》，促进现场专业人员专业学习和能力提高的要求。

　　作为行业现场专业人员第一个职业标准贯彻实施的配套教材，我们的编写工作难免存在不足，因此，我们恳请使用本套教材的培训机构、教师和广大学员多提宝贵意见，以便进一步的修订，使其不断完善。

建筑与市政工程施工现场专业人员职业标准培训教材编审委员会

前　　言

本教材是参照《建筑与市政工程施工现场专业人员职业标准》JGJ/T 250—2011，按照《施工员（装饰装修）考核评价大纲》，结合建筑装饰装修工程技术应用型人才培养规格的要求，总结编者多年来从事建筑装饰装修工程的经验，结合行业资格培训需求和应用型人才培养目标而编写的。本教材选择了建筑装饰施工员基本的岗位知识和必备的岗位技能为重点，着重对施工员在生产过程中的专业技术和管理要求进行讲解。相信本教材能成为参加现场施工专业人员职业资格考核培训的必备学习用书，同时是相关院校学生进行上岗培训的一本理想参考书。

本教材由中山职业技术学院朱吉顶任主编并负责全书的统稿、修改、定稿，河南工业职业技术学院范国辉任副主编，许志中、冯桂云、郭红、卢扬参加了编写。

本教材由中国建筑装饰协会培训中心组织审稿，由朱红教授主审。

由于编者水平有限，书中缺点和错误在所难免，敬请有关专家、同行和广大读者批评指正，以期进一步修改与完善。

目　　录

一、装饰装修相关的管理规定和标准

（一）建筑装饰装修工程的管理规定

1. 建筑装饰装修管理的原则要求规定

（1）《建筑装饰装修工程专业承包企业资质等级标准》关于资质认定及承包工程范围的要求

《建筑装饰装修工程专业承包企业资质等级标准》建筑装饰装修工程专业承包企业资质分为一级、二级、三级。

一级资质标准：

1）企业近 5 年承担过 3 项以上单位工程造价 1000 万元以上或三星级以上宾馆大堂的装修装饰工程施工，工程质量合格。

2）企业经理具有 8 年以上从事工程管理工作经历或具有高级职称；总工程师具有 8 年以上从事建筑装修装饰施工技术管理工作经历并具有相关专业高级职称；总会计师具有中级以上会计职称。企业有职称的工程技术和经济管理人员不少于 40 人，其中工程技术人员不少于 30 人，且建筑学或环境艺术、结构、暖通、给排水、电气等专业人员齐全；工程技术人员中，具有中级以上职称的人员不少于 10 人。企业具有的一级资质项目经理不少于 5 人。

3）企业注册资本金 1000 万元以上，企业净资产 1200 万元以上。

4）企业近 3 年最高年工程结算收入 3000 万元以上。

二级资质标准：

1）企业近 5 年承担过 2 项以上单位工程造价 500 万元以上的装修装饰工程或 10 项以上单位工程造价 50 万元以上的装修装饰工程施工，工程质量合格。

2）企业经理具有 5 年以上从事工程管理工作经历或具有中级以上职称；技术负责人具有 5 年以上从事装修装饰施工技术管理工作经历并具有相关专业中级以上职称；财务负责人具有中级以上会计职称。企业有职称的工程技术和经济管理人员不少于 25 人，其中工程技术人员不少于 20 人，且建筑学或环境艺术、结构、暖通、给排水、电气等专业人员齐全；工程技术人员中，具有中级以上职称的人员不少于 5 人。企业具有的二级资质以上项目经理不少于 5 人。

3）企业注册资本金 500 万元以上，企业净资产 600 万元以上。

4）企业近 3 年最高年工程结算收入 1000 万元以上。

三级资质标准：

1）企业近 3 年承担过 3 项以上单位工程造价 20 万元以上的装修装饰工程施工，工程质量合格。

2）企业经理具有 3 年以上从事工程管理工作经历；技术负责人具有 5 年以上从事装修装饰施工技术管理工作经历并具有相关专业中级以上职称；财务负责人具有初级以上会计职称。企业有职称的工程技术和经济管理人员不少于 15 人，其中工程技术人员不少于 10 人，且建筑学或环境艺术、暖通、给排水、电气等专业人员齐全；工程技术人员中，具有中级以上职称的人员不少于 2 人。企业具有的三级资质以上项目经理不少于 2 人。

3）企业注册资本金 50 万元以上，企业净资产 60 万元以上。

4）企业近 3 年最高年工程结算收入 100 万元以上。

承包工程范围：一级企业可承担各类建筑室内、室外装修装饰工程（建筑幕墙工程除外）的施工。二级企业可承担单位工程造价 1200 万元及以下建筑室内、室外装修装饰工程（建筑幕墙工程除外）的施工。三级企业可承担单位工程造价 60 万元及以下建筑室内、室外装修装饰工程（建筑幕墙工程除外）的施工。承接住宅室内装饰装修工程的装饰装修企业，必须经建设行政主管部门资质审查，取得相应的建筑业企业资质证书，并在其资质等级许可的范围内承揽工程。

（2）《建筑装饰装修管理规定》（建设部令 46 号）中有关建筑装饰装修工程的报建与许可的规定

1）新建建设项目的装饰装修工程与主体建筑共同发包的，执行建设部《工程建设报建管理办法》。独立发包的大中型建设项目的装饰装修工程，工艺要求高、工程量大的装饰装修工程，可参照执行建设部《工程建设报建管理办法》。

2）原有房屋的使用人装饰装修房屋，应征得房屋所有权人同意，并签订协议。协议中应明确装饰装修后的修缮、拆迁和补偿等内容。

3）原有房屋装饰装修时，凡涉及拆改主体结构和明显加大荷载的，应当按照下列办法办理：

① 房屋所有权人、使用人必须向房屋所在地的房地产行政主管部门提出申请，并由房屋安全鉴定单位对装饰装修方案的使用安全进行审定。房地产行政主管部门应当自受理房屋装饰装修申请之日起 20 日内决定是否予以批准。

② 房屋装饰装修申请人持批准书向建设行政主管部门办理报建手续，并领取施工许可证。

4）建设单位按照工程建设质量安全监督管理的有关规定，到工程所在地的质量安全监督部门办理建筑装饰装修工程质量安全监督手续。

5）对于未办理报建和质量安全监督手续的装饰装修工程，有关主管部门不得为建设单位办理招标投标手续和发放施工许可证。设计、施工单位不得承接该装饰装修工程的设计和施工。

（3）《建筑装饰装修管理规定》（建设部令 46 号）中有关建筑装饰装修工程的发包与承包的规定

凡从事建筑装饰装修的企业，必须经建设行政主管部门进行资质审查，并取得资质证书后，方可在资质证书规定的范围内承包工程。建设单位不得将建筑装饰装修工程发包给无资质证书或不具备相应资质条件的企业。

建筑装饰装修工程与主体建筑工程共同发包时，由具备相应资质条件的建筑施工企业承包。独立发包的大中型建设项目的装饰装修或工艺要求高、工程量大的装饰装修工程，由具备相应资质条件的建筑装饰装修企业承包。

下列大中型装饰装修工程应当采取公开招标或邀请招标的方式发包：

政府投资的工程；

行政、事业单位投资的工程；

国有企业投资的工程；

国有企业控股的企业投资的工程；

前款规定范围内不宜公开招标或邀请招标的军事设施工程、保密设施工程、特殊专业等工程，可以采取议标或直接发包。前两款规定以外的其他装饰装修工程的发包方式，由建设单位或房屋所有权人、房屋使用人自行确定。

从事建筑装饰装修工程的发包、承包双方，应当按照统一的建筑装饰装修工程施工合同示范文本签订合同。

发包方不得损害承包方的利益，强迫承包方购入合同约定之外的装饰装修材料和设备。

2. 住宅室内装饰装修管理的有关规定

（1）住宅室内装饰装修活动，禁止下列行为：

未经原设计单位或者具有相应资质等级的设计单位提出设计方案，变动建筑主体和承重结构；

将没有防水要求的房间或者阳台改为卫生间、厨房间；

扩大承重墙上原有的门窗尺寸，拆除连接阳台的砖、混凝土墙体；

损坏房屋原有节能设施，降低节能效果；

其他影响建筑结构和使用安全的行为。

建筑主体，是指建筑实体的结构构造，包括屋盖、楼盖、梁、柱、支撑、墙体、连接接点和基础等。承重结构，是指直接将本身自重与各种外加作用力系统地传递给基础地基的主要结构构件和其连接接点，包括承重墙体、立杆、柱、框架柱、支墩、楼板、梁、屋架、悬索等。

（2）《住宅室内装饰装修管理办法》中有关开工申报与监督的规定

装修人在住宅室内装饰装修工程开工前，应当向物业管理企业或者房屋管理机构（以下简称物业管理单位）申报登记。非业主的住宅使用人对住宅室内进行装饰装修，应当取得业主的书面同意。

申报登记应当提交下列材料：

房屋所有权证（或者证明其合法权益的有效凭证）；

申请人身份证件；

装饰装修方案；

变动建筑主体或者承重结构的，需提交原设计单位或者具有相应资质等级的设计单位提出的设计方案；

委托装饰装修企业施工的，需提供该企业相关资质证书的复印件。非业主的住宅使用人，还需提供业主同意装饰装修的书面证明。

物业管理单位应当将住宅室内装饰装修工程的禁止行为和注意事项告知装修人和装修人委托的装饰装修企业。装修人对住宅进行装饰装修前，应当告知邻里。

装修人，或者装修人和装饰装修企业，应当与物业管理单位签订住宅室内装饰装修管理服务协议。住宅室内装饰装修管理服务协议应当包括下列内容：

装饰装修工程的实施内容；

装饰装修工程的实施期限；

允许施工的时间；

废弃物的清运与处置；

住宅外立面设施及防盗窗的安装要求；

禁止行为和注意事项；

管理服务费用；

违约责任；

其他需要约定的事项。

物业管理单位应当按照住宅室内装饰装修管理服务协议实施管理，发现装修人或者装饰装修企业有此管理办法第五条行为的，或者未经有关部门批准实施此管理办法第六条所列行为的，或者有违反此管理办法第七条、第八条、第九条规定行为的，应当立即制止；已造成事实后果或者拒不改正的，应当及时报告有关部门依法处理。对装修人或者装饰装修企业违反住宅室内装饰装修管理服务协议的，追究违约责任。

有关部门接到物业管理单位关于装修人或者装饰装修企业有违反该办法行为的报告后，应当及时到现场检查核实，依法处理。

禁止物业管理单位向装修人指派装饰装修企业或者强行推销装饰装修材料。

装修人不得拒绝和阻碍物业管理单位依据住宅室内装饰装修管理服务协议的约定，对住宅室内装饰装修活动的监督检查。

任何单位和个人对住宅室内装饰装修中出现的影响公众利益的质量事故、质量缺陷以及其他影响周围住户正常生活的行为，都有权检举、控告、投诉。

（二）施工现场安全生产的管理规定

1. 施工作业人员安全生产权利和义务的有关规定

（1）施工作业人员安全生产权利

作业人员有权对施工现场的作业条件、作业程序和作业方式中存在的安全问题提出批评、检举和控告。

有权对不安全作业提出整改意见。

有权拒绝违章指挥和强令冒险作业。

在施工中发生危及人身安全的紧急情况时，作业人员有权立即停止作业或者在采取必要的应急措施后撤离危险区域。

（2）施工作业人员安全生产义务

作业人员应当遵守安全施工的强制性标准、规章制度和操作规程。

正确使用安全防护用具、机械设备等。

进场前，应当接受安全生产教育培训，合格后方准上岗。

（3）《建筑装饰装修管理规定》（建设部令46号）中有关建筑装饰装修工程的质量与安全的要求

建设单位及设计、施工单位必须按照基本建设管理程序办事，严格执行建筑装饰装修的质量检验评定标准、施工安全技术规范及验收规范等有关标准和规定。

建筑装饰装修设计、施工单位必须按照有关规定承接装饰装修设计和施工任务。建筑装饰装修企业必须按照图纸施工，不得擅自改变设计图纸。原有房屋装饰装修需要拆改结构时，装饰装修设计必须保证房屋的整体性、抗震性和结构的安全。对严重损坏和有险情的房屋，应当先修缮加固，达到居住和使用安全条件后，方可进行装饰装修。整栋危险房屋不得装饰装修。建筑装饰装修设计、施工和材料使用，必须严格遵守建筑装饰装修防火规范。完成装饰装修施工图纸设计后，建设单位必须持《施工许可证》和施工设计图纸，报公安消防部门进行消防安全核准。建筑装饰装修企业必须采取措施，控制施工现场的各种粉尘、废气、固体废弃物以及噪声、振动对环境的污染和危害，保护人们的正常生活、工作和人身安全。质量安全监督机构应当按照有关标准，对建筑装饰装修工程进行质量和安全监督。

实行初装饰的住宅工程，要严格按照建设部颁发的《住宅工程初装饰竣工验收办法》验收评定。建筑装饰装修工程发生重大事故的，由县级以上地方人民政府建设行政主管部门会同有关部门调查处理。

2. 危险性较大的分部分项工程安全管理的有关规定

为加强对危险性较大的分部分项工程安全管理，明确安全专项施工方案编制内容，规范专家论证程序，确保安全专项施工方案实施，积极防范和遏制建筑施工生产安全事故的发生，依据《建设工程安全生产管理条例》及相关安全生产法律法规制定《危险性较大的分部分项工程安全管理办法》。适用于房屋建筑和市政基础设施工程（以下简称"建筑工程"）的新建、改建、扩建、装修和拆除等建筑安全生产活动及安全管理。

危险性较大的分部分项工程是指建筑工程在施工过程中存在的、可能导致作业人员群死群伤或造成重大不良社会影响的分部分项工程

危险性较大的分部分项工程安全专项施工方案（以下简称"专项方案"），是指施工单位在编制施工组织（总）设计的基础上，针对危险性较大的分部分项工程单独编制的安全技术措施文件。

施工单位应当在危险性较大的分部分项工程施工前编制专项方案；对于超过一定规模的危险性较大的分部分项工程，施工单位应当组织专家对专项方案进行论证。

建筑工程实行施工总承包的，专项方案应当由施工总承包单位组织编制。其中，起重

机械安装拆卸工程、深基坑工程、附着式升降脚手架等专业工程实行分包的，其专项方案可由专业承包单位组织编制。

专项方案编制应当包括以下内容：

（1）工程概况：危险性较大的分部分项工程概况、施工平面布置、施工要求和技术保证条件。

（2）编制依据：相关法律、法规、规范性文件、标准、规范及图纸（国标图集）、施工组织设计等。

（3）施工计划：包括施工进度计划、材料与设备计划。

（4）施工工艺技术：技术参数、工艺流程、施工方法、检查验收等。

（5）施工安全保证措施：组织保障、技术措施、应急预案、监测监控等。

（6）劳动力计划：专职安全生产管理人员、特种作业人员等。

（7）计算书及相关图纸。

专项方案应当由施工单位技术部门组织本单位施工技术、安全、质量等部门的专业技术人员进行审核。经审核合格的，由施工单位技术负责人签字。实行施工总承包的，专项方案应当由总承包单位技术负责人及相关专业承包单位技术负责人签字。

不需专家论证的专项方案，经施工单位审核合格后报监理单位，由项目总监理工程师审核签字。超过一定规模的危险性较大的分部分项工程专项方案应当由施工单位组织召开专家论证会。实行施工总承包的，由施工总承包单位组织召开专家论证会。

下列人员应当参加专家论证会：

（1）专家组成员；

（2）建设单位项目负责人或技术负责人；

（3）监理单位项目总监理工程师及相关人员；

（4）施工单位分管安全的负责人、技术负责人、项目负责人、项目技术负责人、专项方案编制人员、项目专职安全生产管理人员；

（5）勘察、设计单位项目技术负责人及相关人员。

专家组成员应当由 5 名及以上符合相关专业要求的专家组成。本项目参建各方的人员不得以专家身份参加专家论证会。

专家论证的主要内容：

（1）专项方案内容是否完整、可行；

（2）专项方案计算书和验算依据是否符合有关标准规范；

（3）安全施工的基本条件是否满足现场实际情况。

专项方案经论证后，专家组应当提交论证报告，对论证的内容提出明确的意见，并在论证报告上签字。该报告作为专项方案修改完善的指导意见。施工单位应当根据论证报告修改完善专项方案，并经施工单位技术负责人、项目总监理工程师、建设单位项目负责人签字后，方可组织实施。实行施工总承包的，应当由施工总承包单位、相关专业承包单位技术负责人签字。专项方案经论证后需做重大修改的，施工单位应当按照论证报告修改，并重新组织专家进行论证。施工单位应当严格按照专项方案组织施工，不得擅自修改、调整专项方案。如因设计、结构、外部环境等因素发生变化确需修改的，修改后的专项方案应当按本办法第八条重新审核。对于超过一定规模的危险性较大工程的专项方案，施工单位应当重新组织专家进行论证。

专项方案实施前，编制人员或项目技术负责人应当向现场管理人员和作业人员进行安全技术交底。施工单位应当指定专人对专项方案实施情况进行现场监督和按规定进行监测。发现不按照专项方案施工的，应当要求其立即整改；发现有危及人身安全紧急情况的，应当立即组织作业人员撤离危险区域。施工单位技术负责人应当定期巡查专项方案实施情况。

对于按规定需要验收的危险性较大的分部分项工程，施工单位、监理单位应当组织有关人员进行验收。验收合格的，经施工单位项目技术负责人及项目总监理工程师签字后，方可进入下一道工序。监理单位应当将危险性较大的分部分项工程列入监理规划和监理实施细则，应当针对工程特点、周边环境和施工工艺等，制定安全监理工作流程、方法和措施。监理单位应当对专项方案实施情况进行现场监理；对不按专项方案实施的，应当责令整改，施工单位拒不整改的，应当及时向建设单位报告；建设单位接到监理单位报告后，应当立即责令施工单位停工整改；施工单位仍不停工整改的，建设单位应当及时向住房城乡建设主管部门报告。

各地住房城乡建设主管部门应当按专业类别建立专家库。专家库的专业类别及专家数量应根据本地实际情况设置。专家名单应当予以公示。

3. 实施工程建设强制性标准监督内容、方式、违规处罚的有关规定

强制性标准监督检查的内容包括：

（1）有关工程技术人员是否熟悉、掌握强制性标准；

（2）工程项目的规划、勘察、设计、施工、验收等是否符合强制性标准的规定；

（3）工程项目采用的材料、设备是否符合强制性标准的规定；

（4）工程项目的安全、质量是否符合强制性标准的规定；

（5）工程中采用的导则、指南、手册、计算机软件的内容是否符合强制性标准的规定。

建设行政主管部门或者有关行政主管部门在处理重大工程事故时，应当有工程建设标准方面的专家参加；工程事故报告应当包括是否符合工程建设强制性标准的意见。任何单位和个人对违反工程建设强制性标准的行为有权向建设行政主管部门或者有关部门检举、控告、投诉。

施工单位违反工程建设强制性标准的，责令改正，处工程合同价款 2% 以上 4% 以下的罚款；造成建设工程质量不符合规定的质量标准的，负责返工、修理，并赔偿因此造成的损失；情节严重的，责令停业整顿，降低资质等级或者吊销资质证书。

工程监理单位违反强制性标准规定，将不合格的建设工程以及建筑材料、建筑构配件和设备按照合格签字的，责令改正，处 50 万元以上 100 万元以下的罚款，降低资质等级或者吊销资质证书；有违法所得的，予以没收；造成损失的，承担连带赔偿责任。

违反工程建设强制性标准造成工程质量、安全隐患或者工程事故的，按照《建设工程质量管理条例》有关规定，对事故责任单位和责任人进行处罚。

有关责令停业整顿、降低资质等级和吊销资质证书的行政处罚，由颁发资质证书的机关决定；其他行政处罚，由建设行政主管部门或者有关部门依照法定职权决定。建设行政主管部门和有关行政部门工作人员，玩忽职守、滥用职权、徇私舞弊的，给予行政处分；构成犯罪的，依法追究刑事责任。

【案例】王某是某装饰公司新聘用的员工，其职责是负责运输各种装饰材料。一天，项目经理张某要求王某将一些不合格的材料掺进合格的材料之中。王某拒绝了这个要求。项目经理张某以王某没有按照劳务合同履行义务为由要求王某承担违约责任。你认为项目经理张某的理由成立吗？

分析：项目经理张某的理由不成立。

拒绝权是法律赋予安全生产从业人员的权利，如果合同约定了王某不享有拒绝权，则合同将由于违法而无效。因此王某的拒绝不属于违约，也不需要承担违约责任。

（三）建筑工程质量管理的规定

1. 建设工程专项质量检测、见证取样检测内容的有关规定

涉及结构安全的试块、试件及有关材料，应按规定进行见证取样检测；对涉及结构安全、使用功能、节能、环境保护等重要分部工程应进行抽样检测；承担见证取样检测及有关结构安全、使用功能等项目的检测单位应具备相应资质。

2. 房屋建筑工程质量保修范围、保修期限的有关规定

建设单位和施工单位应当在工程质量保修书中约定保修范围、保修期限和保修责任等，双方约定的保修范围、保修期限必须符合国家有关规定。

在正常使用下，房屋建筑工程的最低保修期限为：

（1）地基基础和主体结构工程，为设计文件规定的该工程的合理使用年限；

（2）屋面防水工程、有防水要求的卫生间、房间和外墙面的防渗漏，为5年；

（3）供热与供冷系统，为2个采暖期、供冷期；

（4）电气系统、给排水管道、设备安装为2年；

（5）装修工程为2年。

其他项目的保修期限由建设单位和施工单位约定。房屋建筑工程保修期从工程竣工验收合格之日起计算。

3. 建筑工程质量监督的有关规定

（1）根据政府主管部门的委托，受理建设工程项目的质量监督。

（2）制定质量监督工作方案，确定负责该项工程的质量监督工程师和助理质量监督师。根据有关法律、法规和工程建设强制性标准，针对工程特点，明确监督的具体内容、监督方式。在方案中对地基基础、主体结构和其他涉及结构安全的重要部位和关键过程，作出实施监督的详细计划安排，并将质量监督工作方案通知建设、勘察、设计、施工、监

理单位。

（3）检查施工现场工程建设各方主体的质量行为；检查施工现场工程建设各方主体及有关人员的资质或资格；检查勘察、设计、施工、监理单位的质量管理体系和质量责任制落实情况；检查有关质量文件、技术资料是否齐全并符合规定。

（4）检查建筑工程实体质量。按照质量监督工作方案，对建设工程地基基础、主体结构和其他涉及安全的关键部位进行现场实地抽查，对用于工程的主要建筑材料、构配件的质量进行抽查。对地基基础分部、主体结构分部和其他涉及安全的分部工程的质量验收进行监督。

（5）监督工程质量验收。监督建设单位组织的工程竣工验收的组织形式、验收程序以及在验收过程中提供的有关资料和形成的质量评定文件是否符合有关规定，实体质量是否存在严重缺陷，工程质量验收是否符合国家标准。

（6）向委托部门报送工程质量监督报告。报告的内容应包括对地基基础和主体结构质量检查的结论，工程施工验收的程序、内容和质量检验函数评定是否符合有关规定，及历次抽查该工程质量问题和处理情况等。

（7）对预制建筑构件和混凝土的质量进行监督。

（8）受委托部门委托按规定收取工程质量监督费。

（9）政府主管部门委托的工程质量监督管理的其他工作。

4. 房屋建筑工程和市政基础设施工程竣工验收备案管理的有关规定

住房和城乡建设部主管部门负责全国房屋建筑和市政基础设施工程（以下统称工程）的竣工验收备案管理工作。县级以上地方人民政府建设主管部门负责本行政区域内工程的竣工验收备案管理工作。建设单位应当自工程竣工验收合格之日起15日内，向工程所在地的县级以上地方人民政府建设主管部门（以下简称备案机关）备案。

建设单位办理工程竣工验收备案应当提交下列文件：

（1）工程竣工验收备案表；

（2）工程竣工验收报告。竣工验收报告应当包括工程报建日期，施工许可证号，施工图设计文件审查意见，勘察、设计、施工、工程监理等单位分别签署的质量合格文件及验收人员签署的竣工验收原始文件，市政基础设施的有关质量检测和功能性试验资料以及备案机关认为需要提供的有关资料；

（3）法律、行政法规规定应当由规划、环保等部门出具的认可文件或者准许使用文件；

（4）法律规定应当由公安消防部门出具的对大型的人员密集场所和其他特殊建设工程验收合格的证明文件；

（5）施工单位签署的工程质量保修书；

（6）法规、规章规定必须提供的其他文件。

住宅工程还应当提交《住宅质量保证书》和《住宅使用说明书》。

备案机关收到建设单位报送的竣工验收备案文件，验证文件齐全后，应当在工程竣工验收备案表上签署文件收讫。工程竣工验收备案表一式两份，一份由建设单位保存，一份留备案机关存档。工程质量监督机构应当在工程竣工验收之日起 5 日内，向备案机关提交工程质量监督报告。备案机关发现建设单位在竣工验收过程中有违反国家有关建设工程质量管理规定行为的，应当在收讫竣工验收备案文件 15 日内，责令停止使用，重新组织竣工验收。

建设单位在工程竣工验收合格之日起 15 日内未办理工程竣工验收备案的，备案机关责令限期改正，处 20 万元以上 50 万元以下罚款。建设单位将备案机关决定重新组织竣工验收的工程，在重新组织竣工验收前，擅自使用的，备案机关责令停止使用，处工程合同价款 2% 以上 4% 以下罚款。建设单位采用虚假证明文件办理工程竣工验收备案的，工程竣工验收无效，备案机关责令停止使用，重新组织竣工验收，处 20 万元以上 50 万元以下罚款；构成犯罪的，依法追究刑事责任。

备案机关决定重新组织竣工验收并责令停止使用的工程，建设单位在备案之前已投入使用或者建设单位擅自继续使用造成使用人损失的，由建设单位依法承担赔偿责任。

竣工验收备案文件齐全，备案机关及其工作人员不办理备案手续的，由有关机关责令改正，对直接责任人员给予行政处分。

【案例】某装饰公司承揽了某单位办公楼的装饰工程。合同中约定保修期为 15 个月。竣工后 20 个月，该装饰工程出现了质量问题，装饰公司以已过保修期为由拒绝承担保修责任。你认为装饰公司的理由成立吗？

分析：不成立。

15 个月的保修期违反了国家强制性规定，该条款属于违法条款。装饰公司必须承担保修责任。

（四）建筑工程施工质量验收标准和规范要求

1.《建筑工程施工质量验收统一标准》GB 50300—2001 中关于建筑工程质量验收的划分、合格判定以及质量验收的程序和组织的要求

（1）建筑工程施工质量应按下列要求进行验收

1）建筑工程质量应符合本标准和相关专业验收规范的规定。

2）建筑工程施工应符合工程勘察、设计文件的要求。

3）参加工程施工质量验收的各方人员应具备规定的资格。

4）工程质量的验收均应在施工单位自行检查评定的基础上进行。

5）隐蔽工程在隐蔽前应由施工单位通知有关单位进行验收，并应形成验收文件。

6）涉及结构安全的试块、试件以及有关材料，应按规定进行见证取样检测。

7）检验批的质量应按主控项目和一般项目验收。

8）对涉及结构安全和使用功能的重要分部工程应进行抽样检测。

9）承担见证取样检测及有关结构安全检测的单位应具有相应资质。

10）工程的观感质量应由验收人员通过现场检查，并应共同确认。

本条提出了建筑工程质量验收的基本要求，这主要是：参加建筑工程质量验收各方人

员应具备的资格；建筑工程质量验收应在施工单位检验评定合格的基础上进行；检验批质量应按主控项目和一般项目进行验收；隐蔽工程的验收；涉及结构安全的见证取样检测；涉及结构安全和使用功能的重要分部工程的抽样检验以及承担见证试验单位资质的要求；观感质量的现场检查等。

（2）检验批的划分

各分项工程的检验批应按下列规定划分：

1）相同材料、工艺和施工条件的室内饰面板（砖）工程每 50 间（大面积房间和走廊按施工面积 $30m^2$ 为一间）应划分为一个检验批，不足 50 间也应划分为一个检验批。

2）相同材料、工艺和施工条件的室外饰面板（砖）工程每 $500\sim1000m^2$ 应划分为一个检验批，不足 $500m^2$ 也应划分为一个检验批。

3）检查数量应符合下列规定：

① 室内每个检验批应至少抽查 10%，并不得少于 3 间；不足 3 间时应全数检查。

② 室外每个检验批每 $100m^2$ 应至少抽查一处，每处不得小于 $10m^2$。

（3）建筑装饰装修工程子分部工程及其分项工程的划分

建筑装饰装修工程分部工程子分部工作及其分项工程的划分　　　　表 1-1

分部工程	子分部工程	分项工程
建筑装饰装修	地面	整体面层：基层，水泥混凝土面层，水泥砂浆面层，水磨石面层，防油渗面层，水泥钢（铁）屑面层，不发火（防爆的）面层；板块面层：基层，砖面层（陶瓷马赛克、缸砖、陶瓷地砖和水泥花砖面层），大理石面层和花岗石面层，预制板块面层（预制水泥混凝土、水磨石板块面层），料石面层（条石、块石面层），塑料板面层，活动地板面层，地毯面层；木竹面层：基层，实木地板面层（条材、块材面层），实木复合地板面层（条材、块材面层），中密度（强化）复合地板面层（条材面层），竹地板面层
	抹灰	一般抹灰，装饰抹灰，清水砌体勾缝
	门窗	木门窗制作与安装，金属门窗安装，塑料门窗安装，特种门安装，门窗玻璃安装
	吊顶	暗龙骨吊顶，明龙骨吊顶
	轻质隔墙	板材隔墙，骨架隔墙，活动隔墙，玻璃隔墙
	饰面板（砖）	饰面板安装，饰面砖粘贴
	幕墙	玻璃幕墙，金属幕墙，石材幕墙
	涂饰	水性涂料涂饰，溶剂型涂料涂饰，美术涂饰
	裱糊与软包	裱糊、软包
	细部	橱柜制作与安装，窗帘盒窗台板和暖气罩制作与安装，门窗制作与安装，护栏和扶手制作与安装，花饰制作与安装

（4）验收的组织与程序

1）分部工程的划分应按专业性质、建筑部位确定。

2）当分部工程较大或较复杂时，可按材料种类、施工特点、施工程序、专业系统及类别等划分为若干分部工程。

在建筑工程的分部工程中，将原建筑电气安装分部工中的强电和弱电部分独立出来各为一个分部工程，称其为建筑电气分部和智能建筑（弱电）分部。

　　分项工程应按主要工种、材料、施工工艺、设备类别等进行划分。分项工程可由一个或若干检验批组成，检验批可根据施工及质量控制和专业验收需要按楼层、施工段、变形缝等进行划分。

　　检验批及分项工程应由监理工程师（建设单位项目技术负责人）组织施工单位项目专业质量（技术）负责人等进行验收。分部工程应由总监理工程师（建设单位项目负责人）组织施工单位项目负责人和技术、质量负责人等进行验收；地基与基础、主体结构分部工程的勘察、设计单位工程项目负责人和施工单位技术、质量部门负责人也应参加相关分部工程验收。单位工程完工后，施工单位应自行组织有关人员进行检查评定，并向建设单位提交工程验收报告。建设单位收到工程报告后，应由建设单位（项目）负责人组织施工（含分包单位）、设计、监理等单位（项目）负责人进行单位（子单位）工程验收。

2. 住宅装饰装修工程施工规范的有关要求

　　（1）施工前应进行设计交底工作，并应对施工现场进行核查，了解物业管理的有关规定。

　　（2）各工序、各分项工程应自检、互检及交接检。

　　（3）施工中，严禁损坏房屋原有绝热设施；严禁损坏受力钢筋；严禁超荷载集中堆放物品；严禁在预制混凝土空心楼板上打孔安装埋件。

　　（4）施工中，严禁擅自改动建筑主体、承重结构或改变房间主要使用功能；严禁擅自拆改燃气、暖气、通信等配套设施。

　　（5）管道、设备工程的安装及调试应在装饰装修工程施工前完成，必须同步进行的应在饰面层施工前完成。装饰装修工程不得影响管道、设备的使用和维修。涉及燃气管道的装饰装修工程必须符合有关安全管理的规定。

　　（6）施工人员应遵守有关施工安全、劳动保护、防火、防毒的法律，法规。

　　（7）施工现场用电应符合下列规定：

　　① 施工现场用电应从户表以后设立临时施工用电系统。

　　② 安装、维修或拆除临时施工用电系统，应由电工完成。

　　③ 临时施工供电开关箱中应装设漏电保护器。进入开关箱的电源线不得用插销连接。

　　④ 最先进用电线路应避开易燃、易爆物品堆放地。

　　⑤ 暂停施工时应切断电源。

　　（8）施工现场用水应符合下列规定：

　　① 不得在未做防水的地面蓄水。

　　② 临时用水管不得有破损、滴漏。

　　③ 暂停施工时应切断水源。

　　（9）文明施工和现场环境应符合下列要求：

　　① 施工人员应衣着整齐。

　　② 施工人员应服从物业管理或治安保卫人员的监督、管理。

　　③ 应控制粉尘、污染物、噪声、振动等对相邻居民、居民区和城市环境的污染及危害。

　　④ 施工堆料不得占用楼道内的公共空间，封堵紧急出口。

⑤ 室外堆料应遵守物业管理规定，避开公共通道、绿化地、化粪池等市政公用设施。

⑥ 工程垃圾宜密封包装，并放在指定垃圾堆放地。

⑦ 不得堵塞、破坏上下水管道、垃圾道等公共设施，不得损坏楼内各种公共标识。

⑧ 工程验收前应将施工现场清理干净。

3. 材料进场检验及验收的规定

（1）各种原材料、半成品材料进场，必须经过检查验收。首先点清数量，核对规格型号，视外观合格后方可卸车。其次卸车后，立即取样作试验，合格后才准使用，否则不准使用。

（2）对水泥的验收，每进一批都必须按规定要求抽样做试验；钢材也必须是每进一批都要及时抽检试验。

（3）水泥堆放必须入库，库房四周应排水通畅。严禁露天堆放。库房要设两道门，有进有出。本着先进先出的原则。入库水泥不得超过一个月，以免降低水泥强度，影响工程质量。水泥码高不得超过 15 袋。

（4）钢材必须存入料棚，四周排水沟通畅。做到上苫下垫，严禁露天存放，以减少锈蚀造成的损失。各种规格型号由小到大，排成一条线，堆放整齐，严禁规格型号混淆不清堆放。

4. 民用建筑工程室内环境污染控制规范的有关要求

（1）采取防氡设计措施的民用建筑工程，其地下工程的变形缝、施工缝、穿墙管（盒）、埋设件、预留孔洞等特殊部位的施工工艺，应符合现行国家标准《地下工程防水技术规范》GB 510108—2008 的有关规定。

（2）Ⅰ类民用建筑工程当采用异地土作为回填土时，该回填土应进行镭-226、钍-232、钾-40 的比活度测定。当内照射指数（IRa）不大于 1.0 和外照射指数（Ir）不大于 1.3 时，方可使用。

（3）民用建筑工程室内装修所采用的稀释剂和溶剂，严禁使用苯、工业苯、石油苯、重质苯及混苯。

（4）民用建筑工程室内装修施工时，不应使用苯、甲苯、二甲苯和汽油进行除油和清除旧油漆作业。

（5）涂料、胶粘剂、水性处理剂、稀释剂和溶剂等使用后，应及时封闭存放，废料应及时清出室内。

（6）严禁在民用建筑工程室内用有机溶剂清洗施工用具。

（7）采暖地区的民用建筑工程，室内装修施工不宜在采暖期内进行。

（8）民用建筑工程室内装修中，进行饰面人造木板拼接施工时，除芯板为 E1 类外，应对其断面及无饰面部位进行密封处理。

5. 《建筑装饰装修工程质量验收规范》GB 50210—2001 的有关施工质量的要求

（1）承担建筑装饰装修工程施工的单位应具备相应的资质，并应建立质量管理体系。

施工单位应编制施工组织设计并应经过审查批准。施工单位应按有关的施工工艺标准或经审定的施工技术方案施工，并应对施工全过程实行质量控制。

（2）承担建筑装饰装修工程施工的人员应有相应岗位的资格证书。

（3）建筑装饰装修工程的施工质量应符合设计要求和本规范的规定，由于违反设计文件和本规范的规定施工造成的质量问题应由施工单位负责。

（4）建筑装饰装修工程施工中，严禁违反设计文件擅自改动建筑主体、承重结构或主要使用功能；严禁未经设计确认和有关部门批准擅自拆改水、暖、电、燃气、通信等配套设施。

（5）施工单位应遵守有关环境保护的法律法规，并应采取有效措施控制现场的各种粉尘、废气、废弃物、噪声、振动等对周围环境造成的污染和危害。

（6）施工单位应遵守有关施工安全、劳动保护、防火和防毒的法律法规，应建立相应的管理制度，并应配备必要的设备、器具和标识。

（7）建筑装饰装修工程应在基体或基层的质量验收合格后施工。对既有建筑进行装饰装修前，应对基层进行处理并达到本规范的要求。

（8）建筑装饰装修工程施工前应有主要材料的样板或做样板间（件），并应经有关各方确认。

（9）墙面采用保温材料的建筑装饰装修前，应对基层进行处理并达到本规范的要求。

（10）管道、设备等安装及高度应在建筑装饰装修工程施工前完成，当必须同步进行时，应在饰面层施工前完成。装饰装修工程不得影响管道、设备等的使用和维修。涉及燃气管道的建筑装饰装修工程必须符合有关安全管理的规定。

（11）建筑装饰装修工程的电器安装应符合设计要求和国家现行标准的规定。严禁不经穿管直接埋设电线。

（12）室内外装饰装修工程施工的环境条件应满足施工工艺的要求。施工环境温度不应低于5℃。当必须在低于5℃气温下施工时，应采取保证工程质量的有效措施。

（13）建筑装饰装修工程施工过程中应做好半成品、成品的保护，防止污染和损坏。

（14）建筑装饰装修工程验收前应将施工现场清理干净。

6. 《建筑地面工程施工质量验收规范》GB 50209—2010 的有关要求

（1）建筑地面工程采用的材料或产品应符合设计要求和国家现行有关标准的规定。无国家现行标准的，应具有省级住房和城乡建设行政主管部门的技术认可文件。材料或产品进场时还应符合下列规定：

1）应有质量合格证明文件。

2）应对型号、规格、外观等进行验收，对重要材料或产品应抽样进行复验。

（2）厕浴间和有防滑要求的建筑地面应符合设计防滑要求。

（3）厕浴间、厨房和有排水（或其他液体）要求的建筑地面面层与相连接各类面层的标高差应符合设计要求。

（4）有防水要求的建筑地面工程，铺设前必须对立管、套管和地漏与楼板节点之间进行密封处理，并应进行隐蔽验收；排水坡度应符合设计要求。

（5）厕浴间和有防水要求的建筑地面必须设置防水隔离层。楼层结构必须采用现浇混凝土或整块预制混凝土板，混凝土强度等级不应小于 C20；房间的楼板四周除门洞外应做混凝土翻边，高度不应小于 200mm，宽同墙厚，混凝土强度等级不应小于 C20。施工时结构层标高和预留孔洞位置应准确，严禁乱凿洞。

（6）防水隔离层严禁渗漏，排水的坡向应正确、排水通畅。

（7）不发火（防爆）面层中碎石的不发火性必须合格；砂应质地坚硬、表面粗糙，其粒径宜为 0.15～5mm，含泥量不应大于 3%，有机物含量不应大于 0.5%；水泥应采用硅酸盐水泥、普通硅酸盐水泥；面层分格的嵌条应采用不发生火花的材料配制。配制时应随时检查，不得混入金属或其他发生火花的杂质。

【案例】某装饰工程公司首次进入某地施工，为了"干一个工程，竖一块丰碑"，创造良好的社会效益，项目经理张某决定暗自修改地面装饰材料的等级，使得修改后的材料的强度及其他性能远高于原来所用材料，项目经理部也愿意承担所增加的费用。你认为这个决定可取吗？

分析：不可取。

根据《建设工程质量管理条例》，施工单位不得擅自修改工程设计。这样做的结果仍属违约行为，要承担违约责任。

二、施工组织设计及专项施工方案的内容和编制方法

（一）装饰装修工程施工组织设计的内容和编制方法

1. 施工组织设计的类型和编制依据

装饰装修工程施工组织设计是规划和指导拟建工程从施工准备到竣工验收全过程施工的技术经济文件。它是施工前的一项重要准备工作，也是施工企业实现生产科学管理的重要手段。

（1）施工组织设计的类型

1）施工组织总设计：是以群体工程为施工组织对象进行编制的，如大型公共建筑、住宅小区等。是在有了批准的初步设计或扩大初步设计之后进行，一般以总承包单位为主，由设计单位和总分包单位参加共同编制。

2）单位工程施工组织设计：是以单位工程为对象编制的，由直接组织施工的基层单位编制。

3）分部（分项）工程作业计划：是以某些主要的或新结构、技术复杂的或缺乏施工经验的分部（分项）工程为对象编制的，直接指导现场施工。

（2）施工组织设计的编制依据

1）建设项目装饰装修工程施工组织设计

因单位工程装饰装修工程是建筑群的一个组成部分，若它是整个装饰项目中的一个项目，该单位工程装饰装修工程施工组织设计则必须按照建设项目装饰装修工程施工组织设计的有关内容、各项指标和进度要求进行编制，不得与总设计要求相矛盾。

2）装饰装修工程施工合同的要求

包括装饰装修工程的范围和内容，工程开、竣工日期，工程质量保修期及保养条件，工程造价，工程价款的支付、结算及交工验收办法，设计文件及概算和技术资料的提供日期，材料和设备的供应和进场期限，双方相互协作事项，违约责任等。

3）装饰装修工程施工图样及有关说明

包括单位工程装饰装修工程的全部施工图纸、会审记录和标准图等有关设计资料。对于较复杂的装饰装修工程，须了解水、电、暖等管线对装饰装修工程施工的要求及设计单位对新材料、新结构、新技术、新工艺的要求。

4）装饰装修工程施工的预算文件及有关定额

应有详细的分部、分项工程量，必要时应有分层、分段或分部位的工程量及预算定额

和施工定额。

　　5）装饰装修工程的施工条件

　　包括自然条件和施工现场条件。自然条件包括大气对装饰材料的理化、老化、干湿温变作用，主导风向、风速、冬雨季时间对施工的影响。施工现场条件主要有水电供应条件，劳动力及材料、构配件供应情况，主要施工机具配备情况，现场有无可利用的临时设施。

　　6）水、电、暖、卫系统的进场时间及对装饰装修工程施工的要求。

　　7）有关规定、规程、规范、手册等技术资料。

　　8）业主单位对工程的意图和要求。

　　9）有关的参考资料及类似工程的施工组织设计实例。

2. 施工组织设计的内容

　　最初对一个新建的建筑工程来说，其建筑装饰装修工程施工仅属于整个工程的其中几个部分（墙面装饰、门窗工程、楼地面工程等）。在现代建筑装饰装修工程中，除上述几个分部外，还包括了建筑施工以外的一些项目，如家具、陈设、厨餐用具等，以及与之配套的水、电、暖、卫、空调工程。故单位工程装饰装修工程施工组织设计的内容根据工程的特点，对其内容和深广度要求也不同，内容应简明扼要，使其能真正起到指导现场施工的作用。

　　单位工程装饰装修工程施工组织设计的内容一般应包括工程概况、施工方案、施工进度计划、施工准备工作及各项资源需要量计划、施工平面图、消防安全文明施工及施工技术质量保证措施、成品保护措施等。根据工程的复杂程度，有些项目可以合并或简单编写。

3. 施工组织设计的编制方法

　　单位工程装饰装修工程施工组织设计的编制方法如图 2-1 所示。

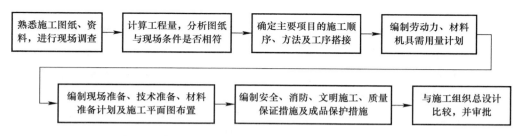

图 2-1　单位工程装饰装修工程施工组织设计的编制方法

　　【案例】划分施工区段，合理确定施工顺序

　　（1）背景

　　某城市宾馆装饰装修。该工程是集会议、办公、餐厅、娱乐、健身、客房于一体的综合性多功能星级宾馆。建筑平面呈 L 型，主楼 7 层，配楼为 5 层，主配楼之间设有变形缝一道。外立面工程已经完成，室内装饰的防雨无需考虑。合同工期 150 天。

（2）问题

1）怎样划分施工区段？

2）应如何安排施工顺序？

（3）分析

本案例考核施工区段的划分原则及室内装饰的施工顺序。

（4）答案

1）该工程根据平面形状，以变形缝为界划分为两个施工区段，配楼部分按使用功能分为 A、B、C 三个区，为一个施工区段。

2）本工程由主楼和配楼组成，可视为两个单位工程，组织两个项目部进行平行流水作业，避免劳动力窝工或过分集中，均衡施工，充分利用工作面。各单元遵循先湿作业，后装饰，先楼上后楼下，先远后近，先顶后墙、地，确保后道工序不致破坏前道工序。

【案例】编制小型项目的施工组织设计

（1）背景

本工程为某酒吧装修施工工程，位于某市区两条主要道路的相交处，为某一大型休闲娱乐城的一部分。业主要求有一个小舞台，安排几个卡坐。入口大门为罗马式，门定做，酒吧内桌、椅、沙发由业主与设计师从家具市场购置。本工程施工总工期确定为 40 天。

（2）问题

编制施工组织设计

（3）分析

该案例考核施工组织设计的内容及编制方法。

（4）答案

1）施工方案的选择

第一：施工总顺序（见图 2-2）。

第二：主要项目的施工方法。

2）编制施工进度计划，编制各项资源需要量计划（劳动力、主要材料、主要机具、购置配件）。

3）编制施工质量保证措施、文明施工现场措施、施工安全措施、降低成本措施。

4）绘制现场施工平面图

施工平面图表明施工所需机械、加工场地，材料、成品、半成品堆场，临时道路，临时供水、供电和其他临时设施在现场的位置。

主要项目包括：电路管线的敷设、地面基层的处理、混凝土及抹灰面刷乳胶漆工程、木制品清漆工程、顶棚、裱糊工程、门窗工程、玻璃安装、地砖工程、木地板工程和木踢脚安装、地毯铺设。

每个项目的施工方法内容较多，不一一列举，以抹灰面刷乳胶漆为例说明：

（1）材料要求

1）涂料：设计规定的乳胶漆，应有产品合格证及使用说明。

2）调腻子用料：滑石粉或大白粉、石膏粉、羧甲基纤维素、聚醋酸乙烯乳液。

3）颜料：各色有机或无机颜料。

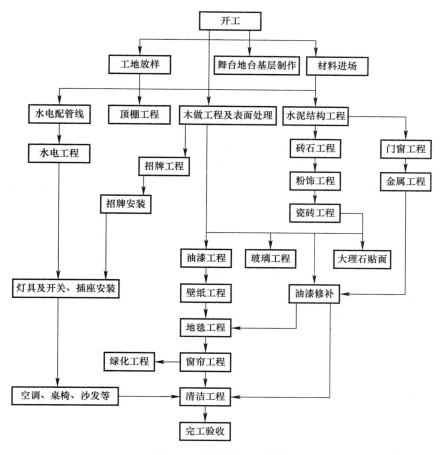

图 2-2　酒吧装饰施工顺序

（2）主要机具

一般应备有高凳、脚手板、小铁锹、擦布、开刀、胶皮刮板、钢片刮板、腻子托板、扫帚、小桶、大桶、排笔、刷子等。

（3）作业条件

1）墙面应基本干燥，基层含水率不大于10%。

2）抹灰作业全部完成，过墙管道、洞口、阴阳角等处应提前抹灰找平修整，并充分干燥。

3）门窗玻璃安装完毕，湿作业的地面施工完毕，管道设备试压完毕。

4）冬期要求在采暖条件下进行，环境温度不低于5℃。

（4）工艺流程

清理墙面→修补墙面→刮腻子→刷第一遍乳胶漆→刷第二遍乳胶漆→刷第三遍乳胶漆

（5）质量标准

1）工程所用涂料的品种、型号和性能应符合设计要求。

检验方法：检查产品合格证书、性能检测报告和进场验收记录。

2）涂饰工程的颜色、图案应符合设计要求。

检验方法：观察。

3）涂饰工程应涂饰均匀、黏结牢固，不得漏涂、透底、起皮和掉粉。

检验方法：观察；手摸检查。

4）涂饰工程的基层处理应符合以下要求。

① 新建筑物的混凝土或抹灰层基层在涂饰涂料前应涂刷抗碱封闭底漆。

② 旧墙面在涂饰涂料前应清除疏松的旧装修层，并涂刷界面剂。

③ 混凝土或抹灰基层涂刷溶剂型涂料时，含水率不得大于 8％；涂刷乳液型涂料时，含水率不得大于 10％；木材基层的含水率不得大于 12％。

④ 基层腻子应平整、坚实、牢固，无粉化、起皮和裂缝；内墙腻子的粘结强度应符合《建筑室内用腻子》JG/T 298—2010 的规定。

⑤ 厨房、卫生间墙面必须使用耐水腻子。

（6）成品保护

1）涂料墙面未干前室内不得清刷地面，以免粉尘沾污墙面，漆面干燥后不得挨近墙面泼水，以免泥水沾污。

2）涂料墙面完工后要妥善保护，不得磕碰损坏。

3）涂刷墙面时，不得污染地面、门窗、玻璃等已完工程。

（7）应注意的质量问题

1）透底：产生原因是漆膜薄，因此刷涂料时除应注意不漏刷外，还应保持涂料乳胶漆的稠度，不可加水过多。

2）接槎明显：涂刷时要上下刷顺，后一排笔紧接前一排笔，若间隔时间稍长，就容易看出明显接头，因此大面积涂刷时，应配足人员，互相衔接。

3）刷纹明显：涂料（乳胶漆）稠度要适中，排笔蘸涂料量要适当，多理多顺，防止刷纹过大。

4）分色线不齐：施工前应认真划好粉线，刷分色线时要靠放直尺，用力均匀，起落要轻，排笔蘸量要适当，从左向右刷。

涂刷带颜色的涂料时，配料要合适，保证独立面每遍用同一批涂料，并宜用一次用完，保证颜色一致。

（二）装饰装修工程分项及专项施工方案的内容和编制方法

施工方案是施工组织设计的核心。所确定的施工方案合理与否，不仅影响到施工进度的安排和施工平面图的布置，而且将直接关系到工程的施工效率、质量、工期和技术经济效果，因此，必须引起足够的重视。

1. 分项及专项施工方案的内容

建筑装饰装修工程施工方案的内容，主要包括施工方法和施工机械的选择、施工段的划分、施工开展的顺序以及流水施工的组织安排。

2. 分项及专项施工方案的编制方法

（1）确定施工程序

施工顺序是指在建筑装饰工程施工中，不同施工阶段的不同工作内容按照其固有的、在一般情况下不可违背的先后次序。建筑装饰工程的施工程序一般有先室外后室内、先室内后室外及室内外同时进行三种情况。应根据工期要求、劳动力配备情况、气候条件、脚手架类型等因素综合考虑。

1）建筑物基体表面的处理

对新建工程基层的处理一般要使其表面粗糙，以加强装饰面层与基层之间的粘结力。对改造工程或在旧建筑物上进行二次装饰，应对拆除的部位、数量、拆除物的处理办法等做出明确规定，以确保装饰施工质量。

2）设备安装与装饰工程

先进行设备管线的安装，再进行建筑装饰装修工程的施工，总的规律是预埋＋封闭＋装饰。在预埋阶段，先通风、后水暖管道、再电器线路；封闭阶段，先墙面、后顶面、再地面；装饰阶段，先油漆、后裱糊、再面板。

（2）确定施工起点及流向

施工起点及流向是指单位工程在平面或空间上开始施工的部位及其流动方向，主要取决于合同规定、保证质量和缩短工期等要求。一般来说，单层建筑要定出分段施工在平面上的施工流向，多层及高层建筑除了要定出每一层在平面上的流向外，还要定出分层施工的流向。确定施工流向时，一般应考虑以下几个因素：

1）施工方法。如对外墙进行施工时，当采用石材干挂时，施工流向是从下向上，而采用喷涂时则自上而下。

2）工程各部位的繁简程度。一般对技术复杂、施工进度较慢、工期较长的工段或部位应先施工。

3）选用的材料。同一个施工部位采用不同的材料施工的流向也不相同，如当地面采用石材，墙面裱糊时，则施工流向是先地面后墙面；但当地面铺实木，墙面用涂料时，施工流向则变为先墙面后地面。

4）用户对生产和使用的需要。对要求急的应先施工，在高级宾馆的装修改造过程中，常采取施工一层（或一段）交付一层（或一段），以满足企业经营的要求。

5）设备管道的布置系统。应根据管道的系统布置，考虑施工流向。如上下水系统，要根据干管的布置方法来考虑流水分段，确定工程流向，以便于分层安装支管及试水。

新建工程的装饰装修，其室外工程根据材料和施工方法的不同，分别采用自下而上（干挂石材）、自上而下（涂料喷涂）。室内装饰装修则有三种方式，有自上而下、自下而上及自中而下再自上而中三种。

自上而下的施工起点流向通常是指主体结构工程封顶，做好屋面防水层后，从顶层开始，逐层往下进行。此种起点流向的优点是：新建工程的主体结构完成后，有一定的沉降时间，能保证装饰工程的质量，做好屋面防水层后，可防止在雨期施工时因雨水渗漏而影响装饰工程质量；自上而下的流水施工，各工序之间交叉少，便于组织施工；从上往下清理建筑垃圾也较方便。其缺点是不能与主体施工搭接，因而施工周期长。对高层或多层客房改造工程来说，采取自上而下进行施工也有较多的优点，如在顶层施工，仅下一层作为间隔层，停业面积小，不影响大堂的使用和其他层的营业；卫生间改造涉及上下水管的改造，从上到下逐层进行，影响面小，对营业影响较小；装饰施工对原有电气线路改造时，从上而下施工只对施工层造成影响。

自下而上的起点流向，是指当结构工程施工到一定层后，装饰工程从最下一层开始，逐层向上进行。此种起点流向的优点是工期短，特别是高层和超高层建筑工程其优点更为明显，在结构施工还在进行时，下部已装饰完毕，达到运营条件，可先行开业，业主可提前获得经济效益。其缺点是，工序之间交叉多，需很好地组织施工，并采取可靠的安全措施和成品保护措施。

自中而下再自上而中的起点流向，综合了上述两者的优缺点，适用于新建工程的中高层建筑装饰工程。

（3）确定施工顺序

施工顺序是指分项工程或工序之间的先后次序。

1）确定施工顺序的基本原则

① 符合施工工艺的要求。如吊顶工程必须先固定吊筋，再安装主次龙骨；裱糊工程要先进行基层的处理，再实施裱糊。

② 房间的使用功能和施工方法要协调一致。如卫生间的改造施工顺序一般是：旧物拆除→改上下水管道→改管线→地面找坡→安门框……。

③ 考虑施工组织的要求。如油漆和安装玻璃的顺序，可以先安装玻璃后油漆，也可先油漆后安装玻璃，但从施工组织的角度看，后一种方案比较合理，这样可以避免玻璃被油漆污染。

④ 考虑施工质量的要求。如对于装饰抹灰，面层施工前必须检查中层抹灰的质量，合格后进行洒水湿润。

⑤ 考虑施工工期的要求。

⑥ 考虑气候条件。如在冬季或风沙较大地区，必须先安装门窗玻璃，再对室内进行装饰施工，用以保温或防污染。

⑦ 考虑施工的安全因素。如大面积油漆施工应在作业面附近无电焊的条件下进行，防止气体被点燃。

⑧ 设备对施工流向的影响。如外墙进行玻璃幕墙装饰，安装立筋时，如果采用滑架，一般从上往下安装，若采用满堂脚手架，则从下往上安装。

2）装饰装修工程的施工顺序

室外装饰装修工程的施工顺序有两种：对于外墙湿作业施工，除石材墙面外，一般采用自上而下的施工顺序；而干作业施工，一般采用自下而上的施工顺序。

室内装饰装修工程施工的主要内容有：顶棚、地面、墙面的装饰，门窗安装、油漆、制作家具以及相配套的水、电、风口的安装和灯饰洁具的安装。其施工劳动量大、工序繁杂，施工顺序应根据具体条件来确定，基本原则是："先湿作业、后干作业"，"先墙顶、后地面"，"先管线、后饰面"。室内装饰装修工程的一般施工顺序见图2-3。

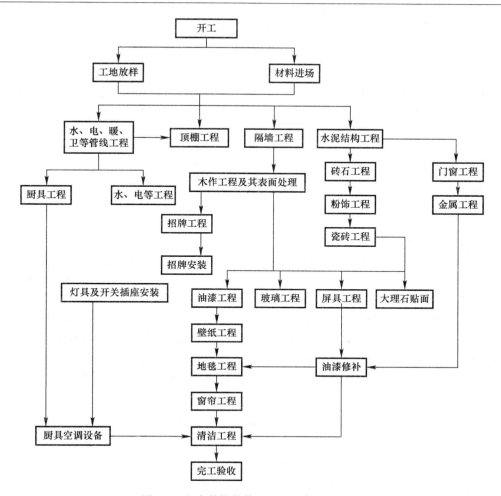

图 2-3　室内装饰装修工程的一般施工顺序

　　① 室内顶棚、墙面及地面。室内同一房间的装饰装修工程施工顺序一般有两种：一是顶棚→墙面→地面，这种施工顺序可以保证连续施工，但在做地面前必须将天棚和墙面上的落地灰和渣滓处理干净，否则将影响地面面层和基层之间的粘结，造成地面起壳现象，且做地面时的施工用水可能会污染已装饰的墙面；二是地面→墙面→顶棚，这种施工顺序易于清理，保证施工质量，但必须对已完工的地面进行保护。

　　② 抹灰、吊顶、饰面和隔断工程的施工。一般应待隔墙、门窗框、暗装管道、电线管、预埋件、预制板嵌缝等完工后进行。

　　③ 门窗及其玻璃工程施工。应根据气候及抹灰的要求，可在湿作业之前完成。但铝合金、塑料、涂色镀锌钢板门及玻璃工程宜在湿作业之后进行，否则应对成品加以保护。

　　④ 有抹灰基层的饰面板工程、吊顶工程及轻型花饰安装工程，均应在抹灰工程完工后进行。

　　⑤ 涂料、刷浆工程、吊顶和隔断罩面板的安装。应安排在塑料地板、地毯、硬质纤维板等楼地面面层和明装电线施工之前，以及管道设备试压后进行；对于木地（楼）板面

层的最后一道涂料，应安排在裱糊工程完工后进行。

⑥ 裱糊工程。应安排在顶棚、墙面、门窗及建筑设备的涂料、刷浆工程完工后进行。

例如，客房室内装饰装修改造工程的施工顺序一般是：

拆除旧物→改电器管线及通风→壁柜制作、窗帘盒制作→顶内管线→吊顶＋安角线＋窗台板、暖气罩→安门框＋墙、地面修补＋顶棚涂料＋安踢脚板→墙面腻子→安门扇→木面油漆→贴墙纸→电气面板、风口安装→床头灯及过道灯安装→清理修补→铺地毯→交工验收。

（4）选择施工方法和施工机械

选择施工方法和施工机械是施工方案中的关键问题，它直接影响施工质量、进度、安全以及工程成本，因此在编制施工组织设计时必须加以重视。

1）施工方法的选择

在选择装饰装修工程施工方法时，应着重考虑影响整个装饰装修工程施工的重要部分。如对工程量大的，施工工艺复杂的或采用新技术、新工艺及对装饰装修工程质量起关键作用的施工方法，对不熟悉的或特殊的施工细节的施工方法都应作重点要求，应有施工详图。应注意内外装饰装修工程施工顺序，特别是应安排好湿作业、干作业、管线布置、吊顶等的施工顺序。要明确提出样板制度的具体要求，如哪些材料做法需做样板、哪些房间需作为样板间。对材料的采购、运输、保管亦应进行明确的规定，便于现场的操作；对常规做法和工人熟悉的装饰装修工程，只需提出应注意的特殊问题。

2）施工机械的选择

建筑装饰装修工程施工所用的机具，除垂直运输和设备安装以外，主要是小型电动工具，如电锤、冲击电钻、电动曲线锯、型材切割机、风车锯、电刨、云石机、射钉枪、电动角向磨光机等。在选择施工机具时，要从以下几个方面进行考虑：

① 选择适宜的施工机具以及机具型号。如涂料的弹涂施工，当弹涂面积小或局部进行弹涂施工时，宜选择手动式弹涂器；电动式弹涂器工效高，适用于大面积彩色弹涂施工。

② 在同一装饰装修工程施工现场，应力求使装饰装修工程施工机具的种类和型号尽可能少一些，选择一机多能的综合性机具，便于机具的管理。

③ 机具配备时注意与之配套的附件。如风车锯片有三种，应根据所锯的材料厚度配备不同的锯片；云石机具片可分为干式和湿式两种，根据现场条件选用。

④ 充分发挥现有机具的作用。当施工单位的机具能力不能满足装饰装修工程施工需要时，则应购置或租赁所需机具。

3. 编制专项施工方案的规定

（1）根据中华人民共和国住房和城乡建设部颁布的《危险性较大的分部分项工程安全管理办法》DGJ 08—2077—2010 规定，对于达到一定规模、危险性较大的工程，需要单独编制专项施工方案。

1）承重支撑体系：用于钢结构安装等满堂支撑体系。

2）脚手架工程

搭设高度 24m 及以上的落地式钢管脚手架工程；

附着式整体和分片提升脚手架工程；

悬挑式脚手架工程；

吊篮脚手架工程；

自制卸料平台、移动操作平台工程；

新型及异型脚手架工程。

3）建筑幕墙安装工程。

4）采用新技术、新工艺、新材料、新设备及尚无相关技术标准的危险性较大的分部分项工程。

（2）专项施工方案应当由施工总承包单位编制。其中附着式升降脚手架等专业工程实行分包，其专项方案由专业承包单位编制。

（3）专项方案编制包括以下内容：工程概况、编制依据、施工计划、施工工艺技术、施工安全保证措施、劳动力计划、计算书及相关图纸。

（4）专项施工方案的审核：不需专家论证的专项方案，经施工单位审核后报监理单位，由项目总监理工程师审核签字。超过一定规模的危险性较大的分部分项工程专项方案由施工单位召开专家论证会。实行施工总承包的，由施工总承包单位组织召开专家论证会。如下工程需进行专家论证：

1）承重支撑体系：用于钢结构安装等满堂支撑体系，承受单点集中荷载700kg以上。

2）脚手架工程：搭设高度50m及以上落地式钢管脚手架工程；提升高度150m及以上附着式整体和分片提升脚手架工程；架体高度20m及以上悬挑式脚手架工程。

3）施工高度50m及以上的建筑幕墙安装工程

4）采用新技术、新工艺、新材料、新设备及尚无相关技术标准的危险性较大的分部分项工程。

【案例】编制一般项目的分部（分项）施工方案

（1）背景

某干部培训中心，土建工程已经结束，外立面装饰部分也已完成，进行室内装饰工程。该工程建筑面积11000m²，框架结构，主楼六层，配楼四层。施工单位在施工组织设计的施工方案中确定了项目管理组织机构和管理人员的职责，明确了施工项目管理目标等，合同规定为150天。

（2）问题

1）施工单位如何安排该工程的施工程序？理由是什么？

2）该工程室内装饰施工顺序是什么？

（3）分析

本案例主要考核施工程序的合理安排。

（4）答案

1）本工程由主楼和配楼组成，由于装饰标准较高，工期紧，所以组织两个项目部的平行流水作业。

2）主楼施工分为底层大堂→二层回廊→各功能室→客房；配楼施工分为客房吊顶→木制作→墙面、地面。

【案例】编制一般项目的专项施工方案

（1）背景

某会议室采用轻钢龙骨吊顶，其施工顺序为：施工准备→弹线→安装主龙骨→安装吊筋→固定边龙骨→安装中龙骨→安装面板→安装横撑龙骨→裱糊壁纸→清理验收。

（2）问题

上述室内吊顶工程施工顺序中有何错误？写出正确的施工顺序。

（3）分析

本案例主要考核分项工程的施工顺序安排。

（4）答案

轻钢龙骨吊顶的施工顺序为：施工准备→弹线→安装吊筋→安装主龙骨→固定边龙骨→安装中龙骨→安装横撑龙骨→安装面板→裱糊壁纸→清理验收。

【案例】收集准备顶棚、幕墙等危险性较大工程专项施工方案的基本资料

（1）背景

某研发中心综合楼工程主楼结构高度为 94.6m，外装修采用石材幕墙和玻璃幕墙，装修高度达到 111.25m。

现主体结构副楼已施工完毕，主楼接近封顶。幕墙施工拟采用钢管脚手架，由于本工程幕墙造型的特殊性，原主体施工时的外防护脚手架无法满足装修要求，因此，幕墙施工脚手架需按照建筑外形重新搭设。

（2）问题

1）该工程应单独编制哪些专项施工方案？

2）什么样的脚手架工程属于危险性较大工程？

（3）分析

本案例考核对危险性较大工程专项施工方案的编写要求及有关规定。

（4）答案

1）本工程主楼幕墙施工高度超过 50m，需编制安全专项施工方案。包括主楼屋面钢结构安装和幕墙安装安全措施；主楼外墙幕墙安装安全措施；副楼外墙幕墙安装安全措施。该方案需经专家论证。

2）高度超过 24m 的落地式钢管脚手架、各类工具式脚手架和卸料平台均属于危险性较大工程。

（三）施工技术交底与交底文件的编制方法

1. 施工技术交底文件的内容和编写方法

技术交底是指开工之前由各级技术负责人将有关工程的各项技术要求逐级向下传达，直到施工现场。技术交底的内容包括图纸交底、施工组织设计交底、设计变更交底和分项工程技术交底。

（1）图纸交底。使施工人员了解工程的设计特点、构造做法及要求、使用功能等，以

便掌握设计关键，按图施工。

（2）施工组织设计交底。使施工人员掌握工程特点、施工方案、任务划分、施工进度、平面布置及各项管理措施等。用先进的技术手段和科学的组织手段完成施工任务。

（3）设计变更交底。将设计变更的结果及时向管理人员和施工人员说明，避免施工差错，便于经济核算。

（4）分项工程技术交底。施工工艺、规范和规程要求、材料使用、质量标准及技术安全措施等。对新技术、新材料、新结构、新工艺、关键部位及特殊要求，要着重交代，必要时做示范。

2. 技术交底的程序和签字确认的办理

技术交底应根据工程规模和技术复杂程度不同采取相应的方法。重点工程或规模大、技术复杂的工程，由公司总工程师组织有关部门向分公司和有关施工单位交底；中小型工程，一般由分公司主任工程师或项目部的技术负责人向有关职能人员或施工队交底；工长接受交底后，必要时，需做示范操作或做样板；班组长在接受交底后，应组织工人讨论，按要求施工。

技术交底分为口头交底、书面交底和样板交底等。一般情况下以书面交底为主，口头交底为辅。书面交底由交接双方签字归档。遇到重要的、难度大的工程项目，以样板交底、书面交底和口头交底相结合。等交底双方均认可样板操作并签字后，按样板做法施工。

（四）装饰装修工程施工技术要求

1. 抹灰施工技术要求

（1）一般抹灰

1）作业条件

① 必须经过有关部门进行结构工程质量验收。

② 已检查、核对门窗框位置、尺寸的正确性。特别是外窗上下垂直、左右水平是否符合要求。

③ 管道穿越的墙洞和楼板洞，应及时安放套管，并用1：3水泥砂浆或细石混凝土填塞密实；电线管、消火栓箱、配电箱安装完毕，并将背后露明部分钉好钢丝网；接线盒用纸堵严。

④ 壁柜、门框及其他预埋铁件位置和标高应准确无误，并做好防腐、防锈处理。

⑤ 根据室内高度和抹灰现场的具体情况，提前搭好抹灰操作用的高凳和架子，架子要离开墙面及墙角200～250mm，以便于操作。

⑥ 已将混凝土墙、顶板等表面凸出部分剔平；对蜂窝、麻面、露筋等应剔到实处，后用1：3水泥砂浆分层补平，外露钢筋头和铅丝头等已清除掉。

⑦ 已用笤帚将顶、墙清扫干净，如有油渍或粉状隔离剂，应用10%火碱水刷洗，清

水冲净，或用钢丝刷子彻底刷干净。

⑧ 基层已按要求进行处理；并完善相关验收签字手续。

⑨ 抹灰前一天，墙、顶应浇水湿润，抹灰时再用笤帚洒水或喷水湿润。

⑩ 楼地面已打扫干净。

2）墙体抹灰要求

① 砌块墙体抹灰应待砌体充分收缩稳定后进行。

② 加气混凝土、混凝土空心砌块墙体双面满铺钢丝网，并与梁、柱、剪力墙界面搭接宽 100mm。其他墙体与框架梁、柱、板及构造柱、剪力墙界面处设双面通长设置 200mm 宽的钢丝网。

③ 埋设暗管、暗线等孔间隙应用细石混凝土填实。

④ 墙体抹灰材料尽可能采用粗砂。

⑤ 墙体抹灰前应均匀洒水湿润。

3）施工工艺要求

工艺流程：基层处理→挂钢丝网→吊直、套方、找规矩、贴灰饼→墙面冲筋（设置标筋）→抹底灰→抹中层灰→抹面层灰。

① 基层处理。

混凝土墙面、加气混凝土墙面：用 1：1 水泥砂浆内掺用水量 20％的 802 胶，喷或用笤帚将砂浆甩到上面，其甩点要均匀，终凝后浇水养护，直至水泥砂浆全部粘满混凝土光面上，并有较高的强度。

其他砌体墙面：基层清理干净，多余的砂浆已剔打完毕。对缺棱掉角的墙，用 1：3 水泥砂浆掺水泥重的 20％的 802 胶拌匀分层抹平，并注意养护。

② 挂贴钢丝网：加气混凝土砌块、混凝土空心砌块墙体双面满铺钢丝网，并与梁、柱、剪力墙界面搭接宽 100mm。其他墙体与框架梁、柱、板及构造柱、剪力墙界面处双面通长设置 200mm 宽的钢丝网。用射钉或水泥浆将钢丝网固定在墙面基层上。

③ 吊直、套方、找规矩、贴灰饼：根据基层表面平整、垂直情况，按检验标准要求，经检查后确定抹灰层厚度，按普通抹灰标准及相关要求，但最少不应小于 7mm。

墙面凹度较大时要分层操作。用线坠、方尺、拉通线等方法贴灰饼，用托线板找好垂直，灰饼宜用 1：3 水泥砂浆做成 5cm 见方，水平距离约为 1.2～1.5m 左右。

④ 墙面冲筋（设置标筋）：根据灰饼用与抹灰层相同的 1：3 水泥砂浆冲筋（标筋），冲筋的根数应根据房间的高度或宽度来决定，筋宽约为 5cm 左右。

4）质量验收标准

适用于石灰砂浆、水泥砂浆、水泥混合砂浆、聚合物水泥砂浆和麻刀石灰、纸筋石灰、石膏灰等一般抹灰工程的质量验收。一般抹灰工程分为普通抹灰和高级抹灰，当设计无要求时，按普通抹灰验收。

① 主控项目

A 抹灰前基层表面的尘土、污垢、油渍等应清除干净，并应洒水润湿。

检验方法：检查施工记录。

B 一般抹灰所用材料的品种和性能应符合设计要求。水泥的凝结时间和安定性复验应合格。砂浆的配合比应符合设计要求。

检验方法：检查产品合格证书、进场验收记录、复验报告和施工记录。

C　抹灰工程应分层进行。当抹灰总厚度大于或等于 35mm 时，应采取加强措施。不同材料基体交接处表面的抹灰，应采取防止开裂的加强措施，当采用加强网时，加强网与各基体的搭接宽度不应小于 100mm。

检验方法：检查隐蔽工程验收记录和施工记录。

D　抹灰层与基层之间及各抹灰层之间必须粘结牢固，抹灰层应无脱层、空鼓，面层应无爆灰和裂缝。

检验方法：观察；用小锤轻击检查；检查施工记录。

② 一般项目

A　一般抹灰工程的表面质量应符合下列规定：

a　普通抹灰表面应光滑、洁净、接槎平整，分格缝应清晰。

b　高级抹灰表面应光滑、洁净、颜色均匀、无抹纹，分格缝和灰线应清晰美观。

检验方法：观察；手摸检查。

B　护角、孔洞、槽、盒周围的抹灰表面应整齐、光滑；管道后面的抹灰表面应平整。

检验方法：观察。

C　抹灰层的总厚度应符合设计要求；水泥砂浆不得抹在石灰砂浆层上；罩面石膏灰不得抹在水泥砂浆层上。

检验方法：检查施工记录。

D　抹灰分格缝的设置应符合设计要求，宽度和深度应均匀，表面应光滑，棱角应整齐。

检验方法：观察；尺量检查。

E　有排水要求的部位应做滴水线（槽）。滴水线（槽）应整齐顺直，滴水线应内高外低，滴水槽的宽度和深度均不应小于 10mm。

检验方法：观察；尺量检查。

F　一般抹灰工程质量的允许偏差和检验方法应符合表 2-1 规定。

一般抹灰工程质量的允许偏差和检验方法　　　　　　　　　　表 2-1

项 次	项 目	允许偏差（mm）		检验方法
		普通抹灰	高级抹灰	
1	立面垂直度	4	3	用 2m 垂直检测尺检查
2	表面平整度	4	3	用 2m 靠尺和塞尺检查
3	阴阳角方正	4	3	用直角检测尺检查
4	分格条（缝）直线度	4	3	拉 5m 线，不足 5m 拉通线，用钢直尺检查
5	墙裙、勒脚上口直线度	4	3	拉 5m 线，不足 5m 拉通线，用钢直尺检查

注：① 普通抹灰，本表第 3 项阴角方正可不检查；
　　② 顶棚抹灰，本表第 2 项表面平整度可不检查，但应平顺。

（2）装饰抹灰工程

装饰抹灰是指在建筑墙面涂抹水刷石、斩假石、干粘石、假面砖等。

1）水刷石的技术要求

① 工艺流程：基层清（处）理→洒水湿润→吊垂直、套方、找规矩、抹灰饼、冲筋→抹底层灰浆→弹线分线、镶分格条→抹面层石渣浆→修整、赶实、压光、喷刷→起分格条、勾缝→保护成品。

② 施工要求

A　水刷石装饰抹灰的底层抹灰与一般抹灰工程的技术要求相同。

B　抹石渣面层

石渣面层抹灰前，应洒水湿润底层灰，并做一道结合层，随做结合层随抹面层石渣浆。石渣面层抹灰应拍平压实，拍平时应注意阴阳角处石渣的饱满度。压实后尽量保证石渣大面朝上，并宜高于分格条 1mm。

C　修整、赶实压光、喷刷

待石渣抹灰层初凝（指捺无痕），用水刷子刷不掉石粒，开始刷洗面层水泥浆。喷刷宜分两遍进行，喷刷应均匀，石子宜露出表面 1～2mm。

2）斩假石的技术要求

① 工艺流程：基层清（处）理→洒水湿润→吊垂直、套方、找规矩、抹灰饼、冲筋→抹底层灰浆→弹线分格、镶分格条→抹面层石渣灰→养护→弹线分条块→面层斩剁（剁石）。

② 施工要求

A　斩假石装饰抹灰的底层抹灰施工要求与一般抹灰工程的技术要求相同。

B　抹面层石渣灰

面层石渣抹灰前洒水均匀，湿润基层，做一道结合层，随即抹面层石渣灰。抹灰厚度应稍高于分格条，用专用工具刮平、压实，使石渣均匀露出，并做好养护。

C　面层斩剁（剁石）

a　控制斩剁时间：常温下 3d 后或面层达到设计强度 60%～70%时即可进行。大面积施工应先试剁，以石渣不脱落为宜。

b　控制斩剁流向：斩剁应自上而下进行，首先将四周边缘和棱角部位仔细剁好，再剁中间大面。若有分格，每剁一行应随时将上面和竖向分格条取出。

c　控制斩剁深度：斩剁深度宜剁掉表面石渣粒径的 1/3。

d　控制斩剁遍数：斩剁时宜先轻剁一遍，再盖着前一遍的剁纹剁出深痕，操作时用力应均匀，移动速度应一致，不得出现漏剁。

3）干粘石的技术要求

① 工艺流程：基层清（处）理→洒水湿润→吊垂直、套方、找规矩、抹灰饼、冲筋→抹底层灰浆→弹线分格、镶分格条→抹面层粘结灰浆、撒石粒、拍平、修整→起条、勾缝→成品保护。

② 施工方法

A　干粘石装饰抹灰的底层抹灰与一般抹灰工程的技术要求相同。

B　抹粘结层砂浆

粘结层抹灰厚度以所使用石子的最大粒径确定。粘结层抹灰宜两遍成活。

C　撒石粒（甩石子）

随粘结层抹灰进度向粘结层甩粘石子。石子应甩严、甩均匀，并用钢抹子将石子均匀地拍入粘结层，石子嵌入砂浆的深度应不小于粒径的1/2为宜，并应拍实、拍严。粘石施工应先做小面，后做大面。

D　拍平、修整、处理黑边

拍平、修整要在水泥初凝前进行，先拍压边缘，而后中间，拍压要轻、重结合、均匀一致。拍压完成后，应对已粘石面层进行检查，发现阴阳角不顺直、表面不平坦、黑边等问题，及时处理。

4）假面砖的施工技术要求

① 施工工艺：基层清（处）理→洒水湿润→吊垂直、套方、找规矩、抹灰饼、冲筋→抹底层灰浆→抹中层灰→抹面层灰→做面砖→养护。

② 施工方法

A　假面砖基层、底层、面层抹灰的要求与一般抹灰工程的技术要求相同。

B　做面砖

施工时，待面层砂浆稍收水后，先用铁梳子沿靠尺由上向下划纹，深度控制在1～2mm为宜，然后再根据标准砖的宽度用铁皮刨子沿靠尺横向划沟，沟深为3～4mm，深度以露出底层灰为准。

5）质量验收标准

适用于水刷石、斩假石、干粘石、假面砖等装饰抹灰工程的质量验收。

① 主控项目

A　抹灰前基层表面的尘土、污垢、油渍等应清除干净，并应洒水润湿。

检验方法：检查施工记录。

B　装饰抹灰工程所用材料的品种和性能应符合设计要求。水泥的凝结时间和安定性复验应合格。砂浆的配合比应符合设计要求。

检验方法：检查产品合格证书、进场验收记录、复验报告和施工记录。

C　抹灰工程应分层进行。当抹灰总厚度大于或等于35mm时，应采取加强措施。不同材料基体交接处表面的抹灰，应采取防止开裂的加强措施，当采用加强网时，加强网与各基体的搭接宽度不应小于100mm。

检验方法：检查隐蔽工程验收记录和施工记录。

D　各抹灰层之间及抹灰层与基体之间必须粘结牢固，抹灰层应无脱层、空鼓和裂缝。

检验方法：观察；用小锤轻击检查；检查施工记录。

② 一般项目

A　装饰抹灰工程的表面质量应符合下列规定：

a　水刷石表面应石粒清晰、分布均匀、紧密平整、色泽一致，应无掉粒和接槎痕迹。

b　斩假石表面剁纹应均匀顺直、深浅一致，应无漏剁处；阳角处应横剁并留出宽窄一致的不剁边条，棱角应无损坏。

c　干粘石表面应色泽一致、不露浆、不漏粘，石粒应粘结牢固、分布均匀，阳角处应无明显黑边。

　　d　假面砖表面应平整、沟纹清晰、留缝整齐、色泽一致，应无掉角、脱皮、起砂等缺陷。

　　检验方法：观察；手摸检查。

　　B　装饰抹灰分格条（缝）的设置应符合设计要求，宽度和深度应均匀，表面应平整光滑，棱角应整齐。

　　检验方法：观察。

　　C　有排水要求的部位应做滴水线（槽）。滴水线（槽）应整齐顺直，滴水线应内高外低，滴水槽的宽度和深度均不应小于 10mm。

　　检验方法：观察；尺量检查。

　　D　装饰抹灰工程质量的允许偏差和检验方法应符合表 2-2 规定。

装饰抹灰的允许偏差和检验方法　　　　　　　　　表 2-2

项次	项目	允许偏差（mm）				检验方法
		水刷石	斩假石	干粘石	假面砖	
1	立面垂直度	5	4	5	5	用 2m 垂直检测尺检查
2	表面平整度	3	3	5	4	用 2m 靠尺和塞尺检查
3	阳角方正	3	3	4	4	用直角检测尺检查
4	分格条（缝）直线度	3	3	3	3	拉 5m 线，不足 5m 拉通线，用钢直尺检查
5	墙裙、勒脚上口直线度	3	3	—	—	拉 5m 线，不足 5m 拉通线，用钢直尺检查

2. 门窗工程施工技术要求

　　（1）一般施工技术要求

　　1）门窗工程应对下列材料及其性能指标进行复验：

　　① 人造木板的甲醛含量。

　　② 建筑外墙金属窗、塑料窗的抗风压性能、空气渗透性能和雨水渗漏性能。

　　2）门窗工程应对下列隐蔽工程项目进行验收：

　　① 预埋件和锚固件。

　　② 隐蔽部位的防腐、填嵌处理。

　　3）门窗安装前，应对门窗洞口尺寸进行检验。

　　4）金属门窗和塑料门窗安装应采用预留洞口的方法施工，不得采用边安装边砌口或先安装后砌口的方法施工。

　　5）木门窗与砖石砌体、混凝土或抹灰层接触处应进行防腐处理并应设置防潮层；埋入砌体或混凝土中的木砖应进行防腐处理。

　　6）当金属窗或塑料窗组合时，其拼樘料的尺寸、规格、壁厚应符合设计要求。

　　7）建筑外门窗的安装必须牢固。在砌体上安装门窗严禁用射钉固定。

　　8）特种门安装除应符合设计要求和《建筑装饰装修工程质量验收规范》GB 50210—2001 规定外，还应符合有关专业标准和主管部门的规定。

9）门窗工程各分项工程的检验批应按下列规定划分：

① 同一品种、类型和规格的木门窗、金属门窗、塑料门窗及门窗玻璃每 100 樘应划分为一个检验批，不足 100 樘也应划分为一个检验批。

② 同一品种、类型和规格的特种门每 50 樘应划分为一个检验批，不足 50 樘也应划分为一个检验批。

10）检查数量应符合下列规定：

① 木门窗、金属门窗、塑料门窗及门窗玻璃，每个检验批应至少抽查 5%，并不得少于 3 樘，不足 3 樘时应全数检查；高层建筑的外窗，每个检验批应至少抽查 10%，并不得少于 6 樘，不足 6 樘时应全数检查。

② 特种门每个检验批应至少抽查 50%，并不得少于 10 樘，不足 10 樘时应全数检查。

（2）木门窗制作与安装工程技术要求

1）施工准备

① 材料要求

A　木门窗框扇的木材类别、木材等级、含水率和框扇的规格型号和质量，应符合设计要求和规范规定。并须有出厂质量合格证。

B　人造木板的质量和甲醛含量应符合设计要求和规范的规定，并应有性能检测报告和出厂质量合格证。

C　防火、防腐、防蛀、防潮等处理剂及胶粘剂的质量和性能应符合设计要求和其他有关专业规范的规定。外门窗纱品种、型式、规格尺寸应符合标准的规定。产品应有性能检测报告和产品质量合格证。

② 主要机具：圆锯机、木工平刨、木工压刨、开榫机、榫槽机、手电钻、电刨、水平尺、木工三角尺、吊线坠、墨斗、钢卷尺、钳子等。

③ 作业条件

A　组织操作人员学习门窗加工图纸和施工说明书。

B　按备料计划和设计要求选好原木，并组织进厂。

C　木工机械检修，满足使用要求。

D　各种处理剂和胶粘剂已进行质量鉴定和复验，其复检结果符合设计和环保要求。

E　人造木板已抽样复验，甲醛含量不得超过规定，且产品质量合格。

F　检查门窗框、扇。如有翘扭、弯曲、窜角、劈裂、榫接松动等产品，应剔除单独堆放，专人进行修理。

G　后塞的门窗框，其主体结构应验收合格。门窗洞口预埋防腐木砖应齐全无缺。

H　窗扇的安装，应在饰面工程完成后进行。

2）操作工艺

① 施工顺序

放样→配料、裁料→划线→打眼→开榫、拉肩→裁口、倒角→拼装→码放→安装。

② 操作方法

A　放样。放样是根据施工图纸上设计好的木构件按照 1∶1 的比例将木构件画出来，做成样板。放样是配料和裁料、划线的依据，在使用的过程中，注意保持其划线的清晰，不要使其弯曲或折断。

B　配料、裁料。配料是在放样的基础上进行的，因此应按设计要求计算或测量出各部件的尺寸和数量，列出配料清单，按配料单进行配料。配料时，对原材料要进行选择，不符合要求的木料应尽量避开不用；含水率不符合要求的木料不能使用。裁料时应确定一定的加工余量，加工余量分为下料余量和施工余量。

C　刨料。刨料时，宜将纹理清晰的材料面作为正面，樘子料可任选一个窄面为正面，门、窗框的樘及冒头可只刨三面，不刨靠墙的一面；门、窗扇的上冒头和樘也可先刨三面，靠樘子的一面施工时再进行修刨。刨完后，应按同类型、同规格、同材质的樘扇料分别堆放，上、下对齐。

D　划线。划线是根据门窗的构造要求，在各根刨好的木料上划出样线，打眼线、榫线等。榫、眼尺寸应符合设计要求，规格必须一致、一般先做样品，经审查合格后再全部划线。

E　打眼。打眼之前，应选择好凿刀，凿出的眼，顺木纹两侧要直，不得出错槎。全眼要先打背面，先将凿刀沿榫眼线向里，顺着木纹方向凿到一定深度，然后凿横纹方向，凿到一半时，翻转过来再打正面直到贯穿。

F　开榫、拉肩。开榫又称倒卯，就是按榫头线纵向锯开。拉肩就是锯掉榫头两旁的肩头，通过开榫和拉肩操作就制成了榫头。锯出的榫头要方正、平直、榫眼处完整无损，没有被拉肩时锯伤。锯成的榫要求方正，不能伤榫眼。

G　裁口、倒角。裁口即刨去框的一个方形角，供装玻璃用。用裁口刨子或用歪嘴刨，快刨到线时，用单线刨子刨，刨到为止。裁好的口要求方正平，不能有起毛，凹凸不平的现象。

H　拼装。拼装前对构件进行检查，要求构件方正、顺直、线脚整齐分明、表面光滑、尺寸规格、式样符合设计要求；门窗框的组装，是在一根边樘的眼里，再装上另一边的樘；用锤轻轻敲打慢慢拼合，敲打时要有木块垫在下锤的地方，防止打坏榫头或留下敲打的痕迹。待整个拼好归方以后，再将所有样头敲实，锯断露出的排头。拼装先在榫头内抹上胶，再用锤轻轻调打拼合；门窗扇的组装方法与门窗框基本相同。但木扇有门芯板，施工前须先把门芯板按尺寸裁好，一般门芯板下料尺寸比设计尺寸小 3～5mm，门芯板的四边应去棱，刨光净好。然后，先把一根门樘平放，将冒头逐个装入，门芯板嵌入冒头与门樘的凹槽内，再将另一根门樘的眼对准榫装入，并用锤敲紧；门窗框、扇组装好后，为使其为一个结实的整体，必须在眼中加木楔，将榫在眼中挤紧。木楔长度为榫头的 2/3，宽度比眼宽窄。楔子头用铲顺木纹铲尖，加楔时应先检查门窗框、扇的方正，掌握其歪扭情况，以便在加楔时调整、纠正。

I　码放。加工好的门窗框、扇，应码放在库房内。库房地面应平整，下垫垫木（离地 200mm），搁支平稳，以防门窗框、扇变形。库房内应通风，保持室内干燥，保证产品不受潮湿和暴晒；按门窗型号、分类码放、不得紊乱；门窗框靠砌体的一面应刷好防腐、防潮剂。

J　安装。检查预留洞口后安装门窗框；主体结构完工后，复查洞口尺寸、标高及预埋木砖位置；按洞口门窗型号，将门窗框对号入位；高层建筑，要用经纬仪测设洞口垂直线，按线安装外窗框，使窗框上下在一条垂线上。室内应用水平仪（或按室内墙面＋50cm基准线）测设窗下横框安装线，按水平线安装；将门窗框用木楔临时固定在洞口内的相应位置；内开门窗，靠在内墙面立框；外开门窗在墙厚的中间或靠外墙面立框子。当框子靠墙面抹灰层时，内（外）开门窗框应凸出内（外）墙面，其凸出尺寸应等于抹灰层或装饰面层的厚度，以便墙面抹灰或装饰面层与门窗框的表面齐平；门框的锯口线，应调整到与地面建筑标高一致。用水平尺校正框子冒头的水平度；用吊线锤校正门窗框正、侧面垂直度，并检查门窗框表面的平整度。最后调整木楔楔紧框子；门窗框用砸扁钉帽的钉子钉牢在木砖上。钉子应冲入木框内 1～2mm，每块木砖要钉两处；门窗固定牢固后，其框与墙体的缝隙，按设计要求的材料嵌缝。如采用罐装聚氨酯填缝剂挤注填缝，其嵌缝效果极佳。

3）门窗扇的安装

① 量出樘口净尺寸，并考虑按规范规定的留缝宽度。确定门窗扇高、宽尺寸，先画出门窗扇中间缝隙的中线，再画出边线，并保证樘宽一致，再上下边画线，按线刨去多余部分。门窗扇为双扇时，应先将高低缝叠合好，并以开启方向的右扇压左扇。

② 平开扇的底边，中悬扇的上下边，上悬扇的下边，下悬扇的上边与框接触，容易擦边，应刨成 1mm 的斜面。门扇的下冒头，与地面表面接触，其留缝宽度，应符合规范规定。

③ 试装门窗扇时，应先用木楔塞在门窗扇下边，然后再检查缝隙，并注意两门窗扇楞和玻璃芯子应平直对齐，不得错位；合格后画出合页的位置线，剔槽装合页。

4）门窗小五金安装

① 合页距门窗上下端宜取立樘高度的 1/10，并应避开上下冒头。

② 五金配件安装应用木螺钉固定，使用木螺钉时，先用手锤打入全长的 1/3，接着用螺钉旋具拧入。硬木应钻 2/3 深度的孔，孔径应略小于木螺钉直径。

5）质量验收标准

① 主控项目

A　木门窗的木材品种、材质等级、规格、尺寸、框扇的线型及人造木板的甲醛含量应符合设计要求。设计未规定材质等级时，所用木材的质量应符合表"普通木门窗用木材的质量要求"和"高级木门窗用木材的质量要求"的规定。

检验方法：观察；检查材料进场验收记录和复验报告（表 2-3、表 2-4）。

普通木门窗用木材的质量要求

表 2-3

木材缺陷		木门窗扇的立挺、冒头、中冒头	窗棂、压条、门窗及气窗的线脚、通风窗立挺	门心板	门窗框
活节	不计数值（mm）	＜15	＜5	＜15	＜15
	计算个数，直径	≤材宽的 1/3	≤材宽的 1/3	≤30mm	≤材宽的 1/3
	任 1 延米个数	≤3	≤2	≤3	≤5
死节		允许，计入活节总数	不允许		允许，计入活节总数
髓心		不露出表面的，允许	不允许		不露出表面的，允许

续表

木材缺陷	木门窗扇的立梃、冒头、中冒头	窗棂、压条、门窗及气窗的线脚、通风窗立梃	门心板	门窗框
裂缝	深度及长度≤厚度及材长的 1/5	不允许	允许可见裂缝	深度及长度≤厚度及材长的 1/4
斜纹的斜率（%）	≤7	≤5	不限	≤12
油眼	非正面，允许			
其他	浪形纹理，圆形纹理，偏心及化学变色，允许			

注：摘自《建筑装饰装修工程质量验收规范》GB 50210—2001 附录 A

高级木门窗用木材的质量要求　　　　　　　　　　　　　　　　　　表 2-4

木材缺陷		木门窗扇的立挺、冒头、中冒头	窗棂、压条、门窗及气窗的线脚、通风窗立挺	门心板	门窗框
活节	不计个数，直径（mm）	<10	<5	<10	<10
	计算个数，直径	≤材宽的 1/4	≤材宽的 1/4	≤20mm	≤材宽的 1/3
	任 1 延米个数	≤2	0	≤2	≤3
死节		允许，包括在活节总数中	不允许	允许，包括在活节总数中	不允许
髓心		不露出表面的，允许	不允许	不露出表面的，允许	
裂缝		深度及长度≤厚度及材长的 1/6	不允许	允许可见裂缝	深度及长度≤厚度及材长的 1/5
斜纹的斜率（%）		≤6	≤4	≤15	≤10
油眼		非正面，允许			
其　他		浪形纹理，圆形纹理，偏心及化学变色，允许			

注：摘自《建筑装饰装修工程质量验收规范》GB 50210—2001 附录 A

B　门窗应采用烘干的木材，含水率应符合《建筑木门、木窗》JG/T 122—2000 的规定。

检验方法：检查材料进场验收记录。

C　木门窗的防火、防腐、防虫处理、防昆虫纱装设应符合设计要求。

检验方法：观察；检查材料进场验收记录。

D　木门窗的结合处和安装配件处不得有木节或已填补的木节。木门窗如有允许限值以内的死节及直径较大的虫眼时，应用同一材质的木塞加胶填补。对于清漆制品，木塞的木纹和色泽应与制品一致。

检验方法：观察。

E　木窗框和厚度大于 50mm 的门窗扇应用双榫连接。榫槽应该采用胶料严密嵌合，并应用胶楔加紧。

检验方法：观察；手扳检查

F　胶合板门、纤维板门和模压门不得脱胶。胶合板不得刨透表层单板，不得有戗槎。

制作胶合板门、纤维板门时，边框和横楞应在同一平面上，面层、边框几横楞应加压胶结。横楞和上、下冒头应各钻两个以上的透气孔，透气孔应通畅。

检验方法：观察。

G　门木窗的品种、类型、规格、开启方向、安装位置及连接方式应符合设计要求。

检验方法：观察；尺量检查；检查成品门的产品合格证书。

H　木门窗框的安装必须牢固，预埋木砖的防腐处理、木门窗框固定点的数量、位置及固定方法应符合设计要求。

检验方法：观察；手扳检查；检查隐蔽工程验收记录和施工记录。

I　木门窗扇必须安装牢固，并应开关灵活，关闭严密，无倒翘。

检验方法：观察；开启和关闭检查；手扳检查。

J　木门窗配件的型号、规格、数量应符合设计要求，安装应牢固，位置应正确，功能应满足使用要求。

验方法：观察；开启和关闭检查；手扳检查。

② 一般项目

A　木门窗表面应洁净，不得有刨痕、锤印。

检验方法：观察。

B　木门窗的割角、拼缝应严密平整。门窗框、扇裁口应顺直、刨面应平整。

检验方法：观察。

C　木门窗上的槽、孔应边缘整齐，无毛刺。

检验方法：观察。

D　木门窗与墙体间缝隙的填嵌材料应符合设计要求，填嵌应饱满。寒冷地区外门窗（或门窗框）与砌体间的空隙应填充保温材料。

检验方法：轻敲门窗框检查；检查隐蔽工程验收记录和施工记录。

E　木门窗批水、盖口条、压缝条、密封条的安装应顺直，与门窗结合应牢固、严密。

检验方法：观察；手扳检查。

F　木门窗制作的允许偏差和检验方法应符合表 2-5 的规定。

木门窗制作的允许偏差和检验方法　　　　　　　　　　　　表 2-5

项次	项目	构件名称	允许偏差		检验方法
			普　通	高　级	
1	翘曲	框	3	2	将框、扇平放在检查平台上，用塞尺检查
		扇	2	2	
2	对角线长度差	框、扇	3	2	用钢尺检查，框量裁口里角，扇量外角
3	表面平整度	扇	2	2	用 1m 靠尺和塞尺检查
4	高度、宽度	框	0；—2	0；—1	用钢尺检查，框量裁口里角，扇量外角
		扇	+2；0	+1；0	
5	裁口、线条结合处高低差	框、扇	1	0.5	用钢直尺和塞尺检查
6	相邻棂子两端间距	扇	2	1	用钢直尺检查

G 木门窗安装的留缝限值、允许偏差和检验方法应符合表2-6的规定。

木门窗安装的留缝限值、允许偏差和检验方法   表2-6

项次	项　目		留缝限值（mm）		允许偏差（mm）		检验方法
			普通	高级	普通	高级	
1	门窗槽口对角线长度差		—	—	3	2	用钢尺检查
2	门窗框的正、侧面垂直度		—	—	2	1	用1m垂直检测尺检查
3	框与扇、扇与扇接缝高低差		—	—	2	1	用钢直尺和塞尺检查
4	门窗扇对口缝		1～2.5	1.5～2	—	—	用塞尺检查
5	工业厂房双扇大门对口缝		2～5	—	—	—	
6	门窗扇与上框间留缝		1～2	1～1.5	—	—	
7	门窗扇与侧框间留缝		1～2.5	1～1.5	—	—	
8	窗扇与下框间留缝		2～3	2～2.5	—	—	
9	门窗与下框间留		3～5	3～4	—	—	
10	双层门窗内外框间距		—	—	4	3	用钢尺检查
11	无下框时门扇与地面间留缝	外门	4～7	5～6	—	—	用塞尺检查
		内门	5～8	6～7	—	—	
		卫生间门	8～12	8～10	—	—	
		厂房大门	10～20	—	—	—	

（3）金属门窗安装工程（铝合金门窗为例）

1）一般施工技术要求

① 铝门窗的湿法安装施工，应在墙体基层抹灰湿作业后进行门窗框安装固定，待洞口墙体面层装饰湿作业全部完成后，最后进行门窗扇及玻璃的安装与密封。

② 铝门窗的干法安装施工，预埋附框应在墙体砌筑时埋入；后置附框应在墙体基层抹灰湿作业安装固定。待洞口墙体面层装饰湿作业全部完成后，最后进行门窗在附加框架上的安装与密封施工。

③ 门窗洞口墙体砌筑的施工质量，应符合现行国家标准《砌体结构工程施工质量验收规范》GB 50203—2011的规定，门窗洞口高、宽尺寸允许偏差为±5mm。

④ 门窗洞口墙体抹灰及饰面板（砖）的施工质量，应符合现行国家标准《建筑装饰装修工程质量验收规范》GB 50210—2001的规定，洞口墙体的立面垂直、表面平整度及阴阳角方正等允许偏差，以及洞口窗楣、窗台的流水坡度、滴水线或滴水槽等均应符合其相应的要求。

2）施工准备

① 铝合金门窗的品种、规格、开启形式应符合设计要求，各种附件配套齐全，并具有产品出厂合格证书。

② 防腐、填缝、密封、保护、清洁材料等应符合设计要求和有关标准的规定。

③ 门窗洞口尺寸应符合设计要求，有预埋件或预埋附框的门窗洞口，其预埋件的数量、位置及埋设方法或预埋附框的施工质量应符合设计要求。如有影响门窗安装的问题应

及时进行处理。

④ 门窗的装配及外观质量，如有表面损伤、变形及松动等问题，应及时进行修理、校正等处理，合格后才能进行安装。

3）安装施工

① 门窗框湿法安装应符合下列规定：

A　门窗框安装前应进行防腐处理，阳极氧化加电解着色和阳极氧化加有机着色表面处理的铝型材，必须涂刷环保的、与外框和墙体砂浆粘接效果好的防腐蚀保护层；而采用电泳涂漆、粉末喷涂和氟碳漆喷涂表面处理的铝型材，可不再涂刷防腐蚀涂料。

B　门窗框在洞口墙体就位，用木楔、垫块或其他器具调整定位并临时楔紧固定时，不得使门窗框型材变形和损坏。

C　门窗框与洞口墙体的连接固定应符合下列要求：

第一，连接件应采用 Q235 钢材，其厚度不小于 1.5mm，宽度不小于 20mm，在外框型材室内外两侧双向固定。固定点的数量与位置应根据铝门窗的尺寸、荷载、重量的大小和不同开启形式、着力点等情况合理布置。连接件距门窗边框四角的距离不大于 200mm，其余固定点的间距不超过 400mm。

第二，门窗框与连接件的连接宜采用卡槽连接。如采用紧固件穿透门窗框型材固定连接件时，紧固件宜置于门窗框型材的室内外中心线上，且必须在固定点处采取密封防水措施。

第三，连接件与洞口混凝土墙基体可采用特种钢钉（水泥钉）、射钉、塑料胀锚螺栓、金属胀锚螺栓等紧固件连接固定。

第四，砌体墙基体应根据各类砌体材料的应用技术规程或要求确定合适的连接固定方法，严禁用射钉固定门窗。

D　门窗框与洞口墙体安装缝隙的填塞，宜采用隔声、防潮、无腐蚀性的材料，如聚氨酯PU发泡填缝料等。如采用水泥砂浆填塞，则应采用防水砂浆，并且不能使门窗框胀突变形，临时固定用的木楔、垫块等不得遗留在洞口缝隙内。严禁使用海沙做防水砂浆。

E　门窗框与洞口墙体安装缝隙的密封应符合下列要求：

第一，门窗框与洞口墙体密封施工前，应先对待粘接表面进行清洁处理，门窗框型材表面的保护材料应除去，表面不应有油污、灰尘；墙体部位应洁净平整。

第二，门窗框与洞口墙体密封，应符合密封材料的使用要求。门窗框室外侧表面与洞口墙体间留出密封槽，确保墙边防水密封胶缝的宽度和深度均不小于 6mm。

第三，密封材料应采用与基材相容并且粘接性能良好的防水密封胶，密封胶施工应挤填密实，表面平整。

② 门窗框干法安装应符合下列规定：

A　预埋附框和后置附框在洞口墙基体上的预埋、安装应连接牢固，防水密封措施可靠。后置附框在洞口墙基体上的安装施工，应按前面门窗框湿法安装要求安装。

B　门窗框与附框应连接牢固，并采取可靠的防水密封处理措施。门窗框与附框的安装缝隙防水密封胶宽度不应小于 6mm。

C　组合门窗拼樘框必须直接固定在洞口墙基体上。

D　五金附件的安装应保证各种配件和零件齐全，装配牢固，使用灵活，安全可靠，达到应有的功能要求。

E　玻璃的安装应符合下列要求：玻璃承重垫块的材质、尺寸、安装位置，应符合设计要求；镀膜玻璃的安装应使镀膜面的方向符合设计要求；玻璃安装就位时，应先清除镶嵌槽内的灰砂和杂物，疏通排水通道；密封胶条应与镶嵌槽的长度吻合，不应过长而凸起离缝，也不应过短而脱离槽角。

F　密封胶在施工前，应先清洁待粘接基材的粘接表面，确保粘接表面干燥、无油污灰尘。密封胶施工应挤填密实，表面平整。密封胶与玻璃和门窗框、扇型材的粘接宽度不小于5mm。

4）质量验收标准

适用于钢门窗、铝合金门窗、涂色镀锌钢板门窗等金属门窗安装工程的质量验收。

① 主控项目

A　金属门窗的品种、类型、规格、尺寸、性能、开启方向、安装位置、连接方式及铝合金门窗的型材壁厚应符合设计要求。金属门窗的防腐处理及填嵌、密封处理应符合设计要求。

检验方法：观察；尺量检查；检查产品合格证书、性能检测报告、进场验收记录和复验报告；检查隐蔽工程验收记录。

B　金属门窗框和副框的安装必须牢固。预埋件的数量、位置、埋设方式、与框的连接方式必须符合设计要求。

检验方法：手扳检查；检查隐蔽工程验收记录。

C　金属门窗扇必须安装牢固，并应开关灵活、关闭严密，无倒翘。推拉门窗扇必须有防脱落措施。

检验方法：观察；开启和关闭检查；手扳检查。

D　金属门窗配件的型号、规格、数量应符合设计要求，安装应牢固，位置应正确，功能应满足使用要求。

检验方法：观察；开启和关闭检查；手扳检查。

② 一般项目

A　金属门窗表面应洁净、平整、光滑、色泽一致，无锈蚀。大面应无划痕、碰伤。漆膜或保护层应连续。

检验方法：观察。

B　铝合金门窗推拉门窗扇开关力应不大于100N。

检验方法：用弹簧秤检查。

C　金属门窗框与墙体之间的缝隙应填嵌饱满，并采用密封胶密封。密封胶表面应光滑、顺直，无裂纹。

检验方法：观察；轻敲门窗框检查；检查隐蔽工程验收记录。

D　金属门窗扇的橡胶密封条或毛毡密封条应安装完好，不得脱槽。

检验方法：观察；开启和关闭检查。

E　有排水孔的金属门窗，排水孔应畅通，位置和数量应符合设计要求。

检验方法：观察。

F 钢门窗安装的留缝限值、允许偏差和检验方法应符合表 2-7 规定。

钢门窗安装的留缝限值、允许偏差和检验方法 表 2-7

项次	项　目		留缝限值（mm）	允许偏差（mm）	检验方法
1	门窗槽门宽度、高度	≤1500mm		2.5	用钢尺检查
		>1500mm		3.5	
2	门窗槽口对角线长度差	≤2000mm		5	用钢尺检查
		>2000mm		6	
3	门窗框的正、侧面垂直度			3	用1m垂直检测尺检查
4	门窗横框的水平度			3	用1m水平尺和塞尺检查
5	门窗横框标高			5	用钢尺检查
6	门窗竖向偏离中心			4	用钢尺检查
7	双层门窗内外框间距			5	用钢尺检查
8	门窗框、扇配合间隙		≤2		用塞尺检查
9	无下框时门扇与地面间留缝		4～8		用塞尺检查

G 铝合金门窗安装的允许偏差和检验方法应符合表 2-8 规定。

铝合金门窗安装的允许偏差和检验方法 表 2-8

项次	项　目		允许偏差（mm）	检验方法
1	门窗槽口宽度、高度	≤1500mm	1.5	用钢尺检查
		>1500mm	2	
2	门窗槽口对角线长度差	≤2000mm	3	用钢尺检查
		>2000mm	4	
3	门窗框的正、侧面垂直度		2.5	用垂直检测尺检查
4	门窗横框的水平度		2	用1m水平尺和塞尺检查
5	门窗横框标高		5	用钢尺检查
6	门窗竖向偏离中心		5	用钢尺检查
7	双层门窗内外框间距		4	用钢尺检查
8	推拉门窗扇与框搭接量		1.5	用钢直尺检查

H 涂色镀锌钢板门窗安装的允许偏差和检验方法应符合表 2-9 规定。

涂色镀锌钢板门窗安装的允许偏差和检验方法 表 2-9

项次	项　目		允许偏差（mm）	检验方法
1	门窗槽口宽度、高度	≤1500mm	2	用钢尺检查
		>1500mm	3	
2	门窗槽口对角线长度差	≤2000mm	4	用钢尺检查
		>2000mm	5	

项 次	项　目	允许偏差（mm）	检验方法
3	门窗框的正、侧面垂直度	3	用垂直检测尺检查
4	门窗横框的水平度	3	用1m水平尺和塞尺检查
5	门窗横框标高	5	用钢尺检查
6	门窗竖向偏离中心	5	用钢尺检查
7	双层门窗内外框间距	4	用钢尺检查
8	推拉门窗扇与框搭接量	2	用钢直尺检查

（4）塑料门窗安装工程

1）施工准备

① 材料

A 安装的成品门窗框、纱扇和小五金的品种、规格、型号、质量和数量应符合设计要求。

B 安装材料：连接件、镀锌铁脚、$\phi4\times15$自攻螺栓、$\phi8$尼龙胀管或膨胀螺栓、$\phi5\times30$螺丝、PE发泡材料、乳胶密材胶、△型和○型橡密封条、塑料垫片、玻璃压条、胶水、五金配件等材料质量应符合设计要求。

② 主要机具：电锤、手枪钻、射钉枪、注膏枪、吊线坠、钢卷尺、锉刀、水平尺、靠尺、手锤等。

③ 作业条件

预留的门窗洞口周边，应抹2~4mm厚的1:3水泥砂浆，并用木抹子搓平、搓毛。

逐个检查已抹砂浆的预留洞口实际尺寸（包括应留的缝隙）与施工设计图核对，偏差处已及时整改。

④ 准备简易脚手架及安全设施。

2）操作工艺

塑料门窗安装顺序：洞口周边抹水泥灰浆底糙→检查洞口安装尺寸（包括应留缝隙）→洞口弹门窗位置线→检查预埋件的位置和数量→框子安装连接铁件→立樘子、校正→连接铁件与墙体固定→框边填塞软质材料→注密封膏→验收密封膏注入质量→安装玻璃→安装小五金→清洁。

① 弹门窗安装位置线

门窗洞口周边的底糙达到强度后，按施工设计图，弹出门窗安装位置线，同时检查洞口内预埋件的位置和数量。如预埋件位置和数量不符合设计要求或没有预埋铁件或防腐木砖，则应在门窗安装线上弹出膨胀螺栓的钻孔位置。钻孔位置应与框子连接铁件位置相对应。

② 框子装连接铁件

框子连接铁件的安装位置是从门窗框宽和高度两端向内各标出150mm，作为第一个连接件的安装点，中间安装点间距≤600mm。安装方法是先把连接铁件与框子成45°角放入框子背面燕尾槽口内，顺时针方向把连接件扳成直角，然后成孔旋进$\phi4\times15$mm自攻螺钉固定。严禁锤子敲打框子，以防损坏。

③ 立樘子

把门窗放进洞口安装线上就位，用对拔木楔临时固定。校正正、侧面垂直度、对角线和水平度合格后，将木楔固定牢靠。为防止门窗框受木楔挤压变形，木楔应塞在门窗角、中竖框、中横框等能受力的部位。框子固定后，应开启门窗扇，检查反复开关灵活度。如有问题应及时调整。

塑料门窗底、顶框连接件与洞口基体固定同边框固定方法。

用膨胀螺栓固定连接件。一只连接件不宜少于 2 个螺栓。如洞口是预埋木砖，则用二只螺钉将连接坚固于木砖上。

④ 塞缝

门窗洞口面层粉刷前，除去安装时临时固定的木楔，在门窗周围缝隙内塞入发泡轻质材料（聚氨酯泡沫等），使之形成柔性连接，以适应热胀冷缩。从框底清理灰渣，嵌入密封膏，应填实均匀。连接件与墙面之间的空隙内，也须注满密封膏，其胶液应冒出连接件 1～2mm。严禁用水泥砂浆或麻刀灰填塞，以免门窗框架受震变形。

⑤ 安装小五金

塑料门窗安装小五金时，必须先在框架上钻孔，然后用自攻螺丝拧入，严禁直接锤击打入。

⑥ 安装玻璃

扇、框连在一起的半玻平开门，可在安装后直接装玻璃。对可拆卸的窗扇、推拉窗扇，可先将玻璃装在扇上，再把扇装在框上。玻璃应由专业玻璃工操作。

⑦ 清洁

门窗洞口墙面面层粉刷时，应先在门窗框、扇上贴好防污纸防止水泥浆污染。局部受水泥浆污染的框扇，应即时用擦布抹拭干净。玻璃安装后，必须及时擦除玻璃上的胶液等污物，直至光洁明亮。

3）质量验收标准

① 主控项目

A 塑料门窗的品种、类型、规格、尺寸、性能、开启方向、安装位置、连接方式及填嵌密封处理应符合设计要求。内衬增强型钢的壁厚及设置应符合国家现行产品标准的质量要求。

检验方法：观察；尺量检查；检查产品合格证书、性能检测报告、进场验收记录和复验报告；检查隐蔽工程验收记录。

B 塑料门窗框和副框的安装必须牢固。固定片或膨胀螺栓的数量与位置应正确，连接方式应符合设计要求。固定点应距窗角、中横框、中竖框 150～200mm，固定点间距应不大于 600mm。

检验方法：观察；手扳检查；尺量检验；检查进场验收记录。

C 塑料门窗拼樘料内衬增强型钢的规格、壁厚必须符合设计要求，型钢应与型材内腔紧密吻合，其两端必须与洞口固定牢固。窗框必须与拼樘料连接紧密，固定点间距应不大于 600mm。

检验方法：观察；手扳检查；尺量检验；检查进场验收记录。

D　塑料门窗扇（纱扇）应开关灵活、关闭严密，无倒翘。推拉门窗扇必须有防脱落措施。

检验方法：观察；开启和关闭检查；手板检查。

E　塑料门窗配件型号、规格、数量应符合设计要求，安装应牢固，位置应正确，功能应满足使用要求。

检验方法：观察；开启和关闭检查；手板检查。

F　塑料门窗框与墙体间缝隙应采用闭孔弹性材料填嵌饱满，表面应采用密封胶密封。密封胶应粘结牢固，表面应光滑、顺直、无裂纹。

检验方法：观察；检查隐蔽工程验收记录。

② 一般项目

A　塑料门窗表面应洁净、平整、光滑、大面应无划痕、碰伤。

检验方法：观察。

B　塑料门窗扇的密封条不得脱槽。旋转窗间隙应基本均匀。

C　塑料门窗的开关力应符合下列规定：

D　平开门窗扇平铰链的开关力应不大于80N；滑撑铰链的开关力应不大于80N，并不少于30N。

E　推拉门窗扇开关力应不大于100N。

检验方法：用弹簧秤检查。

F　玻璃密封条与玻璃及玻璃槽口的连接缝应平整，不卷边、脱槽。

检验方法：观察。

G　排水孔应畅通，位置和数量应符合设计要求。

检验方法：观察。

H　塑料门窗安装的允许偏差和检验方法应符合表2-10的规定。

塑料门窗安装的允许偏差和检验方法　　　　　　表2-10

项 次	项 目		允许偏差（mm）	检验方法
1	门窗槽口宽度、高度	≤1500mm	2	用钢尺检查
		>1500mm	3	
2	门窗槽口对角线长度差	≤2000mm	3	用钢尺检查
		>2000mm	5	
3	门窗框的正、侧面垂直度		3	用1m垂直检测尺检查
4	门窗横框的水平度		3	用1m水平尺和塞尺检查
5	门窗横框标高		5	用钢尺检查
6	门窗竖向偏离中心		5	用钢尺检查
7	双层门窗内外框间距		4	用钢尺检查
8	同樘平开门窗相邻扇高度差		2	用钢尺检查
9	平开门窗铰链部位配合间隙		+2；−1	用塞尺检查
10	推拉门窗扇与框搭接量		+1.5；−2.5	用钢直尺检查
11	推拉门窗扇与竖框平行度		2	用1m水平尺和塞尺检查

（5）特种门安装工程技术要求（防火门、防盗门为例）

1）施工准备

① 材料

A　防火、防盗门：分为钢质和木质防火、防盗门。防火门的防火等级分三级，其耐火极限应符合现行国家标准的有关规定；防火门采用的填充材料应符合现行国家标准的规定；玻璃应采用不影响防火门耐火性能试验合格的产品。防火、防盗门的品种、规格、型号、尺寸、防火等级必须符合设计要求，生产厂家必须有主管部门批准核发的生产许可证书；产品出厂时应有出厂合格证、检测报告，每件产品上必须标有产品名称、规格、耐火等级、厂名及检验年、月、日。并经现场验收合格。木质防火、防盗门除满足上述要求外，其使用木材的含水率不得大于当地平均含水率。

B　五金：防火门五金件必须是经消防局认可的防火五金件，包括合页、门锁、闭门器、暗插销等，并有出厂合格证、检测报告。防盗门锁具必须有公安局的检验认可证书。

C　水泥：普通硅酸盐水泥或矿渣硅酸盐水泥，其强度等级不低于 32.5。砂：中砂或粗砂，过 5mm 孔径的筛子。

D　焊条应与其焊件要求相符配套，且应有出厂合格证。

② 主要机具：

电焊机、电钻、射钉枪、锤子、钳子、螺丝刀、扳手、水平尺、塞尺、钢尺、线坠、托线板、电焊面具、绝缘手套。

③ 作业条件

A　主体结构工程已完，且验收合格，工种之间已经办好交接手续。

B　按图纸尺寸弹放门中线，及室内标高控制线，并预检合格。

C　门洞口墙上的预埋件已按其要求预留，通过验收合格。

D　防火、防盗门进场时，其品种、规格、型号、开启方向、五金配件均已通过验收合格，其外形及平整度已经检查校正，无翘曲、窜角、弯曲、劈裂等缺陷。

E　对操作人员进行安全技术交底。

F　校对与检查进场后的成品门的品种、规格、型号、尺寸、开启方向与附件是否符合设计要求及现场实际尺寸。

2）操作工艺

工艺流程：弹线→安装门框→塞缝→安装门扇→安装密封条、五金件。

① 弹线：按设计图纸要求的安装位置、尺寸、标高，弹出防火、防盗门安装位置的垂直控制线和水平控制线。在同一场所的门，要拉通线或用水准仪进行检查，使门的安装标高一致。

② 安装门框

A　立框、临时固定：将防火、防盗门的门框放入门洞口，注意门的开启方向，门框一般安装在墙厚的中心线上。用木楔临时固定，并按水平及中心控制线检查，调整门框的标高和垂直度。

B　框与墙体连接

当防火、防盗门为钢制时，其门框与墙体之间的连接应采用铁脚与墙体上的预埋件焊接固定。当墙上无预埋件时，将门框铁脚用膨胀螺栓或射钉固定，也可用铁脚与后置埋件焊接。每边固定点不少于 3 处。

当防火、防盗门为木质门时，在立门框之前用颗沉头木螺钉通过中心两孔，将铁脚固定在门框上。通常铁脚间距为 500～800mm，每边固定不少于 3 个铁脚，固定位置与门洞预埋件相吻合。砌体墙门洞口，门框铁脚两头用沉头木螺钉与预埋木砖固定。无预埋木砖时，铁脚两头用膨胀螺栓固定，禁止用射钉固定；混凝土墙体，铁脚两头与预埋件用螺栓连接或焊接。若无预埋件，铁脚两头用膨胀螺栓或射钉固定。固定点不少于 3 个，而且连接要牢固。

C　塞缝：门框周边缝隙用 C20 以上的细石混凝土或 1：2 水泥砂浆填塞密实、镶嵌牢固，应保证与墙体连成整体。养护凝固后用水泥砂浆抹灰收口或门套施工。

D　安装门扇。检查门扇与门框的尺寸、型号、防火等级及开启方向是否符合设计要求。木质门扇安装时，先将门扇靠在框上划出相应的尺寸线。合页安装的数量按门自身重量和设计要求确定，通常为 2～4 片。上下合页分别距离门扇端头 200mm。合页裁口位置必须准确，保持大小、深浅一致。金属门扇安装时，通常门扇与门框由厂家配家供应，只要核对好规格、型号、尺寸，调整好四周缝隙，直接将合页用螺钉固定到门框上即可。

E　安装五金件。根据门的安装说明安装插销、闭门器、顺序器、门锁及拉手等五金件。

3）质量验收标准

适用于防火门、防盗门、自动门、全玻门、旋转门、金属卷帘门等特种门安装工程的质量验收。

① 主控项目

A　特种门的质量和各项性能应符合设计要求。

检验方法：检查生产许可证、产品合格证书和性能检测报告。

B　特种门的品种、类型、规格、尺寸、开启方向、安装位置及防腐处理应符合设计要求。

检验方法：观察；尺量检查；检查进场验收记录和隐蔽工程验收记录。

C　带有机械装置、自动装置或智能化装置的特种门，其机械装置、自动装置或智能化装置的功能应符合设计要求和有关标准的规定。

检验方法：启动机械装置、自动装置或智能化装置，观察。

D　特种门的安装必须牢固。预埋件的数量、位置、埋设方式、与框的连接方式必须符合设计要求。

检验方法：观察；手扳检查；检查隐蔽工程验收记录。

E　特种门的配件应齐全，位置应正确，安装应牢固，功能应满足使用要求和特种门的各项性能要求。

检验方法：观察；手扳检查；检查产品合格证书、性能检测报告和进场验收记录。

② 一般项目

A　特种门的表面装饰应符合设计要求。

检验方法：观察。

B　特种门的表面应洁净，无划痕、碰伤。

检验方法：观察。

C　推拉自动门安装的留缝限值、允许偏差和检验方法应符合表 2-11 规定。

推拉自动门安装的留缝限值、允许偏差和检验方法　　　　表 2-11

项　次	项　目		留缝限值（mm）	允许偏差（mm）	检验方法
1	门槽口宽度、高度	≤1500mm		1.5	用钢尺检查
		>1500mm		2	
2	门槽口对角线长度差	≤2000mm		2	用钢尺检查
		>2000mm		2.5	
3	门框的正、侧面垂直度			1	用 1m 垂直检测尺检查
4	门构件装配间隙			0.3	用塞尺检查
5	门梁导轨水平度			1	用 1m 水平尺和塞尺检查
6	下导轨与门梁导轨平行度			1.5	用钢尺检查
7	门扇与侧框间留缝		1.2～1.8		用塞尺检查
8	门扇对门缝		1.2～1.8		用塞尺检查

D　推拉自动门的感应时间限值和检验方法应符合表 2-12 规定。

推拉自动门的感应时间限值和检验方法　　　　表 2-12

项　次	项　目	感应时间限值（s）	检验方法
1	开门响应时间	≤0.5	用秒表检查
2	堵门保护延时	16～20	用秒表检查
3	门扇全开启后保持时间	13～17	用秒表检查

E　旋转门安装的允许偏差和检验方法应符合表 2-13 规定。

旋转门安装的允许偏差和检验方法　　　　表 2-13

项　次	项　目	允许偏差（mm）		检验方法
		金属框架玻璃旋转门	木质旋转门	
1	门扇正、侧面垂直度	1.5	1.5	用 1m 垂直检测尺检查
2	门扇对角线长度差	1.5	1.5	用钢尺检查
3	相邻扇高度差	1	1	用钢尺检查
4	扇与圆弧边留缝	1.5	2	用塞尺检查
5	扇与上顶间留缝	2	2.5	用塞尺检查
6	扇与地面间留缝	2	2.5	用塞尺检查

（6）门窗玻璃安装技术要求

1）施工准备

① 材料

A　玻璃产品，应根据设计要求选定玻璃品种、厚度、色彩等。玻璃应有出厂质量合格证和产品性能检测报告。

B　安装材料：油灰、红丹底漆、厚漆（铅油）、玻璃钉、钢丝卡、油绳、煤油、木压条、橡胶压条、玻璃胶、橡皮垫密封胶等。材料应选用合格品。

② 主要工具

吸盘、冲孔电钻、电动螺丝刀、玻璃刀、钢丝钳、钢卷尺、直尺、角尺、扁铲、油灰刀、靠尺、螺丝刀、小锤、抹布或棉纱等。

③ 作业条件

A　门窗五金安装完，经检查合格，并在涂刷最后一道油漆前进行玻璃安装。

B　钢门窗在安装玻璃前，要求认真检查是否有扭曲变形等情况，应修整和挑选后，再进行玻璃安装。

C　玻璃安装前，应按照设计要求的尺寸及结合实测尺寸，预先集中裁制，并按不同规格和安装顺序码放在安全地方待用。

D　由市场直接购买到的成品油灰，或使用熟桐油等天然干性油自行配制的油灰，可直接使用；如用其他油料配制的油灰，必须经过检验合格后方可使用。

2）操作工艺

工艺流程：清理门窗框→量尺寸→下料→裁割→安装。

① 门窗玻璃安装顺序，一般先安外门窗，后安内门窗，先西北后东南的顺序安装。

② 玻璃安装前应清理裁口。先在玻璃底面与裁口之间，沿裁口的全长均匀涂抹1～3mm厚的底油灰，接着把玻璃推铺平整，压实，然后收净底油灰。

③ 木门窗玻璃推平、压实后，四边分别钉上钉子，钉完后用手轻敲玻璃，响声坚实，说明玻璃安装平实。

④ 木门窗固定扇（死扇）玻璃安装，应先用扇铲将木压条撬出，同时退出压条上小钉，并将裁口处抹上底油灰，把玻璃推铺平整，然后嵌好四边木压条将钉子钉牢，底灰修好、刮净。

⑤ 钢门窗安装玻璃，将玻璃装进框口内轻压使玻璃与底油灰粘住，然后沿裁口玻璃表外层装上钢丝卡，钢丝卡要卡住玻璃，其间距不得大于300mm，且框口每边至少有两个。经检查玻璃无松动时，再沿裁口全长抹油灰，油灰应抹成斜坡，表面抹光平。如框口玻璃采用压条固定时，则不抹底油灰，先将橡胶垫嵌入裁口内，装上玻璃，随即装压条用螺丝钉固定。

⑥ 安装斜天窗的玻璃，如设计没有要求时，应采用夹丝玻璃，并应从顺留方向盖叠安装。盖叠安装搭接长度应视天窗的坡度而定，盖叠处应用钢丝卡固定，并在缝隙中用密封膏嵌密实。

⑦ 门窗安装彩色玻璃和压花，应按照设计图案仔细裁割，拼缝必须吻合，不允许出现错位、松动和斜曲等缺陷。

⑧ 安装窗中玻璃，按开启方向确定定位垫块宽度应大于玻璃的厚度，长度不宜小于25mm，并应按设计要求。

⑨ 铝合金框扇安装玻璃，安装前，应清除铝合金框的槽口所有灰渣、杂物等，畅通排水孔。在框口下边槽口放入橡胶垫块，以免玻璃直接与铝合金框接触。

安装玻璃时，使玻璃在框口内准确就位，或玻璃安装在凹槽内，内外侧间隙应相等，间隙宽度一般在 2～5mm。

采用橡胶条固定玻璃时，先用 10mm 长的橡胶块断续地将玻璃挤住，再在胶条上注入密封胶。密封胶要连续注满在周边内，注得均匀。

采用橡胶块固定玻璃时，先将橡胶压条嵌不敷出入玻璃两侧密封，然后将玻璃挤住，再在其上面注入密封胶。

采用校胶压条固定玻璃时，先将橡胶压嵌入玻璃两侧密封，容纳后将玻璃挤紧，上面不再注密封胶。橡胶压条长度不得短于所需嵌入长度，不得强行嵌入胶条。

⑩ 玻璃安装后，应进行清理，将油灰、钉子、钢丝卡及木压条等随即清理干净，关好门窗。冬期施工应在已经安装好玻璃的室内作业（即内门窗玻璃），温度应在正温度以上。外墙铝合金框扇玻璃不宜冬期安装。

3）质量要求

① 主控项目

A　玻璃的品种、规格、尺寸、色彩、图案和涂膜朝向应符合设计要求。单块玻璃大于 1.5m² 时应使用安全玻璃。

检查方法：观察；检查产品合格证书、性能检测报告和进场验收记录。

B　门窗玻璃裁割尺寸应正确。安装后的玻璃应牢固，不得有裂纹、损伤和松动。

检查方法：观察；轻敲检查。

C　玻璃的安装方法应符合设计要求。固定玻璃的钉子或钢丝卡的数量、规格应保证玻璃安装牢固。

检查方法：观察；检查施工记记录。

D　镶钉木压条与接触玻璃处，应与裁口边缘平齐。木压条应互相紧密连接，并与裁口边缘紧贴，割角应整齐。

检查方法：观察。

E　密封条与玻璃、玻璃槽口的接触应紧密、平整。密封胶与玻璃槽口的边缘应粘接牢固、接缝平齐。

检查方法：观察。

F　带密封条的玻璃压条，其密封条必须与玻璃全部贴紧，压条与型材之间应无明显缝隙，压条接缝应不大于 0.5mm。

检查方法：观察；尺量检查。

② 一般项目

A　玻璃表面应洁净，不得有腻子、密封胶、涂料等污渍。中空玻璃内外表面均应洁净，玻璃中空层内不得有灰尘和水蒸气。

检查方法：观察。

B　门窗玻璃不应直接接触型材。单面镀膜玻璃的镀膜层及磨砂玻璃的磨砂面应朝向室内。中空玻璃的单面镀膜玻璃应在最外层，镀膜层应朝向室内。

检查方法：观察。

C　腻子应填抹饱满、粘结牢固；腻子边缘与裁口应平齐。固定玻璃的卡子不应在腻子表面显露。

检查方法：观察。

3. 吊顶工程施工技术要求

第一类：暗龙骨吊顶工程

（1）施工准备

1）材料

① 吊顶所使用饰面板的品种、规格和颜色应符合设计要求。应检查材料的产品合格证、性能检测报告、出厂日期及使用说明书、进场验收记录和复验报告。应优先选用绿色环保材料和通过 ISO14001 环保体系认证的产品。木材或人造板还应检查甲醛含量。饰面板表面应平整，边缘应整齐、颜色应一致。穿孔板的孔距应排列整齐；胶合板、木质纤维板、大芯板不应脱胶、变色。造型木板和木饰面板应进行防腐、防火、防蛀处理，并且应干燥。

② 吊顶所使用龙骨的品种、规格和颜色应符合设计要求。应检查材料的产品合格证、性能检测报告、出厂日期及使用说明书、进场验收记录和复验报告。应优先选用绿色环保材料和通过 ISO14001 环保体系认证的产品。

③ 防火涂料：防火涂料应有产品合格证书及使用说明书。选用绿色环保涂料和通过 ISO14001 环保体系认证的产品。应检查材料的产品合格证、性能检测报告、出厂日期及使用说明书、进场验收记录和复验报告。

2）主要机具：锤子、水平尺、靠尺、锯、刮刀、铆钉枪、曲线锯、方尺、卷尺、直尺、射钉枪、电钻、电动圆盘锯、冲击钻、电焊机、空压机。

3）作业条件

① 吊顶工程施工前，应熟悉施工图纸及设计说明书，并应熟悉施工现场情况。

② 屋面或楼面的防水层施工完成，并且验收合格。门窗安装完成，并且验收合格。墙面抹灰完成。

③ 按照设计要求对房间的净高、洞口标高和吊顶内的管道、设备支架的标高进行了交接检验。

④ 吊顶内各种管线及通风管道安装完成，试压成功。

⑤ 顶棚内其他作业项目已经完成。

⑥ 墙面体预埋木砖及吊筋的数量和质量，经检查验收符合规范要求。

⑦ 供吊顶用的电源已经接通，并且提供到施工现场。

⑧ 供吊顶用的脚手架已搭设完成，经检查符合要求。

（2）操作工艺

按龙骨吊顶的施工顺序为：弹线找平→安装吊杆→安装主龙骨→安装次龙骨及横撑龙骨→安装饰面板。

1）弹线

在吊顶的区域内，根据顶棚设计标高，沿墙面四周弹出安装吊顶的下口标高定位控制线，再根据大样图在顶棚上弹出吊点位置和复核吊点间距。弹线应清晰，位置应准确无误。同时，按吊顶平面图，在混凝土顶板弹出主龙骨的位置。主龙骨应从吊顶中心向两边分，最大间距为1000mm，并标出吊杆的固定点，吊杆的固定点间距900～1000mm。如遇到梁和管道固定点大于设计和规程要求，应增加吊杆的固定点。

2）安装吊杆

不上人的吊顶，吊杆长度小于1000mm，可以采用 $\phi6$ 的吊杆，如果大于1000mm，应采用 $\phi8$ 的吊杆。上人的吊顶，吊杆长度小于1000mm，可以采用 $\phi8$ 的吊杆，如果大于1000mm，应采用 $\phi10$ 的吊杆。吊杆的一端与角码焊接（角码的孔径应根据吊杆和膨胀螺栓的直径确定），另一端为攻丝套出大于100mm的丝杆，或与成品丝杆焊接。制作好的吊杆应做防锈处理，吊杆用膨胀螺栓固定在楼板上。

吊杆应通直，吊杆距主龙骨端部的距离不得大于300mm，当大于300mm时，应增加吊杆。当吊杆与设备相遇时，应调整并增设吊杆。吊顶灯具、风口及检修口等应设附加吊杆。

3）安装主龙骨

一般情况下，主龙骨应吊挂在吊杆上，主龙骨间距900～1000mm。如大型的造型吊顶，造型部分应用角钢或扁钢焊接成框架，并应与楼板连接牢固。

龙骨间距及断面尺寸应符合设计要求。主龙骨应为轻钢龙骨。上人吊顶一般采用UC50中龙骨，吊点间距900～1200mm；不上人吊顶一般采用UC38小龙骨，吊点间距900～1200mm。主龙骨应平行于房间长向安装，同时应起拱，起拱高度为房间跨度的1/300～1/200。主龙骨的悬臂段不应大于300mm，否则应增加吊杆。主龙骨的接长应采用对接，相邻龙骨的对接接头要相互错开。主龙骨安装完毕后应进行调平，全面校正主龙骨的位置及平整度，连接件应错位安装。待平整度满足设计与规范的相应要求后，方可进行次龙骨安装。

4）安装次龙骨和横撑龙骨

次龙骨应紧贴主龙骨安装。次龙骨间距400×600mm。用连接件把次龙骨固定在主龙骨上。墙上应预先标出次龙骨中心线的位置，以便安装罩面板时找到次龙骨的位置。当用自攻螺丝钉安装板材时，板材接缝处必须安装在宽度不小于40mm的次龙骨上。次龙骨不得搭接。在通风、水电等洞口周围应设附加龙骨，附加龙骨的连接用抽芯铆钉锚固。横撑龙骨应用连接件将其两端连接在通长龙骨上。龙骨之间的连接一般采用连接件连接，有些部位可采用抽芯铆钉连接。吊顶灯具、风口及检修口等应设附加吊杆和补强龙骨。全面校正次龙骨的位置及平整度，连接件应错位安装。

5）安装饰面板

安装应符合下列规定：

① 以轻钢龙骨、铝合金龙骨为骨架，采用钉固法安装时应使用沉头自攻钉固定；

② 以木龙骨为骨架，采用钉固法安装时应使用木螺钉固定，胶合板可用铁钉固定；

③ 金属饰面板采用吊挂连接件、插接件固定时应按产品说明书的规定放置；

④ 采用复合粘贴法安装时，胶粘剂未完全固化前板材不得有强烈振动。

饰面板上的灯具、烟感器、喷淋头、风口箅子等设备的位置应合理、美观，与饰面板的交接应吻合、严密。并做好检修口的预留，使用材料宜与母体相同，安装时应严格控制整体性、刚度和承载力。

A　纸面石膏板安装。固定时应在自由状态下固定，防止出现弯棱、凸鼓的现象；还应在棚顶四周封闭的情况下安装固定，防止板面受潮变形。纸面石膏板的长边（既包封边）应沿纵向次龙骨铺设；自攻螺丝至纸面石膏板边的距离，用面纸包封的板边以 10～15mm 为宜；切割的板边以 15～20mm 为宜。自攻螺丝的间距以 150mm～170mm 为宜，板中螺丝间距不得大于 200mm。螺丝应与板面垂直，已弯曲、变形的螺丝应剔除，并在相隔 50mm 的部位另安螺丝。纸面石膏板与龙骨固定，应从一块板的中间向板的四边进行固定，不得多点同时作业。安装双层石膏板时，面层板与基层板的接缝应错开，不得在一根龙骨上接缝。石膏板的接缝，应按设计要求进行板缝处理。螺丝钉头宜略埋入板面，但不得损坏纸面，钉眼应作防锈处理并用石膏腻子抹平。拌制石膏腻子时，必须用清洁水和清洁容器。

B　纤维水泥加压板（埃特板）安装。龙骨间距、螺钉与板边的距离，及螺钉间距等应满足设计要求和有关产品的要求。纤维水泥加压板与龙骨固定时，所用手电钻钻头的直径应比选用螺钉直径小 0.5～1.0mm；固定后，钉帽应作防锈处理，并用油性腻子嵌平。用密封膏、石膏腻子或掺界面剂胶的水泥砂浆嵌涂板缝并刮平，硬化后用砂纸磨光，板缝宽度应小于 50mm。板材的开孔和切割，应按产品的有关要求进行。

C　石膏板、钙塑板安装。当采用钉固法安装时，螺钉至板边距离不得小于 15mm，螺钉间距宜为 150～170mm，均匀布置，并应与板面垂直，钉帽应进行防锈处理，并应用与板面颜色相同涂料涂饰或用石膏腻子抹平。当采用粘接法安装时，胶粘剂应涂抹均匀，不得漏涂。

D　矿棉装饰吸声板安装。房间内湿度过大时不宜安装。安装前应预先排板，保证花样、图案的整体性。安装时，吸声板上不得放置其他材料，防止板材受压变形。

E　铝塑板安装。一般采用单面铝塑板，根据设计要求，裁成需要的形状，用胶贴在事先封好的底板上，根据设计要求留出适当的胶缝。胶粘剂粘贴时，涂胶应均匀。粘贴时，应采用临时固定措施，并应及时擦去挤出的胶液。在打封闭胶时，应先用美纹纸带将饰面板保护好，待封闭胶打好后，撕去美纹纸带，清理板面。

F　单铝板或铝塑板安装：将板材加工折边，在折边上加上铝角，再将板材用拉铆钉固定在龙骨上。根据设计要求留出适当的胶缝，在胶缝中填充泡沫胶棒。在打封闭胶时，应先用美纹纸带将饰面板保护好，待封闭胶打好后，撕去美纹纸带，清理板面。

G　金属（条、方）扣板安装：条板式吊顶龙骨一般可直接吊挂，也可以增加主龙骨，主龙骨间距不大于 1000mm，条板式吊顶龙骨形式与条板配套。金属板吊顶与四周墙面所留空隙，用金属压条与吊顶找齐，金属压缝条的材质宜与金属板面相同。

（3）质量标准

适用于以轻钢龙骨、铝合金龙骨、木龙骨等为骨架，以石膏板、金属板、矿棉板、木板、塑料板或格栅等为饰面材料的暗龙骨吊顶工程的质量验收。

1）主控项目

① 吊顶标高、尺寸、起拱和造型应符合设计要求。

检验方法：观察；尺量检查。

② 饰面材料的材质、品种、规格、图案和颜色应符合设计要求。

检验方法：观察；检查产品合格证书、性能检测报告和进场验收记录。

③ 暗龙骨吊顶工程的吊杆、龙骨和饰面材料的安装必须牢固。

检验方法：观察；手扳检查；检查隐蔽工程验收记录和施工记录。

④ 吊杆、龙骨的材质、规格、安装间距及连接方式应符合设计要求。金属吊杆、龙骨应经过表面防腐处理；木吊杆、龙骨应进行防腐、防火处理。

检验方法：观察；尺量检查；检查产品合格证书、性能检测报告、进场验收记录和隐蔽工程验收记录。

⑤ 石膏板的接缝应按其施工工艺标准进行板缝防裂处理。

⑥ 安装双层石膏板时，面层板与基层板的接缝应错开，并不得在同一根龙骨上接缝。

检验方法：观察。

2）一般项目

① 饰面材料表面应洁净、色泽一致，不得有翘曲、裂缝及缺损。压条应平直、宽窄一致。

检验方法：观察；尺量检查。

② 饰面板上的灯具、烟感器、喷淋头、风口箅子等设备的位置应合理、美观，与饰面板的交接应吻合、严密。

检验方法：观察。

③ 金属吊杆、龙骨的接缝应均匀一致，角缝应吻合，表面应平整，无翘曲、锤印。木质吊杆、龙骨应顺直，无劈裂、变形。

检验方法：检查隐蔽工程验收记录和施工记录。

④ 吊顶内填充吸声材料的品种和铺设厚度应符合设计要求，并有防散落措施。

检验方法：检查隐蔽工程验收记录和施工记录。

⑤ 暗龙骨吊顶工程安装的允许偏差和检验方法应符合表 2-14 的规定。

暗龙骨吊顶工程安装的允许偏差和检验方法　　　　表 2-14

项　次	项　目	允许偏差（mm）				检验方法
		纸面石膏板	金属板	矿棉板	木板、塑料板、格栅	
1	表面平整度	3	2	3	2	用 2m 靠尺和塞尺检查
2	接缝直接度	3	1.5	3	3	拉 5m 线，不足 5m 拉通线，用钢直尺检查
3	接缝高低度	1	1	1.5	1	用钢直尺和塞尺检查

第二类：明龙骨吊顶工程

（1）施工准备

1）材料

① 吊顶所使用饰面板的品种、规格和颜色应符合设计要求。应检查材料的产品合格证、性能检测报告、出厂日期及使用说明书、进场验收记录和复验报告。应优先选用绿色

环保材料和通过 ISO14001 环保体系认证的产品。木材或人造板还应检查甲醛含量。饰面板表面应平整，边缘应整齐、颜色应一致。穿孔板的孔距应排列整齐；胶合板、木质纤维板、大芯板不应脱胶、变色。造型木板和木饰面板应进行防腐、防火、防蛀处理，并且应干燥。搁置式轻质饰面板，应按照设计要求设置压卡装置。

② 吊顶所使用龙骨的品种、规格和颜色应符合设计要求。应优先选用绿色环保材料和通过 ISO14001 环保体系认证的产品。应检查材料的产品合格证、性能检测报告、出厂日期及使用说明书、进场验收记录和复验报告。

③ 防火涂料应有产品合格证书及使用说明书。采用绿色环保涂料和通过 ISO14001 环保体系认证的产品。应检查材料的产品合格证、性能检测报告、出厂日期及使用说明书、进场验收记录和复验报告。

2）机具：锤子、水平尺、靠尺、锯、刮刀、铆钉枪、曲线锯、方尺、卷尺、直尺、射钉枪、电钻、电动圆盘锯、冲击钻、电焊机、空压机。

3）作业条件

① 吊顶工程施工前，应熟悉施工图纸及设计说明书，并应熟悉施工现场情况。

② 屋面或楼面的防水层施工完成，并且验收合格。门窗安装完成，并且验收合格。墙面抹灰完成。

③ 按照设计要求对房间的净高、洞口标高和吊顶内的管道、设备支架的标高进行了交接检验。

④ 吊顶内各种管线及通风管道安装完成，试压成功。

⑤ 顶棚内其他作业项目已经完成。

⑥ 墙面体预埋木砖及吊筋的数量和质量，经检查验收符合规范要求。

⑦ 供吊顶用的电源已经接通，并且提供到施工现场。

⑧ 供吊顶用的脚手架已搭设完成，经检查符合要求。

（2）操作工艺

明龙骨吊顶的施工顺序为：弹线找平→安装吊杆→安装边龙骨→安装主龙骨→安装次龙骨和横撑龙骨→安装饰面板。

1）弹线

在吊顶的区域内，根据顶棚设计标高，沿墙面四周弹出安装吊顶的下口标高定位控制线，再根据大样图在顶棚上弹出吊点位置和复核吊点间距。弹线应清晰，位置应准确无误。同时，按吊顶平面图，在混凝土顶板弹出主龙骨的位置。主龙骨应从吊顶中心向两边分，最大间距为 1000mm，并标出吊杆的固定点，吊杆的固定点间距 900～1000mm。如遇到梁和管道固定点大于设计和规程要求，应增加吊杆的固定点。

2）安装吊杆

不上人的吊顶，吊杆长度小于 1000mm，可以采用 $\phi6$ 的吊杆，如果大于 1000mm，应采用 $\phi8$ 的吊杆。上人的吊顶，吊杆长度小于 1000mm，可以采用 $\phi8$ 的吊杆，如果大于 1000mm，应采用 $\phi10$ 的吊杆。吊杆的一端与角码焊接（角码的孔径应根据吊杆和膨胀螺栓的直径确定），另一端为攻丝套出大于 100mm 的丝杆，或与成品丝杆焊接。制作好的吊杆应做防锈处理，吊杆用膨胀螺栓固定在楼板上。

吊杆应通直，吊杆距主龙骨端部的距离不得大于 300mm，当大于 300mm 时，应增加吊杆。当吊杆与设备相遇时，应调整并增设吊杆。吊顶灯具、风口及检修口等应设附加吊杆。

3）安装边龙骨

边龙骨的安装应按设计要求弹线，沿墙（柱）上的水平龙骨线把 L 形镀锌轻钢条（或铝材）用自攻螺丝固定在预埋木砖上；如为混凝土墙（柱），可用射钉固定，射钉间距不应大于吊顶次龙骨的间距。

4）安装主龙骨

一般情况下，主龙骨应吊挂在吊杆上，主龙骨间距 900～1000mm。如大型的造型吊顶，造型部分应用角钢或扁钢焊接成框架，并应与楼板连接牢固。

龙骨间距及断面尺寸应符合设计要求。主龙骨分为轻钢龙骨和 T 形龙骨。上人吊顶一般采用 TC50 和 UC50 中龙骨，吊点间距 900～1200mm；不上人吊顶一般采用 TC38 和 UC38 小龙骨，吊点间距 900～1200mm。主龙骨应平行于房间长向安装，同时应起拱，起拱高度为房间跨度的 1/300～1/200。主龙骨的悬臂段不应大于 300mm，否则应增加吊杆。主龙骨的接长应采用对接，相邻龙骨的对接接头要相互错开。主龙骨安装完毕后应进行调平，全面校正主龙骨的位置及平整度，连接件应错位安装。待平整度满足设计与规范的相应要求后，方可进行次龙骨安装。

5）安装次龙骨和横撑龙骨

次龙骨应紧贴主龙骨安装。次龙骨间距应根据罩面板规格而定。用 T 形镀锌铁片连接件把次龙骨固定在主龙骨上时，次龙骨的两端应搭在 L 形边龙骨的水平翼缘上。横撑龙骨应用连接件将其两端连接在通长龙骨上。龙骨之间的连接一般采用连接件连接，有些部位可用抽芯铆钉连接。全面校正次龙骨的位置及平整度，连接件应错位安装。

6）安装罩面板：饰面板安装应确保企口的相互咬接及图案花纹的吻合。饰面板与龙骨嵌装时，应防止相互挤压过紧或脱落。采用搁置法安装时应留有板材安装缝，每边缝隙不宜大于 1mm。玻璃吊顶龙骨上的玻璃搭接宽度应符合设计要求，并应采用软连接。

① 装饰石膏板安装。装饰石膏板一般采用铝合金“T”型龙骨，龙骨安装完成合格后，取出装饰石膏板放入搁栅中，用橡皮小锤轻轻敲击装饰石膏板边缘，使石膏板在铝合金龙中搁置牢固、平稳。

② 矿棉装饰吸声板安装。规格一般分为 600mm×600mm，600mm×1200mm 两种。面板直接搁于龙骨上。安装时，应有定位措施，应注意板背面的箭头方向和白线方向一致，以保证花样、图案的整体性。

③ 硅钙板、塑料板安装。规格一般为 600mm×600mm，直接搁置于龙骨上即可。安装时，应注意板背面的箭头方向和白线方向一致，以保证花样、图案的整体性。

（3）质量标准

适用于以轻钢龙骨、铝合金龙骨、木龙骨等为骨架，以石膏板、金属板、矿棉板、塑料板、玻璃板或格栅等为饰面材料的明龙骨吊顶工程的质量验收。

1）主控项目

① 吊顶标高、尺寸、起拱和造型应符合设计要求。

检验方法：观察；尺量检查。

② 饰面材料的材质、品种、规格、图案和颜色应符合设计要求。当饰面材料为玻璃板时，应使用安全玻璃或采取可靠的安全措施。

检验方法：观察；检查产品合格证书、性能检测报告和进场验收记录。

③ 饰面材料的安装应稳固严密。饰面材料与龙骨的搭接宽度应大于龙骨受力面宽度的 2/3。

检验方法：观察；手扳检查；尺量检查。

④ 吊杆、龙骨的材质、规格、安装间距及连接方式应符合设计要求。金属吊杆、龙骨应进行表面防腐处理；木龙骨应进行防腐、防火处理。

检验方法：观察；尺量检查；检查产品合格证书、进场验收记录和隐蔽工程验收记录。

⑤ 明龙骨吊顶工程的吊杆和龙骨安装必须牢固。

检验方法：手扳检查；检查隐蔽工程验收记录和施工记录。

2）一般项目

① 饰面材料表面应洁净、色泽一致，不得有翘曲、裂缝及缺损。饰面板与明龙骨的搭接应平整、吻合，压条应平直、宽窄一致。

检验方法：观察；尺量检查。

② 饰面板上的灯具、烟感器、喷淋头、风口篦子等设备的位置应合理、美观，与饰面板的交接应吻合、严密。

检验方法：观察。

③ 金属龙骨的接缝应平整、吻合、颜色一致，不得有划伤、擦伤等表面缺陷。木质龙骨应平整、顺直，无劈裂。

检验方法：观察。

④ 吊顶内填充吸声材料的品种和铺设厚度应符合设计要求，并应有防散落措施。

检验方法：检查隐蔽工程验收记录和施工记录。

⑤ 明龙骨吊顶工程安装的允许偏差和检验方法应符合表 2-15 的规定。

明龙骨吊顶工程安装的允许偏差和检验方法　　　　　　　　　　表 2-15

项　次	项　目	允许偏差（mm）				检验方法
		石膏板	金属板	矿棉板	塑料板、玻璃板	
1	表面平整度	3	2	3	2	用 2m 靠尺和塞尺检查
2	接缝直接度	3	2	3	3	拉 5m 线，不足 5m 拉通线，用钢直尺检查
3	接缝高低度	1	1	2	1	用钢直尺和塞尺检查

4. 轻质隔墙工程施工技术要求

（1）条板隔墙施工技术要求

1）施工准备

① 安装隔墙施工作业前施工现场条板隔墙安装部位的结构应已验收完毕现场杂物应

已清理场地应平整。

② 安装前准备工作应符合下列规定

A　条板和配套材料进场时应由专人验收生产企业应提供产品合格证和有效检验报告。材料和条板的进场验收记录和试验报告应归入工程档案。不合格的条板和配套材料不得进入施工现场。

B　条板、配套材料应分别堆放在相应的安装区域按不同种类、规格堆放条板下面应放置垫木，条板宜侧立堆放，高度不应超过两层。现场存放的条板不得被水冲淋和浸湿不应被其他物料污染。条板露天堆放时应做好防雨淋措施。

C　现场配制的嵌缝材料、粘结材料以及开洞后填实补强的专用砂浆应有使用说明书并提供检测报告。粘结材料应按设计要求和说明书配置和使用。

D　钢卡、铆钉等安装辅助材料进场应提供产品合格证。安装工具、机具应保证能正常使用。安装使用的材料、工具应分类管理并根据现场需要数量备好。

③ 隔墙安装前应先清理基层对需要处理的光滑地面应进行凿毛处理，然后按安装排板图弹墨线标出每块条板安装位置，标出门窗洞口位置，弹线应清晰位置应准确。放线后经检查无误方可进行下道工序。

④ 有防潮、防水要求的条板隔墙应做好条形墙垫或防潮、防水等构造措施。

⑤ 条板隔墙安装前宜对预埋件、吊挂件、连接件工序施工的数量、位置、固定方法以及双层条板隔墙间芯层材料的铺装进行核查，并应符合条板隔墙设计技术文件的相关要求。

2) 条板隔墙安装

① 条板隔墙安装应符合下列要求

A　首先应按排板图在地面及顶棚板面上弹上安装位置墨线，条板应从主体墙、柱的一端向另一端顺序安装有门洞口时宜从门洞口向两侧安装。

B　应先安装定位板。可在条板的企口处、板的顶面均匀满刮粘结材料，空心条板的上端宜局部封孔，上下对准墨线立板，条板下端距地面的预留安装间隙宜保持在30～60mm，根据需要调整；在条板隔墙与楼地面空隙处，可采用干硬性细石混凝土填实。

C　可在条板下部打入木楔，并楔紧，打入木楔的位置应选择在条板的实心肋位置。

D　应利用木楔调整位置，两个木楔为一组，使条板就位，可将条板垂直向上挤压，顶紧梁、板底部，调整好条板的垂直度并固定好。

E　应按拼装顺序安装第二块条板，将板榫槽对准榫头拼接，保持条板与条板之间紧密连接，之后调整好垂直度和相邻板面的平整度。待条板的垂直度、平整度等检验合格后重复进行本道工序。

F　应在条板与条板之间对接缝隙内填满、灌实粘结材料，板缝间隙应揉挤严密，把挤出的粘结材料刮平。条板企口接缝处应采取防裂措施。

G　要条板与顶板、结构梁和主体墙、柱的连接处应按排板图要求设置定位钢卡、抗震钢卡。

H　木楔可在立板养护3天后取出并填实楔孔。

② 双层条板隔墙的安装可按照条板隔墙安装规范的要求进行。应先安装好一侧条板，

确认墙体外表面平整，墙面板与板之间接缝处粘结处理完毕，再按设计要求安装另一侧条板隔墙。双层条板隔墙两侧条板的坚向接缝应错开 1/2 板宽。

③ 双层条板隔墙设计为隔声隔墙或保温隔墙时，安装好一侧条板后，可根据设计要求安装固定好墙内管线，留出空气层，铺装吸声或保温功能材料，验收合格后再安装另一侧条板隔墙。

④ 条板隔墙接板安装工程应按相关要求做加固设计安装时卡件、连接件应定位准确、固定牢固。条板与条板对接部位应做好定位、加固、防裂处理。

⑤ 当合同约定或设计要求对接板隔墙工程进行见证检测时，应进行隔墙抗冲击性能检测。承接接板安装隔墙的施工单位应做样板墙，由具备相应资质的检测单位检测。

3）门、窗框板安装

① 应按排板图标出的门、窗洞口位置，先安装门窗框板定位，然后从门窗洞口向两侧安装隔墙。门、窗框板安装应牢固，与条板或主体结构连接应采用专用粘结材料粘结，并应采取加网防裂措施，连接部位应密实、无裂缝。

② 预制门、窗框板中预埋有木砖或钢连接件可与木制、钢制或塑钢门、窗框连接固定。门、窗框板也可在施工现场切割制作使用金属膨胀螺栓与门、窗框现场固定。

③ 门、窗框有特殊要求时可采用钢板加固等措施，但应与门、窗框板的预埋件连接牢固。

④ 安装门头横板时应在门角的接缝处采取加网防裂措施。门、窗框与洞口周边的连接缝应采用聚合物砂浆或弹性密封材料填实，并应采取加网增强、防裂措施。

⑤ 门、窗框的安装应在条板隔墙安装完成 7d 后进行。

4）管、线安装

① 水电管、线安装、敷设应与条板隔墙安装配合进行，应在条板隔墙安装完成后 7d 进行。

② 根据施工技术文件的相关要求，应先在隔墙上弹墨线定位。应按弹出的墨线位置切割横向、纵向线槽和开关盒洞口。应使用专用切割工具按设计规定的尺寸单面开槽切割。不得在条板隔墙上任意开槽、开洞。

③ 切割完线槽、开关盒洞口后，应按设计要求敷设管线、插座、开关盒，应先做好定位可用螺钉、卡件将管线、开关盒固定在条板的实心部位上。宜用与条板相适应的材料补强修复。开关盒、插座四周应用粘结材料填实、粘牢其表面与隔墙面齐平。空心条板隔墙纵向布线可沿条板的孔洞穿行。

④ 应尽快敷设管线、开关，及时回填、补强。水泥条板隔墙上开的槽孔宜采用聚合物水泥砂浆或专用填充材料填充密实；开槽墙面可采用聚合物水泥浆粘贴耐碱玻璃纤维网格布、无纺布或采取局部挂钢丝网等补强、防裂措施。空心条板隔墙可在局部堵塞槽下部孔洞后，再做补强、修复。石膏条板宜采用同类材料补强。

⑤ 水管的安装可按工程设计要求进行。

⑥ 设备控制柜、配电箱的安装可按工程设计要求进行。

5）接缝及墙面处理

① 条板的接缝处理应在门、窗框及管线安装完毕 7d 后进行。应检查所有的板缝，清

理接缝部位，补满破损孔隙，清洁墙面。

② 条板墙体接缝处应采用粘结砂浆填实，表层应采用与隔墙板材相适应的材料势抹面并刮平压光，颜色应采用与板面相近。在条板的企口接缝部位应先用粘结材料打底，再粘贴盖缝材料。

③ 对有防潮、防渗漏要求的隔墙，应采用防水密封胶嵌缝，并应按设计要求进行墙面防水处理。

6）质量验收标准

板材隔墙工程的检查数量应符合下列规定：

每个检验批应至少抽查 10％，并不得少于 3 间；不足 3 间时应全数检查。

① 主控项目

A　隔墙板材的品种、规格、性能、颜色应符合设计要求。有隔声、隔热、阻燃、防潮等特殊要求的工程，板材应有相应性能等级的检测报告。

检验方法：观察；检查产品合格证书，进场验收记录和性能检测报告。

B　安装隔墙板材所需预埋件、连接件的位置、数量及连接方法应符合设计要求。

检验方法：观察；尺量检查；检查隐蔽工程验收记录。

C　隔墙板材安装必须牢固。现制钢丝网水泥隔墙与周边墙体的连接方法应符合设计要求并应连接牢固。

检验方法：观察；手扳检查。

D　隔墙板材所用接缝材料的品种及接缝方法应符合设计要求。

检验方法：观察；检查产品合格证书和施工记录。

② 一般项目

A　隔墙板材安装应垂直、平整、位置正确，板材不应有裂缝或缺损。

检验方法：观察；尺量检查。

B　板材隔墙表面应平整光滑、色泽一致、洁净，接缝应均匀、顺直。

检验方法：观察；手摸检查。

C　隔墙上的孔洞、槽、盒应位置正确、套割方正、边缘整齐。

检验方法：观察。

D　板材隔墙安装的允许偏差和检验方法应符合表 2-16 的规定。

板材隔墙安装的允许偏差和检验方法　　　　　　　　　表 2-16

项　次	项　目	允许偏差（mm）				检验方法
		复合轻质墙板		石膏空心板	钢丝水泥板	
		金属夹心板	其他复合板			
1	立面垂直度	2	3	3	3	用 2m 垂直检测尺检查
2	表面平整度	2	3	3	3	用 2m 靠尺和塞尺检查
3	阴阳角方正	3	3	3	4	用直角检测尺检查
4	接缝高低差	1	2	2	3	用钢直尺和塞直尺检查

（2）轻钢龙骨隔断施工技术要求

1）施工前准备工作

① 主要材料及配件要求

A　轻钢龙骨主件：沿顶龙骨、沿地龙骨、加强龙骨、竖向龙骨、横向龙骨应符合设计要求。

B　轻钢骨架配件：支撑卡、卡托、角托、连接件、固定件、附墙龙骨、压条等附件应符合设计要求。

C　紧固材料：射钉、膨胀螺栓、镀锌自攻螺丝、木螺丝和粘结嵌缝料应符合设计要求。

D　填充隔声材料：按设计要求选用。

E　罩面板材：纸面石膏板规格、厚度由设计人员或按图纸要求选定。

② 主要机具

直流电焊机、电动无齿锯、手电钻、螺丝刀、射钉枪、线坠、靠尺等。

③ 作业条件

A　轻钢骨架、石膏罩面板隔墙施工前应先完成基本的验收工作，石膏罩面板安装应待屋面、顶棚和墙抹灰完成后进行。

B　设计要求隔墙有地枕带时，应待地枕带施工完毕，并达到设计程度后，方可进行轻钢骨架安装。

C　根据设计施工图和材料计划，查实隔墙的全部材料，使其配套齐备。

D　所有的材料，必须有材料检测报告、合格证。

2）工艺流程

轻隔墙放线→安装门洞口框→安装沿顶龙骨和沿地龙骨→竖向龙骨分档→安装竖向龙骨→安装横向龙骨卡档→安装石膏罩面板→施工接缝做法→面层施工。

① 放线：根据设计施工图，在已做好的地面或地枕带上，放出隔墙位置线、门窗洞口边框线，并放好顶龙骨位置边线。

② 安装门洞口框：放线后按设计，先将隔墙的门洞口框安装完毕。

③ 安装沿顶龙骨和沿地龙骨：按已放好的隔墙位置线，按线安装顶龙骨和地龙骨，用射钉固定于主体上，其射钉钉距为600mm。

④ 竖龙骨分档：根据隔墙放线门洞口位置，在安装顶地龙骨后，按罩面板的规格900mm或1200mm板宽，分档规格尺寸为450mm，不足模数的分档应避开门洞框边第一块罩面板位置，使破边石膏罩面板不在靠洞框处。

⑤ 安装龙骨：按分档位置安装竖龙骨，竖龙骨上下两端插入沿顶龙骨及沿地龙骨，调整垂直及定位准确后，用抽心铆钉固定；靠墙、柱边龙骨用射钉或木螺丝与墙、柱固定，钉距为1000mm。

⑥ 安装横向卡挡龙骨：根据设计要求，隔墙高度大于3m时应加横向卡档龙骨，采向抽心铆钉或螺栓固定。

⑦ 安装石膏罩面板

A　检查龙骨安装质量、门洞口框是否符合设计及构造要求，龙骨间距是否符合石膏板宽度的模数。

B 安装一侧的纸面石膏板，从门口处开始，无门洞口的墙体由墙的一端开始，石膏板一般用自攻螺钉固定，板边钉距为200mm，板中间距为300mm，螺钉距石膏板边缘的距离不得小于10mm，也不得大于16mm，自攻螺钉固定时，纸面石膏板必须与龙骨紧靠。

C 安装墙体内电管、电盒和电箱设备。

D 安装墙体内防火、隔声、防潮填充材料，与另一侧纸面石膏板同时进行安装填入。

E 安装墙体另一侧纸面石膏板：安装方法同第一侧纸面石膏板，其接缝应与第一侧面板错开。

F 安装双层纸面石膏板：第二层板的固定方法与第一层相同，但第三层板的接缝应与第一层错开，不能与第一层的接缝落在同一龙骨上。

⑧ 接缝做法：纸面石膏板接缝做法有三种形式，即平缝、凹缝和压条缝。可按以下程序处理。

A 刮嵌缝腻子：刮嵌缝腻子前先将接缝内浮土清除干净，用小刮刀把腻子嵌入板缝，与板面填实刮平。

B 粘贴拉结带：待嵌缝腻子凝固后即粘贴拉接材料，先在接缝上薄刮一层稠度较稀的胶状腻子，厚度为1mm，宽度为拉结带宽，随即粘贴接结带，用中刮刀从上而下一个方向刮平压实，赶出胶腻子与接结带之间的气泡。

C 刮中层腻子：拉结带粘贴后，立即在上面再刮一层比拉结带宽80mm左右厚度约1mm的中层腻子，使拉结带埋入这层腻子中。

D 找平腻子：用大刮刀将腻子填满楔形槽与板抹平。

⑨ 墙面装饰、纸面石膏板墙面，根据设计要求，可做各种饰面。

3）质量标准

骨架隔墙工程的检查数量应符合下列规定：

每个检验批应至少抽查10%，并不得少于3间；不足3间时应全数检查。

① 主控项目

A 骨架隔墙所用龙骨、配件、墙面板、填充材料及嵌缝材料的品种、规格、性能和木材的含水率应符合设计要求。有隔声、隔热、阻燃、防潮等特殊要求的工程，材料应有相应性能等级的检测报告。

检验方法：观察；检查产品合格证书、进场验收记录、性能检测报告和复验报告。

B 骨架隔墙工程边框龙骨必须与基体结构连接牢固，并应平整、垂直、位置正确。

检验方法：手扳检查；尺量检查；检查隐蔽工程验收记录。

C 骨架隔墙中龙骨间距和构造连接方法应符合设计要求。骨架内设备管线的安装、门窗洞口等部位加强龙骨应安装牢固、位置正确，填充材料的设置应符合设计要求。

检验方法：检查隐蔽工程验收记录。

D 木龙骨及木墙面板的防火和防腐处理必须符合设计要求。

检验方法：检查隐蔽工程验收记录。

E 骨架隔墙的墙面板应安装牢固，无脱层、翘曲、折裂及缺损。

检验方法：观察；手扳检查。

F　墙面板所用接缝材料的接缝方法应符合设计要求。

检验方法：观察。

② 一般项目

A　骨架隔墙表面应平整光滑、色泽一致、洁净、无裂缝，接缝应均匀、顺直。

检验方法：观察；手摸检查。

B　骨架隔墙上的孔洞、槽、盒应位置正确、套割吻合、边缘整齐。

检验方法：观察。

C　骨架隔墙内的填充材料应干燥，填充应密实、均匀、无下坠。

检验方法：轻敲检查；检查隐蔽工程验收记录。

D　骨架隔墙安装的允许偏差和检验方法应符合表 2-17 的规定。

骨架隔墙安装的允许偏差和检验方法　　　　　　表 2-17

项 次	项目	允许偏差（mm）		检验方法
		纸面石膏板	人造木板、水泥纤维板	
1	立面垂直度	3	4	用 2m 垂直检测尺检查
2	表面平整度	3	3	用 2m 靠尺和塞尺检查
3	阴阳角方正	3	3	用直角检测尺检查
4	接缝直线度		3	拉 5m 线，不足 5m 拉通线，用钢直尺检查
5	压条直线度		3	拉 5m 线，不足 5m 拉通线，用钢直尺检查
6	接缝高低差	1	1	用钢直尺和塞尺检查

5. 饰面板（砖）工程施工技术要求

（1）外墙贴面砖工程的施工技术要求

1）施工准备

① 材料

A　面砖：应采用合格品，其表面应光洁、方正、平整、质地坚硬、品种规格、尺寸、色泽、图案及各项技术性能指标必须符合设计要求。并应有产品质量合格证明和近期质量检测报告。

B　水泥：32.5 级白水泥或 42.5 级普通硅酸盐水泥，并符合设计和规范质量标准的要求。应有出厂合格证及复验合格试单，出厂日期超过三个月而且水泥结有小块的不得使用。

C　砂子：中砂，含泥量不大于 3％，颗粒坚硬、干净、过筛。

D　石灰膏：用块状生石灰淋制，必须用孔径不大于 3mm×3mm 的筛网过滤，并贮存在沉淀池中熟化，常温下一般不少于 15d；用于罩面灰，熟化时间不应小于 30d。用时，石灰膏内不得有未熟化的颗粒和其他杂质。

② 主要机具：砂浆搅拌机、切割机、云石机、手电钻、冲击电钻、橡皮锤、铁铲、灰桶、铁抹子、靠尺、塞尺、拖线板、水平尺等。

③ 作业条件

A　搭设了外脚手架子（高层多采用吊篮或可移动的吊脚手架），选用双脚手架子或桥架子。其横竖杆及拉杆等离开墙面和门窗口角 150～200mm，架子步高符合安全操作规程。架子搭好后已经过验收。

B 主体结构施工完，并通过验收。

C 预留孔洞、排水管等处理完毕，门窗框扇已安装完；且门窗框与洞口缝隙已堵塞严实，并设置成品保护措施。

D 挑选面砖，已分类存放备用。

E 已放大样并做出粘贴面砖样板墙，经质量监理部门鉴定合格，经设计及业主共同认可，施工工艺及操作要点已向操作者交底，可进行大面积施工。

2）操作工艺

施工程序：基层处理、抹底子灰→排砖、弹线分格→选砖、浸砖→镶贴面砖→擦缝。

① 基层处理：

A 光滑的基层表面已凿毛，其深度为 0.5～1.5cm，间距 3cm 左右。基层表面残存的灰浆、尘土、油渍等已清洗干净。

B 基层表面明显凹凸处，应事先用 1∶3 水泥砂浆找平或剔平。不同材料的基层表面相接处，已先铺钉金属网。

C 为使基层能与找平层粘结牢固，已在抹找平层前先洒聚合水泥浆（108 胶∶水 = 1∶4 的胶水拌水泥）处理。

D 基层加气混凝土，清洁基层表面后已刷 108 胶水溶液一遍，并满钉镀锌机织钢丝网（孔径 32mm×32mm，丝径 0.7mm，ϕ6 扒钉，钉距纵横不大于 600mm），再抹 1∶1∶4 水泥混合砂浆粘结层及 1∶2.5 水泥砂浆找平层。

② 排砖、弹砖分格

对于外墙面砖应根据设计图纸尺寸，进行排砖分格并要绘制大样图，一般要求水平缝应与窗台等齐平；竖向要求阳角及窗口处都是整砖，分格按整块分均，并根据已确定的缝大小做分格条和划出皮数杆。对窗心墙、墙垛等处理要事先测好中心线、水平分格线，阴阳角垂直线。

根据砖排列方法和砖缝大小不同划分，常见的几种排砖法有错缝、通缝、竖通缝、横通缝。

阳角处的面砖应是整砖，且正立面整砖。

突出墙面的部位，如窗台、腰线阳角及滴水线等部位粘贴面砖时，除滴水线度符合设计要求外，应采取顶面砖压立面砖的做法，防止向内渗水，引起空鼓，同时还应采取立面中最下一批立面砖下口应低于底面砖 4～6mm 的做法，使其起到滴水线（槽）的作用，防止尿檐引起的污染。

③ 选砖、浸砖：镶贴前预先挑选颜色、规格一致的砖，然后浸泡 2h 以上取出阴干备用。

④ 做灰饼：用面砖做灰饼，找出墙面、柱面、门窗套等横竖标准，阳角处要双面排直，灰饼间距不应大于 1.5m。

⑤ 镶贴：粘贴时，在面砖背面满铺粘结砂浆。粘贴后，用小铲柄轻轻敲击，使之与基层粘牢，随时用靠尺找平找方。贴完一皮后须将砖上口灰刮平，每日下班前必须清理

干净。

⑥ 分格条处理：分格条在使用前应用水浸泡，以防胀缩变形。在粘贴面砖次日（或当日）取出，起条应轻巧，避免碰动面砖。在完成一个流水段后，用 1：1 水泥细砂浆勾缝，凹进深度为 3mm。

⑦ 细部处理：在与抹灰交接的门窗套、窗心墙、柱子等处应先抹好底子灰，然后镶贴面砖。罩面灰可在面砖镶贴后进行。面砖与抹灰交接处做法可按设计要求处理。

⑧ 勾缝：墙面釉面砖用白色水泥浆擦缝，用布将缝内的素浆擦匀。

⑨ 擦洗：勾缝后用抹布将砖面擦净。如砖面污染严重，可用稀盐酸洗后用清水冲洗干净。整个工程完工后，应加强养护。

夏期镶贴室外饰面板（砖）应防止暴晒；冬期施工，砂浆使用温度不低于 5℃，砂浆硬化前，应采用取防冻措施。

3）质量验收标准

适用于内墙饰面砖粘贴工程和高度不大于 100m、抗震设防烈度不大于 8 度、采用满粘法施工的外墙饰面砖粘贴工程的质量验收。

① 检验批的划分和抽检数量

A   相同材料、工艺和施工条件的室内饰面板（砖）工程每 50 间（大面积房间和走廊按施工面积 30m² 为一间）应划分为一个检验批，不足 50 间也应划分为一个检验批。

B   相同材料、工艺和施工条件的室外饰面板（砖）工程每 500～1000m² 应划分为一个检验批，不足 500m² 也应划分为一个检验批。

C   室内每个检验批应至少抽查 10％，并不得少于 3 间；不足 3 间时应全数检查。

D   室外每个检验批每 100m² 应至少抽查一处，每处不得小于 10m²。

② 主控项目

A   饰面砖的品种、规格、颜色和性能应符合设计要求。

检验方法：观察；检查产品合格证书、进场验收记录，性能检测报告和复验报告。

B   饰面砖粘贴工程的找平、防水、粘结和勾缝材料及施工方法应符合设计要求及国家现行产品标准和工程技术标准的规定。

检验方法：检查产品合格证书。复验报告和隐蔽工程验收记录。

C   饰面砖粘贴必须牢固。

检验方法：检查样板件粘结强度检测报告和施工记录。

D   满粘法施工的饰面砖工程应无空鼓、裂缝、

检验方法：观察；用小锤轻击检查。

③ 一般项目

A   饰面砖表面应平整、洁净、色泽一致，无裂痕和缺损。

检验方法：观察。

B   阴阳角处搭接方式、非整砖使用部位应符合设计要求。

检验方法：观察。

C   墙面突出物周围的饰面砖套割吻合，边缘应整齐。墙裙、贴脸突出墙面的厚度应一致。

检验方法：观察；尺量检查。

D 饰面砖接缝应平直、光滑，填嵌应连续、密实；宽度和深度应符合设计要求。

检验方法：观察；尺量检查。

E 有排水要求的部位应做滴水线（槽）。滴水线（槽）应顺直，流水坡向应正确，坡度应符合设计要求。

检验方法：观察；用水平尺检查。

F 饰面砖粘贴的允许偏差和检验方法应符合表 2-18 的规定。

饰面砖粘贴的允许偏差和检验方法 表 2-18

项 次	项 目	允许偏差（mm）		检验方法
		外墙面砖	内墙面砖	
1	立面垂直度	3	2	用 2m 垂直检测尺检查
2	表面平整度	4	3	用 2m 靠尺和塞尺检查
3	阴阳角方正	3	3	用直角检测尺检查
4	接缝直线度	3	2	拉 5m 线，不足 5m 拉通线，用钢直尺检查
5	接缝高低差	1	0.5	用钢直尺和塞尺检查
6	接缝宽度	1	1	用钢直尺检查

（2）内墙贴面砖工程施工

1）施工准备

① 材料

A 面砖：面砖应采用合格品，其表面应光洁，方正，平整，质地坚硬，品种规格，尺寸，色泽，图案及各项性能指标必须符合设计要求。并应有产品质量合格证明和近期质量检测报告。

B 水泥：32.5 级矿渣硅酸盐水泥、白水泥或 42.5 级普通硅酸盐，并符合设计和规范质量标准的要求。应有出厂合格证及复验合格试单，出厂日期超过三个月而且水泥结有小块的不得使用。

C 砂子：中砂，含泥量不大于 3%，颗粒坚硬、干净、过筛。

D 石灰膏：用块状生石灰淋制，必须用孔径不大于 3mm×3mm 的筛网过滤，并贮存在沉淀池中熟化，常温下一般不少于 15d；用于罩面灰，熟化时间布不应小于 30d。用时，石灰膏内不得有未熟化的颗粒和其他杂质。

② 主要机具：砂浆搅拌机、切割机、云石机、手电钻、冲击电钻、橡皮锤、铁铲、灰桶、铁抹子、靠尺、塞尺、托线板、水平尺等。

③ 作业条件

A 墙顶抹灰完毕，已做好墙面防水层、保护层和底面防水层、混凝土垫层。

B 已完成了内隔墙，水电管线已安装，堵实抹平脚手眼和管洞等。

C 门、窗扇，已按设计及规范要求堵塞门窗框与洞口缝隙。铝合金门窗框已做好保护（一般采用塑料薄膜保护）。

D 脸盆架、镜钩、管卡、水箱等已埋设好防腐木砖，位置要准确。

E 弹出墙面上 +50cm 水平基准线。

F　搭设双排脚手架或搭高马凳，横竖杆或马凳端头应离开窗口角和墙面150-200mm距离，架子步高和马凳高、长度应符合使用要求。

2）操作工艺

施工程序：基层处理、抹底子灰→排砖弹线→选砖、浸砖→镶砖釉面砖→擦缝→清理。

镶贴顺序：先墙面，后地面。墙面由下往上分层粘贴，先粘墙面砖，后粘阴角及阳角，其次粘压顶，最后粘底座阴角。

① 基层处理：

A　光滑的基层表面已凿毛，其深度为0.5～1.5cm，间距3cm左右。基层表面残存的灰浆、灰尘、油渍等已清洗干净。

B　基层表面明显凹凸处，应事先用1∶3水泥砂浆找平或剔平。不同材料的基层表面相接处，已先铺钉金属网。

C　为使基层与找平层粘贴牢固，已在抹找平层前先洒聚合水泥浆（108胶∶水＝1∶4的胶水拌水泥）处理。

D　基层加气混凝土，清洁基层表面后已刷108胶水溶液一遍，并满钉锌机织钢丝网（孔径32mm×32mm，丝径0.7mm，φ6扒钉，钉距纵横不大于600mm），再抹1∶1∶4水泥混合砂浆粘结层及1∶2.5水泥砂浆找平层。

② 预排

饰面砖镶贴前应预排。预排要注意同一墙面的横竖排列，均不得有一行以上的非整砖。非整砖行应排在次要部位或阴角处，排砖时可用调整砖缝宽度的方法解决。在管线、灯具、卫生设备支承等部位，应用整砖套割吻合，不得用非整砖拼凑镶贴，以保证饰面的美观。

釉面砖的排列方法有"直线"排列和"错缝"排列两种。

③ 弹线

依照室内标准水平线，找出地面标高，按贴砖的面积，计算纵横的皮数，用水平尺找平，并弹出釉面砖的水平和垂直控制线。如用阴阳三角镶边时，则将镶边位置预先分配好。横向不足整块的部分，留在最下一皮于地面连接处。

④ 做灰饼、标志

为了控制整个镶贴釉面砖表面平整度，正式镶贴前，在墙上粘废釉面砖作为标志块，上下用托线板挂直，作为粘贴厚度的依据，横镶每隔15m左右做一个标志块，用拉线或靠尺校正平整度。在门洞口或阳角处，如有阴三角镶过时，则应将尺寸留出先铺贴一侧的墙面，并用托线板校正靠直。如无镶边，应双面挂直。

⑤ 浸砖和湿润墙面

釉面砖粘贴前应放入清水中浸泡2h以上，然后取出晾干，至手按砖背无水迹时方可粘贴。

⑥ 镶贴釉面砖

A　配制粘贴砂浆

a　水泥砂浆以配比为1∶2（体积比）水泥砂浆为宜。

　　b　水泥石灰砂浆在1∶2（体积比）的水泥砂浆中加入少量石灰膏，以增加粘结砂浆的保水性、和易性。

　　c　聚合物水泥砂浆在1∶2（体积比）的水泥砂浆中掺入约为水泥量2％～3％的108胶（108胶掺量不可过量，否则会降低粘贴层的强度），以使砂浆有较好的和易性和保水性。

　　B　大面镶粘

　　在釉面砖背面满抹灰浆，四周刮成斜面，厚度5mm左右，注意边角满浆。贴于墙面的釉面砖就位后应用力按压，并用灰铲木柄轻击砖面，使釉面砖紧密粘于墙面。

　　铺贴完整行的釉面砖后，再用长靠尺横向校正一次。对高于标志块的应轻轻敲击，使其平整；若低于标志（即亏灰）时，应取下釉面砖，重新抹满刀灰铺贴，不得在砖口处塞灰，否则会产生空鼓。然后依次按以上方法往上铺贴。

　　⑦　细部处理：在有洗脸盆、镜箱、肥皂盒等的墙面，应按脸盆下水管部位分中，往两边排砖。

　　⑧　勾缝：墙面釉面砖用白色水泥浆擦缝，用布将缝内的素浆擦匀。

　　⑨　擦洗：勾缝后用抹布将砖面擦净。如砖面污染严重，可用稀盐酸清洗后用清水冲洗干净。

　　3）质量验收标准（同外墙面砖施工）

　　（3）饰面板安装工程技术要求（石材饰面板湿法安装为例）

　　适用于室内和室外高度不大于24m、抗震设防烈度不大于7度的墙、柱面和门窗套等镶贴石材饰面板的施工。

　　1）施工准备

　　①　材料

　　A　水泥：硅酸盐水泥、普通硅酸盐水泥或矿渣硅酸盐水泥其强度等级不低于32.5，严禁不同品种、不同强度等级的水泥混用。水泥进场有产品合格证和出厂检验报告，进场后应进行取样复试。当对水泥质量有怀疑或水泥出厂超过3个月时，在使用前应进行复试，并按复试结果使用。

　　B　白水泥：白色硅酸盐水泥强度等级不小于32.5，其质量应符合现行国家标准的规定。

　　C　砂子：宜采用平均粒径为0.35～0.5mm的中砂，含泥量不大于3％，用前过筛，筛后保持洁净。

　　D　石材：石材的材质、品种、规格、颜色及花纹应符合设计要求。并应符合国家现行标准的规定，应有出厂合格证和性能检测报告。

　　天然大理石和花岗石的放射性指标限量应符合现行国家标准《民用建筑工程室内环境污染控制规范》GB 50325—2010的规定。

　　E　辅料：熟石膏、铜丝；与大理石或花岗石颜色接近的矿物颜料；胶粘剂和填塞饰面板缝隙的专用嵌缝棒（条），石材防护剂、石材胶粘剂。防腐涂料应有出厂合格证和使用说明，并应符合环保要求。各种胶应进行相容性试验。

　　②　主要机具：石材切割机、砂轮切割机、云石机、磨光机、角磨机、冲击钻、电焊机、注胶枪、吸盘、射钉抢、铁抹子、钢尺、靠尺、方尺、塞尺、托线板、水平尺等。

③ 作业条件

A 主体结构施工完成并经检验合格，结构基层已经处理完成并验收合格。

B 石材已经进场，其质量、规格、品种、数量、力学性能和物理性能符合设计要求和国家现行标准，石材表面应涂刷防护剂。

C 其他配套材料已进场，并经检验复试合格。

D 墙、柱面上的各种专业管线、设备、预留预埋件已安装完成，经检验合格，并办理交接手续。

E 门、窗已安装完，各处水平标高控制线测设完毕，并预检合格。

F 施工所需的脚手架已经搭设完，垂直运输设备已安装好，符合使用要求和安全规定，并经检验合格。

G 施工现场所需的临时用水、用电、各种工、机具准备就绪。

H 熟悉施工图纸及设计说明，根据现场施工条件进行必要的测量放线，对各个标高、各种洞口的尺寸、位置进行校核。

I 施工前按大样图进行样板间（段）施工。样板间（段）经设计、监理、建设单位检验合格并签认。对操作人员进行安全、技术交底。

2）操作工艺

工艺流程：弹线→试排试拼块材→石材钻孔、剔卧铜丝→穿铜丝→石材表面处理→绑焊钢筋网→安装石材板块→分层灌浆→擦缝、清理打蜡。

A 弹线：先将石材饰面的墙、柱面和门窗套从上至下找垂直弹线。并应考虑石材厚度、灌注砂浆的空隙和钢筋网所占的尺寸。找好垂直后，先在地、顶面上弹出石材安装外廓尺寸线（柱面和门窗套等同）。此线即为控制石材安装时外表面基准线。

B 试排试拼块材：将石材摆放在光线好的平整地面上，调整石材的颜色、纹理，并注意同一立面不得有一排以上的非整块石材，且应将非整块石材放在较隐蔽的部位。然后在石材背面按两个排列方向统一编号，并按编号码放整齐。

C 石材钻孔、剔卧铜丝：将已编好号的饰面板放在操作支架上，用钻在板材上、下两个侧边上钻孔。通常每个侧边打两个孔，当板材宽度较大时，应增加孔数，孔间距应不大于 600mm。钻孔后用云石机在板背面的垂直钻孔方向上切一道槽，并切透孔壁，与钻孔形成象鼻眼，以备埋卧铜丝。当饰面板规格较大，施工中下端不好绑铜丝时，可在未镶贴饰面板的一侧，用云石机在板上、下各开一槽，槽长约 30～40mm，槽深约 12mm 与饰面板背面打通。在板厚方向竖槽一般居中，亦可偏外，但不得损坏石材饰面和不造成石材表面泛碱，将铜丝压入槽内，与钢筋网固定。

D 穿铜丝：将直径不小于 1mm 的铜丝剪成长 200m 左右的段，铜丝一端从板后的槽孔穿进孔内，铜丝打回头后用胶粘剂固定牢固，另一端从板后的槽孔穿出，弯曲卧入槽内。铜丝穿好后石材板的上、下侧边不得有铜丝突出，以便和相邻石板接缝严密。

E 石材表面处理：用石材防护剂对石材除正面外的五个面进行防止泛碱的防护处理，石材正面涂刷防污剂。

F 绑焊钢筋网：墙（柱）面上，竖向钢筋与预埋筋焊牢（混凝土基层可用膨胀螺栓代替预埋筋），横向钢筋与竖筋绑扎牢固。横、竖筋的规格、布置间距应符合设计要求，并与石材板块规格相适宜，一般宜采用不小于 $\phi 6$ 的钢筋。最下一道横筋宜设在地面以上 100mm 处，用于绑扎第一层板材的下端固定铜丝，第二道横筋绑在比石板上口低 20～30mm 处，以便绑扎第一层板材上口的固定铜丝。再向上即可按石材板块规格均匀布置。

G　安装石材板块：按编号将石板就位，把石板下口铜丝绑扎在钢筋网上。然后把石板竖起立正，绑扎石板上口的铜丝，并用木楔垫稳。石材与基层墙柱面间的灌浆缝一般为 30～50mm。用检测尺进行检查，调整木楔，使石材表面平整、立面垂直，接缝均匀顺直。最后逐块从一个方向依次向另一个方向进行。第一层全部安装完毕后，检查垂直、水平、表面平整、阴阳角方正、上口平直，缝隙宽窄一致、均匀顺直，确认符合要求后，将石板临时粘贴固定。

H　分层灌浆：将拌制好的 1：2.5 水泥砂浆，倒入石材与基层墙柱面间的灌浆缝内，边灌边用钢筋棍插捣密实，并用橡皮锤轻轻敲击石板面，使砂浆内的气体排出。第一次浇高度一般为 150mm，但不得超过石板高度的 1/3。第一次灌入砂浆初凝（一般为 1～2h）后，应再进行一遍检查，检查合格后进行第二次灌浆。第二次灌浆高度一般 200～300mm 为宜，砂浆初凝后进行第三次灌浆，第三次灌浆至低于板上口 50～70mm 处。

I　擦缝、清理打蜡：全部石板安装完毕后，清除表面和板缝内的临时固定石膏及多余砂浆，用麻布将石材板面擦洗干净，然后按设计要求嵌缝材料的品种、颜色、形式进行嵌缝，边嵌边擦，使缝隙密实、宽窄一致、均匀顺直、干净整齐、颜色协调。最后将大理石、花岗石进行打蜡。

3）季节性施工

① 雨期施工时，室外施工应采取有效的防雨措施。室外焊接、灌浆和嵌缝不得冒雨进行作业，应有防止暴晒和雨水冲刷的可靠措施，以确保施工质量。

② 冬期施工时，基层处理、石材表面处理、嵌缝和灌浆施工，环境温度不宜低于 5℃。灌缝砂浆应采取保温措施，砂浆的入模温度不宜低于 5℃，砂浆硬化期不得受冻。作业环境气温低于 5℃时，砂浆内可掺入不泛碱的防冻外加剂，其掺量由试验确定。室内施工时应供暖，采用热空气加速干燥时，应设通风排湿设备。并应设专人进行测温，保温养护期一般为 7～9d。

4）质量验收标准

适用于内墙饰面板安装工程和高度不大于 24m、抗震设防烈度不大于 7 度的外墙饰面板安装工程的质量验收。

① 检验批的划分和抽检数量

A　相同材料、工艺和施工条件的室内饰面板（砖）工程每 50 间（大面积房间和走廊按施工面积 30m² 为一间）应划分为一个检验批，不足 50 间也应划分为一个检验批。

B　相同材料、工艺和施工条件的室外饰面板（砖）工程每 500～1000m² 应划分为一个检验批，不足 500m² 也应划分为一个检验批。

C　室内每个检验批应至少抽查 10%，并不得少于 3 间；不足 3 间时应全数检查。

D　室外每个检验批每 100m² 应至少抽查一处，每处不得小于 10m²。

② 主控项目

A　饰面板的品种、规格、颜色和性能应符合设计要求，木龙骨、木饰面板和塑料饰面板的燃烧性能等级应符合设计要求。

检验方法：观察；检查产品合格证书、进场验收记录和性能检测报告。

B 饰面板孔、槽的数量、位置和尺寸应符合设计要求。

检验方法：检查进场验收记录和施工记录。

C 饰面板安装工程的预埋件（或后置埋件）、连接件的数量、规格、位置、连接方法和防腐处理必须符合设计要求。后置埋件的现场拉拔强度必须符合设计要求。饰面板安装必须牢固。

检验方法：手扳检查；检查进场验收记录、现场拉拔检测报告、隐蔽工程验收记录和施工记录。

③ 一般项目

A 饰面板表面应平整、洁净、色泽一致，无裂痕和缺损。石材表面应无泛碱等污染。

检验方法：观察。

B 饰面板嵌缝应密实、平直，宽度和深度应符合设计要求，嵌填材料色泽应一致。

检验方法：观察；尺量检查。

C 采用湿作业法施工的饰面板工程，石材应进行防碱背涂处理。饰面板与基体之间的灌注材料应饱满、密实。

检验方法：用小锤轻击检查；检查施工记录。

D 饰面板上的孔洞应套割吻合，边缘应整齐。

检验方法：观察。

E 饰面板安装的允许偏差和检验方法应符合表 2-19 规定。

饰面板安装的允许偏差和检验方法　　　　　　　　　　　表 2-19

项 次	项 目	允许偏差（mm）							检验方法
		石 材			瓷板	木材	塑料	金属	
		光面	剁斧石	蘑菇石					
1	立面垂直度	2	3	3	2	1.5	2	2	用 2m 垂直检测尺检查
2	表面平整度	2	3		1.5	1	3	3	用 2m 靠尺和塞尺检查
3	阴阳角方正	2	4	4	2	1.5	3	3	用直角检测尺检查
4	接缝直线度	2	4	4	2	1	1	1	拉 5m 线，不足 5m 拉通线，用钢直尺检查
5	墙裙、勒脚上口直线度	2	3	3	2	2	2	2	拉 5m 线，不足 5m 拉通线，用钢直尺检查
6	接缝高低差	0.5	3		0.5	0.5	1	1	用钢直尺和塞尺检查
7	接缝宽度	1	2	2	1	1	1	1	用钢直尺检查

（4）饰面板安装工程技术要求（大理石、花岗石饰面板干挂安装为例）

适用于室内、外的墙、柱面和门窗套干挂石材饰面板的工程施工。

1）施工准备

① 材料

A 石材：石材的材质、品种、规格、颜色及花纹应符合设计要求。并应符合国家现行标准。

　　B　辅料：型钢骨架、金属挂件、不锈钢挂件、膨胀螺栓、金属连接件、不锈钢连接挂件以及配套的垫板、垫圈、螺母以及与骨架固定的各种所需配件，其材质、品种、规格、质量应符合要求。石材防护剂、石材胶粘剂、耐候密封胶、防水胶、嵌缝胶、嵌逢胶条、防腐涂料应有出厂合格证和说明，并应符合环保要求。各种胶应进行相容性试验。

　　② 主要机具：石材切割机、砂轮切割机、云石机、磨光机、角磨机、冲击钻、台钻、电焊机、射钉抢、注胶枪、吸盘、钢尺、靠尺、方尺、塞尺、托线板、水平尺等。

　　③ 作业条件

　　A　主体结构施工完成并经检验合格，结构基层已经处理完成并验收合格。

　　B　石材已经进场，其质量、规格、品种、数量、力学性能和物理性能符合设计要求和国家现行标准，石材表面应涂刷防护剂。

　　C　其他配套材料已进场，并经检验复试合格。

　　D　墙、柱面上的各种专业管线、设备、预留预埋件已安装完成，经检验合格，并办理交接手续。

　　E　门、窗已安装完，各处水平标高控制线测设完毕，并预检合格。

　　F　施工所需的脚手架已经搭设完，垂直运输设备已安装好，符合使用要求和安全规定，并经检验合格。

　　G　施工现场所需的临时用水、用电、各种工、机具准备就绪。

　　H　熟悉施工图纸及设计说明，根据现场施工条件进行必要的测量放线，对各个标高、各种洞口的尺寸、位置进行校核。

　　I　施工前按大样图进行样板间（段）施工。样板间（段）经设计、监理、建设单位检验合格并签认。对操作人员进行安全、技术交底。

　　2）操作工艺

　　工艺流程：石材表面处理→石材安装前准备→测量放线基层处理→主龙骨安装→次龙骨安装→石材安装→石材板缝处理→表面清洗。

　　① 石材表面处理：石材表面应干燥，一般含水率应不大于8%，按防护剂使用说明对石材表面进行防护处理。操作时将石材板的正面朝下平放于两根方木上，用羊毛刷蘸防护剂，均匀涂刷于石材板的背面和四个边的小面，涂刷必须到位，不得漏刷。待第一道涂刷完24h后，刷第二道防护剂。第二道刷完24h后，将石材板翻成正面朝上，涂刷正面，方法与要求和背面涂刷相同。

　　② 石材安装前准备：先对石材板进行挑选，使同一立面或相临两立面的石材板色泽、花纹一致，挑出色差、纹路相差较大的不用或用于不明显部位。石材板选好进行钻孔、开槽，为保证孔槽的位置准确、垂直，应制作一个定型托架，将石材板放在托架上作业。钻孔时应使钻头于钻孔面垂直，开槽时应使切割片与开槽垂直，确保成孔、槽后准确无误。孔、槽的形状尺寸应按设计要求确定。

　　③ 放线及基层处理：对安装石材的结构表面进行清理。然后吊直、套方、找规矩，弹出垂直线、水平线、标高控制线。根据深化设计的排板、骨架大样图弹出骨架和石材板

块的安装位置线，并确定出固定连接件的膨胀螺栓安装位置。核对预埋件的位置和分布是否满足安装要求。

④ 干挂石材安装

A　主龙骨安装：主龙骨一般采用竖向安装。材质、规格、型号按设计要求选用。安装时先按主龙骨安装位置线，在结构墙体上用膨胀螺栓或化学锚栓固定角码，通常角码在主龙骨两侧面对面设置。然后将主龙骨卡入角码之间，采用贴角焊与角码焊接牢固。焊接处应刷防锈漆。主龙骨安装时应先临时固定，然后拉通线进行调整，待调平、调正、调垂直后再进行固定或焊接。

B　次龙骨安装：次龙骨的材质、规格、型号、布置间距及与主龙骨的连接方式按设计要求确定。沿高度方向固定在每一道石材的水平接缝处，次龙骨与主龙骨的连接一般采用焊接，也可用螺栓连接。焊缝防腐处理同主龙骨。

C　石材安装：石材与次龙骨的连接采用 T 形不锈钢专用连接件。不锈钢专用连接件与石材侧边安装槽缝之间，灌注石材胶。连接件的间距宜不大于 600mm。安装时应边安装、边进行调整，保证接缝均匀顺直，表面平整。

⑤ 石材板缝处理：打胶前应在板缝两边的石材上粘贴美纹纸，以防污染石材，美纹纸的边缘要贴齐、贴严，将缝内杂物清理干净，并在缝隙内填入泡沫填充（棒）条，填充的泡沫（棒）条固定好，最后用胶枪把嵌缝胶打入缝内，待胶凝固后撕去美纹纸。打胶成活后一般低于石材表面 5mm，呈半圆凹状。嵌缝胶的品种、型号、颜色应按设计要求选用并做相容性试验。在底层石板缝打胶时，注意不要堵塞排水管。

⑥ 清洗：采用柔软的布或棉丝擦拭，对于有胶或其他粘结牢固的污物，可用开刀轻轻铲除，再用专用清洁剂清除干净，必要时进行罩面剂的涂刷以提高观感质量。

3）质量验收标准（同石材湿法安装）

6. 幕墙工程施工技术要求

（1）玻璃幕墙施工技术要求

玻璃幕墙产品是由铝合金型材、玻璃、硅酮结构密封胶、硅酮耐候密封胶、密封材料及相关辅件组成，其加工和施工的质量要求十分严格。为了保证产品符合规范和满足合同约定，特制定本内部施工工艺及质量检测标准。

依据：建筑幕墙《玻璃幕墙工程技术规范》JGJ 102—2003 和《玻璃幕墙工程质量检验标准》JGJ/T 139—2001 及其他建筑幕墙相关规范。

1）施工准备

① 材料

A　玻璃幕墙工程中使用的材料必须具备相应的出厂合格证、质保书和检验报告。

B　玻璃幕墙工程中使用的铝合金型材，其壁厚、膜厚、硬度和表面质量必须达到设计及规范要求。

C　玻璃幕墙工程中使用的钢材，其壁厚、长度、表面涂层厚度和表面质量必须达到设计及规范要求。

D　玻璃幕墙工程中使用的玻璃，其品种型号、厚度、外观质量、边缘处理必须达到设计及规范要求。

E　玻璃幕墙工程中使用的硅酮结构密封胶、硅酮耐候密封胶及其他密封材料，其相容性、粘结拉伸性能、固化程度必须达到设计及规范要求。

②　主要机具：电焊机、砂轮切割机、手电钻、冲击钻、射钉枪、氧割设备、电动真空吸盘、线坠、水平尺、钢卷尺、手动吸盘、玻璃刀、注胶枪等。

③　作业条件

A　主体结构及其他湿作业已全部施工完毕，并符合有关结构施工及验收规范的要求。

B　主体上预埋件已在施工时按设计要求预埋完毕，位置正确，并已做拉拔试验，其拉拔强度合格。

C　硅酮结构胶与接触的基材、已取样的相容性试验和剥离粘结力试验，其试验结果符合设计要求。

D　幕墙材料已一次进足，并且配套齐全。安装玻璃幕墙的构件及零附件的材料品种、规格、色泽和性能，符合设计要求。

E　幕墙安装的施工组织设计已完成，并经过审核批准。

2）操作工艺

根据构造分以下几类，其施工顺序如下：

元件式安装工艺顺序：

搭设脚手架→检验主体结构幕墙面基体→检验、分类堆放幕墙部件→测量放线→清理预埋件→安装连接紧固件→质检→安装立柱（杆）、横杆→安装玻璃→镶嵌密封条及周边收口处理→清扫→验收、交工。

单元式安装工艺顺序：

检查预埋T型槽位置→固定牛腿、并找正、焊接→吊放单元幕墙并垫减震胶垫→紧固螺丝→调整幕墙平直→塞入和热压接防风带→安设室内窗台板、内扣板→堵塞与梁、柱间的防火、保温材料。

全玻璃幕墙安装工艺顺序：

测量放线→安装底框→安装顶框→玻璃就位→玻璃固定→粘结肋玻璃→处理幕墙玻璃之间的缝隙→处理肋玻璃端头→清洁。

点式玻璃幕墙安装工艺顺序：

检验、分类堆放幕墙构件→现场测量放线→安装钢骨架（竖杆、横杆）、调整紧固→安装接驳件（钢爪）→玻璃就位→钢爪紧固螺丝、固定玻璃→玻璃纵、横缝打胶→清洁。

①　元件式安装施工要点

A　测量弹线

a　根据幕墙分格大样图和土建单位给出的标高点、进出位线及轴线位置，在主体上定出幕墙平面、立柱、分格及转角等基准线，并用经纬仪进行调校、复测。

b　幕墙分格轴线的测量放线应与主体结构测量放线相配合，水平标高要逐层从地面引上，以免误差积累。

c　质量检验人员应及时对测量放线情况进行检查，并将查验情况填入记录表。

　　d　在测量放线的同时，应对预埋件的偏差进行检验，超差的预埋件必须进行适当的处理后方可进行安装施工，并把处理意见报监理、业主和公司相关部门。

　　e　质量检验人员应对预埋件的偏差情况进行抽样检验，抽样量应为幕墙预埋件总数量的 5％以上且不少于 5 件，所检测点不合格数不超过 10％，可判为合格。

　　B　安装幕墙立柱

　　a　应将立柱先与连接件连接，然后连接件再与主体预埋件连接。调整垂直后，将连接件与表面已清理干净的结构预埋件临时点焊在一起。

　　b　立柱安装标高偏差不应大于 3mm，轴线前后偏差不应大于 2mm，左右偏差不应大于 3mm。

　　c　相邻两根立柱安装标高偏差不应大于 3mm，同层立柱的最大标高偏差不应大于 5mm；相邻两根立柱的距离偏差不应大于 2mm。

　　C　安装幕墙横梁

　　a　将横梁两端的连接件及弹性橡胶垫安装在立柱的预定位置，并应安装牢固，其接缝应严密。

　　b　同一层的横梁安装应由下向上进行。当安装完一层高度时，应进行检查、调整、校正、固定，使其符合质量要求。

　　c　相邻两根横梁的水平标高偏差不应大于 1mm。同层标高偏差：当一幅幕墙宽度小于或等于 35m 时，不应大于 5mm；当一幅幕墙宽度大于 35m 时，不应大于 7mm。

　　D　调整、紧固幕墙立柱、横梁

　　a　玻璃幕墙立柱、横梁全部就位后，再作一次整体检查，调整立柱局部不合适的地方，使其达到设计要求。然后对临时点焊的部位进行正式焊接。紧固连接螺栓，对没有防松措施的螺栓均需点焊防松。

　　b　焊缝清理干净后再做防锈、防腐、防火处理。玻璃幕墙与铝合金接触的螺栓及金属配件应采用不锈钢或轻金属制品。不同金属的接触面应采用垫片作隔离处理。

　　E　安装玻璃

　　a　玻璃安装前应将表面尘土和污物擦拭干净。热反射玻璃安装应将镀膜面朝向室内，非镀膜面朝向室外。

　　b　玻璃与构件不得直接接触。玻璃四周与构件凹槽底应保持一定空隙，每块玻璃下部应设不少于两块弹性定位垫块；垫块的宽度与槽口宽度应相同，长度不应小于 100mm；玻璃两边嵌入量及空隙应符合设计要求。

　　c　玻璃四周橡胶条应按规定型号选用，镶嵌应平整，并应用粘结剂粘结牢固后嵌入槽口。在橡胶条隙缝中均匀注入密封胶，并及时清理缝外多余粘胶。

　　F　处理幕墙与主体结构之间的缝隙

　　幕墙与主体结构之间的缝隙应采用防火的保温材料堵塞；内外表面应采用密封胶连续封闭，接缝应严密不漏水。

　　G　处理幕墙伸缩缝

　　幕墙的伸缩缝必须保证达到设计要求。如果伸缩缝用密封胶填充，填胶时要注意不让密封胶接触主梃衬芯，以防幕墙伸缩活动时破坏胶缝。

　　H　抗渗漏试验

　　幕墙施工中应分层进行抗雨水渗漏性能检查。

　　② 全玻璃幕墙安装施工要点

　　A　测量放线

　　采用高精度的激光水准仪、经纬仪进行测量，配合用标准钢卷尺、重锤、水平尺等复核；幕墙定位轴线的测量放线必须与主体结构的主轴线平行或垂直。

　　B　安装底框

　　按设计要求将全玻璃幕墙的底框焊在楼地面的预埋件上。清理上部边框内的灰土。在每块玻璃的下部都要放置不少于 2 块氯丁橡胶垫块，垫块宽度同槽口宽度，长度不应小于100mm。

　　C　安装顶框

　　将全玻璃幕墙的顶框按设计要求焊接在结构主体的预埋铁件上。

　　D　玻璃就位

　　玻璃运到现场后，将其搬运到安装地点。然后用玻璃吸盘安装机在玻璃一侧将玻璃吸牢，用起重机械将吸盘连同玻璃一起提升到一定高度；再转动吸盘，将横卧的玻璃转至竖直，并先将玻璃插入顶框或吊具的上支承框内，再继续往上抬，使玻璃下口对准底框槽口，然后将玻璃放入底框内的垫块上，使其支承在设计标高位置。当为 6m 以上的全玻璃幕墙时，玻璃上端悬挂在吊具的上支承框内。

　　E　玻璃固定

　　往底框、顶框内玻璃两侧缝隙内填填充料（肋玻璃位置除外）至距缝口 10mm 位置，然后往缝内用注射枪注入密封胶，多余的胶迹应清理干净。

　　F　粘结肋玻璃

　　在设计的肋玻璃位置的幕墙玻璃上刷结构胶，然后将肋玻璃用人工放入相应的顶底框内，调节好位置后，向玻璃幕墙上刷胶位置轻轻推压，使其粘结牢固。最后向肋玻璃两侧的缝隙内填填充料；注入密封胶，密封胶注入必须连接、均匀，深度大于 8mm。

　　G　处理幕墙玻璃之间的缝隙

　　向玻璃之间的缝隙内注入密封胶，胶液与玻璃面平，密封胶注入要连续、均匀、饱满，使接缝处光滑、平整。多余的胶迹要清理干净。

　　H　处理肋玻璃端头

　　肋玻璃底框、顶框端头位置的垫块、密封条要固定，其缝隙用密封胶封死。

　　I　清洁

　　幕墙玻璃安好后应进行清洁工作、拆排架前应做最后一次检查，以保证胶缝的质量及幕墙表面的清洁。

　　③ 点支承玻璃幕墙安装施工要点

　　A　测量放线

　　采用高精度的激光水准仪、经纬仪进行测量，配合用标准钢卷尺、重锤、水平尺等复核；幕墙定位轴线的测量放线必须与主体结构主轴线平行或垂直。

B　安装（预埋）铁件

主要以土建单位提供的水平线标高、轴向基准点、垂直预留孔确定每层控制点，并以此采用经纬仪、水准仪为每块预埋件定位，并加以固定，以防浇筑混凝土时发生位移，确保预埋件位置准确。

C　安装钢骨架

钢骨架结构支撑形式有很多种，如有：单杆式、桁架式、网架式、张拉整体体系等结构形式。这里以单杆式为例进行说明。

先安装钢管立柱并固定，再按单元从上到下安装钢管横梁，在安装尺寸复核调整无误后焊牢，注意焊接质量，做好防腐。在安装横梁的同时按顺序及时安装横向及竖向拉杆，并按设计要求分阶段施加预应力。

D　驳接系统的固定与安装

a　驳接爪按施工图要求，通过螺纹与承重连接杆连接，并通过螺纹来调节驳接爪与玻璃安装面的距离，进行三维调整，使其控制在 1 个安装面上，确保玻璃安装的平整度。

b　驳接头在玻璃安装前，固紧在玻璃安装孔内。为确保玻璃受力部分为面接触，必须将驳接头内的衬垫垫齐并打胶，使之与玻璃隔离，并将锁紧环拧紧密封。

E　玻璃安装

a　提升玻璃至安装高度再由人工运至安装点，进行就位。就位后及时在球铰夹具与钢爪的连接螺杆上套上橡胶垫圈，插入钢爪中，再套上垫圈，拧上螺母初步固定。

b　为确保玻璃安装的平整度，初步固定后的玻璃必须调整。调整标准必须达到"横平、竖直、面平"，玻璃板块调整后马上固定，将球铰夹具与钢爪的紧固螺母拧紧。

F　打胶

a　幕墙骨架和面玻璃整体平整度检查确认完全符合设计要求后方可进行打胶。

b　打胶前先用丙酮等抗油脂溶剂将玻璃边部与缝隙内的污染清洗干净，并保持干燥。

c　用施胶枪将胶从胶筒中挤压到接口部位进行密封。

d　胶未凝固时，立即进行修整，待耐候胶表面固化后，清洁内外镜面。

3）质量标准

适用于建筑高度不大于150m、抗震设防烈度不大于 8 度的隐框玻璃幕墙、半隐框玻璃幕墙、明框玻璃幕墙、全玻幕墙及点支承玻璃幕墙工程的质量验收。

①　主控项目

A　玻璃幕墙工程所使用的各种材料、构件和组件的质量，应符合设计要求及国家现行产品标准和工程技术规范的规定。

检验方法：检查材料、构件、组件的产品合格证书、进场验收记录、性能检测报告和材料的复验报告。

B　玻璃幕墙的造型和立面分格应符合设计要求。

检验方法：观察；尺量检查。

C　玻璃幕墙使用的玻璃应符合下列规定：

a　幕墙应使用安全玻璃，玻璃的品种、规格、颜色、光学性能及安装方向应符合设计要求。

b 幕墙玻璃的厚度不应小于 6.0mm。全玻幕墙肋玻璃的厚度不应小于 12mm。

c 幕墙的中空玻璃应采用双道密封。明框幕墙的中空玻璃应采用聚硫密封胶及丁基密封胶；隐框和半隐框幕墙的中空玻璃应采用硅酮结构密封胶及丁基密封胶；镀膜面应在中空玻璃的第 2 或第 3 面上。

d 幕墙的夹层玻璃应采用聚乙烯醇缩丁醛（PVB）胶片干法加工合成的夹层玻璃。点支承玻璃幕墙夹层玻璃的夹层胶片（PVB）厚度不应小于 0.76mm。

e 钢化玻璃表面不得有损伤；8.0mm 以下的钢化玻璃应进行引爆处理。

f 所有幕墙玻璃均应进行边缘处理。

检验方法：观察；尺量检查；检查施工记录。

D 玻璃幕墙与主体结构连接的各种预埋件、连接件、紧固件必须安装牢固，其数量、规格、位置、连接方法和防腐处理应符合设计要求。

检验方法：观察；检查隐蔽工程验收记录和施工记录。

E 各种连接件、紧固件的螺栓应有防松动措施；焊接连接应符合设计要求和焊接规范的规定。

检验方法：观察；检查隐蔽工程验收记录和施工记录。

F 隐框或半隐框玻璃幕墙，每块玻璃下端应设置两个铝合金或不锈钢托条，其长度不应小于 100mm，厚度不应小于 2mm，托条外端应低于玻璃外表面 2mm。

检验方法：观察；检查施工记录。

G 明框玻璃幕墙的玻璃安装应符合下列规定：

a 玻璃槽口与玻璃的配合尺寸应符合设计要求和技术标准的规定。

b 玻璃与构件不得直接接触，玻璃四周与构件凹槽底部应保持一定的空隙，每块玻璃下部应至少放置两块宽度与槽口宽度相同、长度不小于 100mm 的弹性定位垫块；玻璃两边嵌入量及空隙应符合设计要求。

c 玻璃四周橡胶条的材质、型号应符合设计要求，镶嵌应平整，橡胶条长度应比边框内槽长 1.5%～2.0%，橡胶条在转角处应斜面断开，并应用粘结剂粘结牢固后嵌入槽内。

检验方法：观察；检查施工记录。

H 高度超过 4m 的全玻幕墙应吊挂在主体结构上，吊夹具应符合设计要求，玻璃与玻璃、玻璃与玻璃肋之间的缝隙，应采用硅酮结构密封胶填嵌严密。

检验方法：观察；检查隐蔽工程验收记录和施工记录。

I 点支承玻璃幕墙应采用带万向头的活动不锈钢爪，其钢爪间的中心距离应大于 250mm。

检验方法：观察；尺量检查。

J 玻璃幕墙四周、玻璃幕墙内表面与主体结构之间的连接节点、各种变形缝、墙角的连接节点应符合设计要求和技术标准的规定。

检验方法：观察；检查隐蔽工程验收记录和施工记录。

K 玻璃幕墙应无渗漏。

检验方法：在易渗漏部位进行淋水检查。

L 玻璃幕墙结构胶和密封胶的打注应饱满、密实、连续、均匀、无气泡，宽度和厚度应符合设计要求和技术标准的规定。

检验方法：观察；尺量检查；检查施工汇录。

M 玻璃幕墙开启窗的配件应齐全，安装应牢固，安装位置和开启方向、角度应正确；开启应灵活，关闭应严密。

检验方法：观察；手扳检查；开启和关闭检查。

N 玻璃幕墙的防雷装置必须与主体结构的防雷装置可靠连接。

检验方法：观察；检查隐蔽工程验收记录和施工记录。

② 一般项目

A 玻璃幕墙表面应平整、洁净；整幅玻璃的色泽应均匀一致；不得有污染和镀膜损坏。

检验方法：观察。

B 每平方米玻璃的表面质量和检验方法应符合表 2-20 规定。

每平方米玻璃的表面质量和检验方法　　　　　　　　　　表 2-20

项　次	项　目	质量要求	检验方法
1	明显划伤和长度＞100mm 的轻微划伤	不允许	观察
2	长度≤100mm 的轻微划伤	≤8 条	用钢尺检查
3	擦伤总面积	≤500mm²	用钢尺检查

C 一个分格铝合金型材的表面质量和检验方法应符合表 2-21 规定。

一个分格铝合金型材的表面质量和检验方法　　　　　　　表 2-21

项　次	项　目	质量要求	检验方法
1	明显划伤和长度＞100mm 的轻微划伤	不允许	观察
2	长度≤100mm 的轻微划伤	≤2 条	用钢尺检查
3	擦伤总面积	≤500mm²	用钢尺检查

D 明框玻璃幕墙的外露框或压条应横平竖直，颜色、规格应符合设计要求，压条安装应牢固。单元玻璃幕墙的单元拼缝或隐框玻璃幕墙的分格玻璃拼缝应横平竖直、均匀一致。

检验方法：观察；手扳检查；检查进场验收记录。

E 玻璃幕墙的密封胶缝应横平竖直、深浅一致、宽窄均匀、光滑顺直。

检验方法：观察；手摸检查。

F 防火、保温材料填充应饱满、均匀，表面应密实、平整。

检验方法：检查隐蔽工程验收记录。

G 玻璃幕墙隐蔽节点的遮封装修应牢固、整齐、美观。

检验方法：观察；手扳检查。

H 明框玻璃幕墙安装的允许偏差和检验方法应符合表 2-22 规定。

明框玻璃幕墙安装的允许偏差和检验方法　　　　　　　表 2-22

项　次	项　目		允许偏差（mm）	检验方法
1	幕墙垂直度	幕墙高度≤30m	10	用经纬仪检查
		30m＜幕墙高度≤60m	15	
		60m＜幕墙高度≤90m	20	
		幕墙高度＞90m	25	
2	幕墙水平度	幕墙幅宽≤35m	5	用水平仪检查
		幕墙幅宽＞35m	7	
3	构件直线度		2	用 2m 靠尺和塞尺检查
4	构件水平度	构件长度≤2m	2	用水平仪检查
		构件长度＞2m	3	
5	相邻构件错位		1	用钢直尺检查
6	分格框对角线长度差	对角线长度≤2m	3	用钢尺检查
		对角线长度＞2m	4	

Ⅰ　隐框、半隐框玻璃幕墙安装的允许偏差和检验方法应符合表 2-23 规定。

隐框、半隐框玻璃幕墙安装的允许偏差和检验方法　　　　　表 2-23

项　次	项　目		允许偏差（mm）	检验方法
1	幕墙垂直度	幕墙高度≤30m	10	用经纬仪检查
		30m＜幕墙高度≤60m	15	
		60m＜幕墙高度≤90m	20	
		幕墙高度＞90m	25	
2	幕墙水平度	层高≤3m	3	用水平仪检查
		层高＞3m	5	
3	幕墙表面平整度		2	用 2m 靠尺和塞尺检查
4	板材立面垂直度		2	用垂直检测尺检查
5	板材上沿水平度		2	用 1m 水平尺和钢直尺检查
6	相邻板材板角错位		1	用钢直尺检查
7	阳角方正		2	用直角检测尺检查
8	接缝直线度		3	拉 5m 线，不足 5m 拉通线，用钢直尺检查
9	接缝高低差		1	用钢直尺和塞尺检查
10	接缝宽度		1	用钢直尺检查

（2）金属幕墙施工技术要求

金属幕墙施工一般有复合铝板、单层铝板、铝蜂窝板、夹芯保温铝板、不锈钢板、彩涂钢板、珐琅钢板等材料形式。

1）施工准备

① 材料

A　金属幕墙工程中使用的材料必须具备相应出厂合格证、质保书和检验报告。

B　金属幕墙工程中使用的铝合金型材，其壁厚、膜厚、硬度和表面质量等必须达到设计及规范要求。

C　金属幕墙工程中使用的钢材，其厚度、长度、膜厚和表面质量等必须达到设计及规范要求。

D　金属幕墙工程中使用的面材，其品厚度、板材尺寸、外观质量等必须达到设计及规范要求。

E　金属幕墙工程中使用的硅酮结构密封胶、硅酮耐候密封胶及其他密封材料，其相容性、粘结拉伸性能、固化程度等必须达到设计及规范要求。

②　主要机具：冲击钻、砂轮切割机、电焊机、铆钉枪、螺丝刀、钳子、扳手、线坠、水平尺、钢卷尺。

③　作业条件

A　主体结构已施工完毕。主体施工时已按设计要求埋设预埋件，拉拔试验合格。

B　幕墙安装的施工组织设计已完成，并经有关部门审核批准。其中施工组织设计包括以下内容：工程进度计划；搬运、起重方法；测量方法；安装方法；安装顺序；检查验收；安全措施。

C　幕墙材料已按计划一次进足，并配套齐全。构件和附件的材料品种、规格、色泽和性能符合设计要求。

D　安装幕墙用的排架已搭设好。

2）操作工艺

施工顺序：测量放线→安装连接件→安装骨架→安装防火材料→安装面板→处理板缝→处理幕墙收口→处理变形缝→清理板面。

①　测量放线

A　根据主体结构上的轴线和标高线，按设计要求将支承骨架的安装位置线准确地弹到主体结构上。

B　将所有预埋件打出，并复测其位置尺寸。

C　测量放线时应控制分配误差，不使误差积累。

②　安装连接件：将连接件与主体结构上的预埋件焊接固定。当主体结构上没有埋设预埋铁件时，可在主体结构上打孔安设膨胀螺栓与连接铁件固定。

③　安装骨架

A　按弹线位置准确无误地将经过防锈处理的立柱用焊接或螺栓固定在连接件上。安装中应随时检查标高和中心线位置。

B　将横梁两端的连接件及垫片安装在立柱的预定位置，并应安装牢固，其接缝应严密；相邻两根横梁的水平标高偏差不应大于1mm。

④　安装防火材料：将防火棉用镀锌钢板固定。应使防火棉连续地密封于楼板与金属板之间的空位上，形成一道防火带，中间不得有空隙。

⑤　安装铝板：按施工图用铆钉或螺栓将铝合金板饰面逐块固定在型钢骨架上。板与板之间留缝10～15mm，以便调整安装误差。

⑥　处理板缝：用清洁剂将金属板及框表面清洁干净后，立即在铝板之间的缝隙中先安放密封条或防风雨胶条，再注入硅酮耐候密封胶等材料，注胶要饱满，不能有空隙或气泡。

⑦　处理幕墙收口：收口处理可利用金属板将墙板端部及龙骨部位封盖。

⑧ 清理板面：清除板面护胶纸，把板面清理干净。

3）质量验收标准

① 主控项目

A　金属幕墙工程所使用的各种材料和配件，应符合设计要求及国家现行产品标准和工程技术规范的规定。

检验方法：检查产品合格证书、性能检测报告、材料进场验收记录和复验报告。

B　金属幕墙的造型和立面分格应符合设计要求。

检验方法：观察；尺量检查。

C　金属面板的品种、规格、颜色、光泽及安装方向应符合设计要求。

检验方法：观察；检查进场验收记录。

D　金属幕墙主体结构上的预埋件、后置埋件的数量、位置及后置埋件的拉拔力必须符合设计要求。

检验方法：检查拉拔力检测报告和隐蔽工程验收记录。

E　金属幕墙的金属框架立柱与主体结构预埋件的连接、立柱与横梁的连接、金属面板的安装必须符合设计要求，安装必须牢固。

检验方法：手扳检查；检查隐蔽工程验收记录。

F　金属幕墙的防火、保温、防潮材料的设置应符合设计要求，并应密实、均匀、厚度一致。

检验方法：检查隐蔽工程验收记录。

G　金属框架及连接件的防腐处理应符合设计要求。

检验方法：检查隐蔽工程验收记录和施工记录。

H　金属幕墙的防雷装置必须与主体结构的防雷装置可靠连接。

检验方法：检查隐蔽正程验收记录。

I　各种变形缝、墙角的连接节点应符合设计要求和技术标准的规定。

检验方法：观察；检查隐蔽工程验收记录。

J　金属幕墙的板缝注胶应饱满、密实、连续、均匀、无气泡，宽度和厚度应符合设计要求和技术标准的规定。

检验方法：观察；尺量检查；检查施工记录。

K　金属幕墙应无渗漏。

检验方法：在易渗漏部位进行淋水检查。

② 一般项目

A　金属板表面应平整、洁净、色泽一致。

检验方法：观察。

B　金属幕墙的压条应平直、洁净、接口严密、安装牢固。

检验方法：观察；手扳检查。

C　金属幕墙的密封胶缝应横平竖直、深浅一致、宽窄均匀、光滑顺直。

检验方法：观察。

D　金属幕墙上的滴水线、流水坡向应正确、顺直。

检验方法；观察；用水平尺检查。

E　每平方米金属板的表面质量和检验方法应符合表 2-24 规定。

每平方米金属板的表面质量和检验方法　　　　　　　　表 2-24

项　次	项　目	质量要求	检验方法
1	明显划伤和长度＞100mm 的轻微划伤	不允许	观察
2	长度≤100mm 的轻微划伤	≤8 条	用钢尺检查
3	擦伤总面积	≤500mm²	用钢尺检查

F　金属幕墙安装的允许偏差和检验方法应符合表 2-25 规定。

金属幕墙安装的允许偏差和检验方法　　　　　　　　表 2-25

项　次	项　目		允许偏差（mm）	检验方法
1	幕墙垂直度	幕墙高度≤30m	10	用经纬仪检查
		30m＜幕墙高度≤60m	15	
		60m＜幕墙高度≤90m	20	
		幕墙高度 390m	25	
2	幕墙水平度	层高≤3m	3	用水平仪检查
		层高＞3m	5	
3	幕墙表面平整度		2	用 2m 靠尺和塞尺检查
4	板材立面垂直度		3	用垂直检测尺检查
5	板材上沿水平度		2	用 1m 水平尺和钢直尺检查
6	相邻板材板角错位		1	用钢直尺检查
7	阳角方正		2	用直角检测尺检查
8	接缝直线度		3	拉 5m 线，不足 5m 拉通线，用钢直尺检查
9	接缝高低差		1	用钢直尺和塞尺检查
10	接缝宽度		1	用钢直尺检查

（3）石材幕墙施工技术要求

石材幕墙一般由石材、金属材料（埋件、龙骨、挂件及螺栓等）及干挂胶等组成。石材幕墙材料的物理、力学耐候性能、抗压、抗折、弯曲程度、吸水率、放射性等均应符合规范要求，不仅在设计中要保证石材的各种荷载和作用产生的最大弯曲应力标准值在安全数值之内，在石材幕墙产品的施工中也应严格按规范执行。

依据：《建筑幕墙》GB/T 21086—2007、《金属与石材幕墙工程技术规范》JGJ 133—2001 以及其他石材幕墙相关的建筑幕墙标准。

1）施工准备

① 材料

A　石材幕墙工程使用的材料必须具备相应的出厂合格证、质保书和检验报告。

B　石材幕墙工程中使用的铝合金型材，其壁厚、膜厚、硬度和表面质量等必须达到设计及规范要求。

C　石材幕墙工程中使用的钢材，其厚度、长度、膜厚和表面质量等必须达到设计及规范要求。

D　石材幕墙工程中使用的面材，其品厚度、板材尺寸、外观质量等必须达到设计及规范要求。

E　石材幕墙工程中使用的硅酮结构密封胶、硅酮耐候密封胶及其他密封材料，其相容性、粘结拉伸性能、固化程度等必须达到设计及规范要求。

②　主要机具：冲击钻、砂轮切割机、电焊机、螺丝刀、钳子、扳手、线坠、水平尺、钢卷尺。

③　作业条件

A　主体结构已施工完毕。主体施工时已按设计要求埋设预埋件。预埋件位置准确，拉拔试验合格。

B　幕墙安装的施工组织设计已完成，并经有关部门审核批准。

C　幕墙材料按计划一次进足，并配套齐全。构件和附件的材料品种、规格、色泽和性能符合设计要求。

D　安装幕墙用的排架已搭设好。

2）操作工艺

施工顺序：测量放线→安装金属骨架→安装防火材料→安装石材板→处理板缝→清理板面。

①　测量放线

A　根据主体结构上的轴线和标高线，按设计要求将支承骨架的安装位置线准确地弹到主体结构上。

B　将所有预埋件剔凿出来，并复测其位置尺寸。

C　测量放线时应控制分配误差，不使误差积累。

②　安装连接件：将连接件与主体结构上的预埋件焊接固定。当主体结构上没有埋设预埋铁件时，可在主体结构上打孔安设膨胀螺栓与连接铁件固定。

③　安装骨架

A　按弹线位置准确无误地将经过防锈处理的立柱用焊接或螺栓固定在连接件上。安装中应随时检查标高和中心线位置。

B　将横梁两端的连接件及垫片安装在立柱的预定位置，并应安装牢固，其接缝应严密；相邻两根横梁的水平标高偏差不应大于1mm。

④　安装防火材料：将防火棉用镀锌钢板固定。应使防火棉连续地密封于楼板与石板之间的空位上，形成一道防火带，中间不得有空隙。

⑤　安装石板

A　先按幕墙面基准线仔细安装好底层第一层石材。

B　板与板之间留缝10～15mm，以便调整安装误差。石板安装时，左右、上下的偏差不应大于1.5mm。注意安放每层金属挂件的标高，金属挂件应紧托上层饰面板，而与下层饰面板之间留有间隙。

C　安装时要在饰面板的销钉孔或切槽口内注入大理石胶，以保证饰面板与挂件的可靠连接。

D　安装时宜先完成窗洞口四周的石材，以免安装发生困难。

E　安装到每一楼层标高时，要注意调整垂直误差。

⑥　处理板缝

在铝板之间的缝隙中注入硅酮耐候密封胶等材料。

⑦　处理幕墙收口

收口处理可利用金属板将墙板端部及龙骨部位封盖。

⑧　清理板面

清除板面护胶纸，把板面清理干净。

3）质量验收标准

①　主控项目

A　石材幕墙工程所用材料的品种、规格、性能和等级，应符合设计要求及国家现行产品标准和工程技术规范的规定。石材的弯曲强度不应小于 8.0MPa；吸水率应小于 0.8%。石材幕墙的铝合金挂件厚度不应小于 4.0mm，不锈钢挂件厚度不应小于 3.0mm。

检验方法：观察；尺量检查；检查产品合格证书、性能检测报告、材料进场验收记录和复验报告。

B　石材幕墙的造型、立面分格、颜色、光泽、花纹和图案应符合设计要求。

检验方法：观察。

C　石材孔、槽的数量、深度、位置、尺寸应符合设计要求。

检验方法：检查进场验收记录或施工记录。

D　石材幕墙主体结构上的预埋件和后置埋件的位置、数量及后置埋件的拉拔力必须符合设计要求。

检验方法：检查拉拔力检测报告和隐蔽工程验收记录。

E　石材幕墙的金属框架立柱与主体结构预埋件的连接、立柱与横梁的连接、连接件与金属框架的连接、连接件与石材面板的连接必须符合设计要求，安装必须牢固。

检验方法：手扳检查；检查隐蔽工程验收记录。

F　金属框架和连接件的防腐处理应符合设计要求。

检验方法：检查隐蔽工程验收记录。

G　石材幕墙的防雷装置必须与主体结构防雷装置可靠连接。

检验方法：观察；检查隐蔽工程验收记录和施工记录。

H　石材幕墙的防火、保温、防潮材料的设置应符合设计要求，填充应密实、均匀、厚度一致。

检验方法：检查隐蔽工程验收记录。

I　各种结构变形缝、墙角的连接节点应符合设计要求和技术标准的规定。

检验方法：检查隐蔽工程验收记录和施工记录。

J　石材表面和板缝的处理应符合设计要求。

检验方法：观察。

K　石材幕墙的板缝注胶应饱满、密实、连续、均匀、无气泡，板缝宽度和厚度应符合设计要求和技术标准的规定。

检验方法：观察；尺量检查；检查施工记录。

L 石材幕墙应无渗漏。

检验方法：在易渗漏部位进行淋水检查。

② 一般项目

A 石材幕墙表面应平整、洁净，无污染、缺损和裂痕。颜色和花纹应协调一致，无明显色差，无明显修痕。

检验方法：观察。

B 石材幕墙的压条应平直、洁净、接口严密、安装牢固。

检验方法：观察，手扳检查。

C 石材接缝应横平竖直、宽窄均匀；阴阳角石板压向应正确，板边合缝应顺直；凸凹线出墙厚度应一致，上下口应平直；石材面板上洞口、槽边应套割吻合，边缘应整齐。

检验方法：观察；尺量检查。

D 石材幕墙的密封胶缝应横平竖直、深浅一致、宽窄均匀、光滑顺直。

检验方法：观察。

E 石材幕墙上的滴水线、流水坡向应正确、顺直。

检验方法：观察；用水平尺检查。

F 每平方米石材的表面质量和检验方法应符合表 2-26 规定。

每平方米石材的表面质量和检验方法　　　　　　　　　　表 2-26

项　次	项　目	质量要求	检验方法
1	裂痕、明显划伤和长度>100mm 的轻微划伤	不允许	观察
2	长度≤100mm 的轻微划伤	≤8 条	用钢尺检查
3	擦伤总面积	≤500mm²	用钢尺检查

G 石材幕墙安装的允许偏差和检验方法应符合表 2-27 规定。

石材幕墙安装的允许偏差和检验方法　　　　　　　　　　表 2-27

项　次	项　目		允许偏差（mm）		检验方法
			光面	麻面	
1	幕墙垂直度	幕墙高度≤30m	10		用经纬仪检查
		30m<幕墙高度≤60m	15		
		60m<幕墙高度≤90m	20		
		幕墙高度>90m	25		
2	幕墙水平度		3		用水平仪检查
3	板材立面垂直度		3		用水平仪检查
4	板材上沿水平度		2		用 1m 水平尺和钢直尺检查
5	相邻板材板角错位		1		用钢直尺检查
6	幕墙表面平整度		2	3	用垂直检测尺检查
7	阳角方正		2	4	用直角检测尺检查
8	接缝直线度		2	4	拉 5m 线，不足 5m 拉通线，用钢直尺检查
9	接缝高低差		1		用钢直尺和塞尺检查
10	接缝宽度		1	2	用钢直尺检查

7. 涂饰工程施工技术要求

（1）混凝土、水泥砂浆、水泥混合砂浆抹灰面涂刷乳液涂料施工

1）施工准备

① 材料

A　涂料：丙烯酸合成树脂乳液涂料、抗碱封闭底漆。其品种、颜色应符合设计要求，并应有产品合格证和检测报告。

B　辅料：成品腻子粉、石膏、界面剂应有产品合格证。厨房、厕所、浴室必须使用耐水腻子。

② 主要机具：涂料搅拌器、喷枪、气泵、胶皮刮板、钢片刮板、腻子托板、排笔、刷子、砂纸、靠尺、线坠。

③ 作业条件

A　各种孔洞修补及抹灰作业全部完成，验收合格。

B　门窗玻璃安装、管道设备试压及防水工程完毕并验收合格。

C　基层应干燥，含水率不大于10%。

D　施工环境清洁、通风、无尘埃，作业面环境温度应在5～35℃。

E　施工前先做样板，经设计、监理、建设单位及有关质量部门验收合格后，再大面积施工。

2）工艺流程：基层处理→刷底漆→刮腻子→刷涂料。

① 基层处理：将基层起皮松动处清除干净，用聚合物水泥砂浆补抹后，将残留灰渣铲除扫净。

② 刷底漆：新建筑物的混凝土或抹灰基层在涂饰前应涂刷抗碱封闭底漆，改造工程在涂饰涂料前应清除疏松的旧装饰层，并涂刷界面剂。

③ 刮腻子：刮腻子遍数可由墙面平整程度决定，一般情况为三遍。第一遍用胶皮刮板横向满刮，一刮板接一刮板，接头不得留槎，每一刮板最后收头要干净利索。干燥后用砂纸打磨，将浮腻子及斑迹磨光，再将墙面清扫干净。第二遍仍用胶皮刮板纵向满刮，方法同第一遍。第三遍用胶皮刮板找补腻子或用钢片刮板满刮腻子，腻子应刮的尽量薄，将墙面刮平、刮光。干燥后用细砂纸磨平、磨光，不得遗漏或将腻子磨穿。

④ 刷涂料

刷涂法：先将基层清扫干净，涂料用排笔涂刷。涂料使用前应搅拌均匀，适当加水稀释，防止头遍漆刷不开。干燥后复补腻子，用砂纸磨光，清扫干净。

滚涂法：将蘸取涂料的毛辊先按"W"方式运动将涂料大致涂在基层上，然后用不蘸涂料的毛辊紧贴基层上下、左右来回滚动，使涂料在基层上均匀展开。最后用蘸取涂料的毛辊按一定方向满滚一遍，阴角及上下口处则宜采用排笔刷涂找齐。

喷涂法：喷枪压力宜控制在0.4～0.8Mpa范围内。喷涂时，喷枪与墙面应保持垂直，距离宜在500mm左右，匀速平行移动，重叠宽度宜控制在喷涂宽度的1/3。

刷第一遍涂料：涂刷顺序是先刷顶棚后刷墙面，墙面是先上后下，先左后右操作。

刷第二遍涂料：操作方法同第一遍，使用前充分搅拌，如不很稠，不宜加水，以防透

底。漆膜干燥后，用细砂纸将墙面小疙瘩和排笔毛打磨掉，磨光滑后清扫干净。

刷第三遍涂料：做法同第二遍。由于漆膜干燥较快，涂刷时应从一头开始，逐渐刷向另一头。涂刷要上下顺刷，互相衔接，后一排笔紧接前一排笔，大面积施工时应几人配合一次完成，避免出现干燥后再接槎。

3）质量验收标准

适用于乳液型涂料、无机涂料、水溶性涂料等水性涂料涂饰工程的质量验收。

① 主控项目

A　涂料的品种、型号和性能应符合设计要求。

检验方法：检查产品合格证书、性能检测报告和进场验收记录。

B　涂料的颜色、图案需符合设计要求。

检验方法：观察。

C　涂料的涂刷应均匀、粘结牢固，不得漏涂、透底、起皮和掉粉。

检验方法：观察、手摸检查。

D　基层处理应符合现行国家标准《建筑装饰装修工程质量验收规范》GB 50210—2001 的规定。

检验方法：观察、手摸检查、检查施工记录。

② 一般项目

A　薄涂料的涂饰质量和检验方法应符合表 2-28 的规定。

薄涂料的涂饰质量和检验方法　　　　　表 2-28

项　次	项　目	普通涂饰	高级涂饰	检验方法
1	颜色	均匀一致	均匀一致	观察
2	泛碱、咬色	允许少量轻微	不允许	
3	流坠、疙瘩	允许少量轻微	不允许	
4	砂眼、刷纹	允许少量轻微砂眼，刷纹通顺	无砂眼，无刷纹	
5	装饰线、分色线直线度允许偏差（mm）	2	1	拉 5m 线，不足 5m 拉通线，用钢直尺检查。

B　厚涂料的涂饰质量和检验方法应符合表 2-29 的规定。

厚涂料的涂饰质量和检验方法　　　　　表 2-29

项　次	项　目	普通涂饰	高级涂饰	检验方法
1	颜色	均匀一致	均匀一致	观察
2	泛碱、咬色	允许少量轻微	不允许	
3	点状分布	—	疏密均匀	

C　复层涂料的涂饰质量和检验方法应符合表 2-30 的规定。

复层涂料的涂饰质量和检验方法　　　　表 2-30

项　次	项　目	质量要求	检验方法
1	颜色	均匀一致	观察
2	泛碱、咬色	不允许	
3	喷点疏密程度	均匀，不允许连片	

D　涂层与其他装修材料和设备衔接处应吻合，界面应清晰。

检验方法：观察。

（2）混凝土及抹灰面溶剂型涂料的施工技术要求

1）施工准备

① 材料

A　涂料：各色溶剂型涂料（丙烯酸酯涂料、聚氨酯丙烯酸涂料、有机硅丙烯酸涂料、醇酸树脂漆等）。

B　辅料：大白粉、石膏粉、光油、成品腻子粉、涂料配套使用的稀释剂。

C　材料质量要求：涂料和辅料应有出厂合格证、质量保证书、性能检测报告、涂料有害物质含量检测报告。

② 主要机具：喷枪、气泵、油漆桶、胶皮刮板、开刀、棕刷、调漆桶、排笔、棉丝、擦布、扫帚等。

③ 作业条件

A　设备管洞处理完毕，门窗玻璃、安装工程施工完毕，并验收合格。

B　作业环境温度不低于 10℃，相对湿度不宜大于 60%。

C　基层干燥，含水率不大于 8%。

D　施工现场环境清洁、通风、无尘埃，有可靠的遮挡措施。

E　施工前做样板，经设计、监理、建设单位及有关质量部门验收合格后，再大面积施工。

F　对操作人员进行安全技术交底。

2）操作工艺

工艺流程：基层处理→磨砂纸打平→涂底漆→满刮第一遍腻子、磨光→满刮第二遍腻子→弹分色线→涂刷第一遍涂料→复补腻子、修补磨光擦净→涂刷第二遍涂料→磨光→涂刷第三遍涂料。

① 基层处理：清理松散物质、粉末、泥土等。旧漆膜用碱溶液或胶漆剂清除。灰尘污物用湿布擦除，油污等用溶剂或清洁剂去除。基层磕碰、麻面、缝隙等处用石膏腻子修补。

② 磨砂纸打平：处理后的基层干燥后，用砂纸将残渣、斑迹、灰渣等杂物磨平、磨光。

③ 涂底漆：使用与面层匹配的底漆，采用滚涂、刷涂、喷涂等方法施工，深入渗透基层，形成牢固的基面。

④ 满刮第一遍腻子、磨光：操作时用胶皮刮板横向满刮，一刮板紧接一刮板，接头不得留槎，每刮一刮板最后收头时，要注意收的干净利落。干燥后用 1 号砂纸打磨，将浮

腻子、斑迹、刷纹磨平、磨光。

⑤ 满刮第二遍腻子：第二遍腻子用胶皮刮板竖向满刮，所用材料和方法同第一遍腻子。干燥后用 1 号砂纸磨平并清扫干净。

⑥ 弹分色线：如墙面有分色，应在涂刷前弹分色线，涂刷时先刷浅色涂料后再刷深色涂料。

⑦ 涂刷第一遍涂料：涂刷顺序应从上到下、从左到右。不应刮刷，以免涂刷过厚或漏刷；当为喷涂时，喷嘴距墙面一般为 400～600mm 左右，喷涂时喷嘴垂直于墙面与被涂墙面平行稳步移动。

⑧ 复补腻子、修补磨光擦净：第一遍涂料干燥后，个别缺陷或漏抹腻子处要复补腻子，干燥后磨砂纸，把小疙瘩、腻子斑迹磨平、磨光，然后清扫干净。

⑨ 涂刷第二遍涂料：涂刷及喷涂做法同第一遍涂料。

⑩ 磨光：第二遍涂料干燥后，个别缺陷或漏抹腻子处要复补腻子，干燥后磨砂纸，把小疙瘩、腻子斑迹磨平、磨光，然后清扫干净。

涂刷第三遍涂料：此道工序为最后一遍罩面涂料，涂料稠度可稍大。但在涂刷时应多理多顺，使涂膜饱满，薄厚均匀一致，不流不坠。在面积施工时，应几人同时配合一次完成。

3）质量验收标准

适用于丙烯酸酯涂料、聚氨酯丙烯酸涂料、有机硅丙烯酸涂料等溶剂型涂料涂饰工程的质量验收。

① 主控项目

A　溶剂型涂料涂饰工程所选用涂料的品种、型号和性能应符合设计要求。

检验方法：检查产品合格证书、性能检测报告和进场验收记录。

B　溶剂型涂料涂饰工程的颜色、光泽、图案应符合设计要求。

检验方法：观察。

C　溶剂型涂料涂饰工程应涂饰均匀、粘结牢固，不得漏涂、透底、起皮和反锈。

检验方法：观察；手摸检查。

D　溶剂型涂料涂饰工程的基层处理应符合规范要求。

检验方法：观察；手摸检查；检查施工记录。

② 一般项目

A　色漆的涂饰质量和检验方法应符合表 2-31 规定。

色漆的涂饰质量和检验方法

表 2-31

项　次	项　目	普通涂饰	高级涂饰	检验方法
1	颜色	均匀一致	均匀一致	观察
2	光泽、光滑	光泽基本均匀光滑无挡手感	光泽均匀一致光滑	观察、手摸检查
3	刷纹	刷纹通顺	无刷纹	观察
4	裹棱、流坠、皱皮	明显处不允许	不允许	观察
5	装饰线、分色线直线度允许偏差（mm）		1	拉 5m 线，不足 5m 拉通线，用钢直尺检查

注：无光色漆不检查光泽。

B　清漆的涂饰质量和检验方法应符合表 2-32 规定。

清漆的涂饰质量和检验方法　　　　　　　　　表 2-32

项　次	项　目	普通涂饰	高级涂饰	检验方法
1	颜色	基本一致	均匀一致	观察
2	木纹	棕眼刮平、木纹清楚	棕眼刮平、木纹清楚	观察
3	光泽、光滑	光泽基本均匀光滑无挡手感	光泽均匀一致光滑	观察、手摸检查
4	刷纹	无刷纹	无刷纹	观察
5	裹棱、流坠、皱皮	明显处不允许	不允许	观察

C　涂层与其他装修材料和设备衔接处应吻合，界面应清晰。

检验方法：观察。

8. 裱糊工程的施工技术要求

（1）施工准备

① 材料

A　壁纸、墙布应整洁，图案清晰。PVC 壁纸的质量应符合现行国家标准的规定。

B　壁纸、墙布的图案、品种、色彩等应符合设计要求，并应附有产品合格证。

C　胶粘剂应按壁纸和墙布的品种选配，并应具有防霉、防菌、耐久等性能，如有防火要求则胶粘剂应具有耐高温不起层性能。

D　裱湖材料，其产品的环保性能应符合规范的规定。

E　所有进入现场的产品，均应有产品质量保证资料和近期检测报告。

② 主要机具：活动裁纸刀、裁纸案台、直尺、剪刀、钢板刮板、塑料刮板、排笔、板刷、粉线包、干净毛巾、胶用和盛水用塑料桶等。

③ 作业条件

A　顶棚喷浆、门窗油漆已完，地面装修已完成，并将面层保护好。

B　水、电及设备、顶墙预留预埋件已完。

C　裱糊工程基体或基层的含水率：混凝土和抹灰不得大于 8%；木材制品不得大于 12%。直观灰面反白，无湿印，手摸感觉干。

D　突出基层表面的设备或附件已临时拆除卸下，待壁纸贴完后，再将部件重新安装复原。

E　较高房间已提前搭设脚手架或准备铝合金折叠梯子，不高房间已提前钉好木马凳。

F　根据基层面及壁纸的具体情况，已选择、准备好施工所需的腻子及胶粘剂。对湿度较大的房间和经常潮湿的表面，已备有防水性能的塑料壁纸和胶粘剂等材料。

G　壁纸的品种、花色、色泽样板已确定。

H　裱糊样板间，经检查鉴定合格可按样板施工。已进行技术交底，强调技术措施和质量标准要求。

（2）操作工艺

① 基层处理

A 将基体或基层表面的污垢、尘土清除干净，基层面不得有飞刺、麻点、砂粒和裂缝。阴阳角应顺直。

B 旧墙涂料墙面，应打毛处理，并涂表面处理剂，或在基层上涂刷一遍抗碱底漆，并使其表干。

C 刮腻子前，应先在基层刷一遍涂料进行封闭，以防止腻子粉化，防止基层吸水。

D 混凝土及抹灰基层面满刮一遍，腻子干后用砂纸打磨。

E 木材基层的接缝、钉眼等用腻子填平，满刮石膏腻子一遍找平大面，腻子干后用砂纸打磨；再刮第二遍腻子并磨砂纸。裱糊壁纸前应先涂刷一层涂料，使其颜色与周围墙面颜色一致。

F 对于纸面石膏板，主要是在对缝处和螺钉孔位处用嵌缝腻子处理板缝，然后用油性石膏腻子局部找平。

② 弹线、预拼

A 裱糊第一幅壁纸前，应弹垂直线，作为裱糊时的准线。裱糊顶棚时，也应在裱糊第一幅前先弹一条能起准线作用的直线。

B 在底胶干燥后弹划基准线，以保证壁纸裱糊后，横平竖直，图案端正。

C 弹线时应从墙面阴角处开始，将窄条纸的裁切边留在阴角处，阳角处不得有接缝。

D 有门窗部位以立边分划为宜，便于褶角贴立边。裱糊前应先预拼试贴，观察接缝效果，确定裁纸尺寸。

③ 裁纸

根据裱糊面尺寸和材料规格统筹规划，并考虑修剪量，两端各留出 30～50mm，然后剪出第一段壁纸。有图案的材料，应将图形自墙的上部开始对花。裁纸时尺子压紧壁纸后不得再移动，刀刃紧贴尺边，连续裁割，并编上号，以便按顺序粘贴。裁好的壁纸要卷起平放，不得立放。

④ 润纸、闷水（以塑料壁纸为例）

塑料壁纸遇水或胶水会自由膨胀大，因此，刷胶前必须先将塑料壁纸在水槽中浸泡 2～3min 取出后抖掉余水，静置 20min，若有明水可用毛巾揩掉，然后才能涂胶。闷水的办法还可以用排笔在纸背刷水，刷满均匀，保持 10min 也可达到使其膨胀充分的目的。

⑤ 刷胶粘剂

基层表面与壁纸背面应同时涂胶。刷胶粘剂要求薄而均匀，不裹边，不得漏刷。基层表面的涂刷宽度要比预贴的壁纸宽 20～30mm。阴角处应增刷 1～2 遍胶。

⑥ 裱糊

A 裱糊壁纸时，应先垂直面后水平面，先细部后大面。垂直面先上后下，水平面先高后低。在顶棚上裱糊壁纸，宜沿房间的长边方向裱糊。

B 第一张壁纸裱糊：壁纸对折，将其上半截的边缘靠着垂线成一直线，轻轻压平，并由中间向外用刷子将上半截纸敷平，然后依此贴下半截纸。

C 拼缝：

a 对于需重叠对花的各类壁纸，应先裱糊对花，然后再用钢尺对齐裁下余边。裁切时，应一次切掉，不得重割。对于可直接对花的壁纸则不应剪裁。

b 赶压气泡时，对于压延壁纸可用钢板刮刀刮平，对于发泡及复合壁纸则严禁使用钢板刮刀，只可用毛巾、海绵或毛刷赶平。

D 阴阳角处理：壁纸不得在阳角处拼缝，应包角压实，壁纸包过阳角不小于 20mm。阴角壁纸搭缝时，应先裱糊压在里面的壁纸，再粘贴面层壁纸，搭接面应根据阴角垂直度而定，宽度一般 2～3mm，并应顺光搭接，使拼缝看起来不显眼。

E 遇有基层卸不下来的设备或突出物件时，应将壁纸舒展地裱在基层上，然后剪去不需要部分，使突出物四周不留缝隙。

F 壁纸与顶棚、挂镜线、踢脚线的交接处应严密顺直。裱糊后，将上下两端多余壁纸切齐，撕去余纸贴实端头。

G 壁纸裱糊后，如有局部翘边、气泡等，应及时修补。

（3）质量标准

适用于聚氯乙烯塑料壁纸、复合纸质壁纸、墙布等裱糊工程的质量验收。

① 主控项目

A 壁纸、墙布的种类、规格、图案、颜色和燃烧性能等级必须符合设计要求及国家现行标准的有关规定。

检验方法：观察；检查产品合格证书、进场验收记录和性能检测报告。

B 裱糊工程基层处理质量应符合规范要求。

检验方法：观察；手摸检查；检查施工记录。

C 裱糊后各幅拼接应横平竖直，拼接处花纹、图案应吻合，不离缝，不搭接，不显拼缝。

检验方法：观察；拼缝检查距离墙面 1.5m 处正视。

D 壁纸、墙布应粘贴牢固，不得有漏贴、补贴、脱层、空鼓和翘边。

检验方法：观察；手摸检查。

② 一般项目

A 裱糊后的壁纸、墙布表面应平整，色泽应一致，不得有波纹起伏、气泡、裂缝、皱折及斑污，斜视时应无胶痕。

检验方法：观察；手摸检查。

B 复合压花壁纸的压痕及发泡壁纸的发泡层应无损坏。

检验方法：观察。

C 壁纸、墙布与各种装饰线、设备线盒应交接严密。

检验方法：观察。

D 壁纸、墙布边缘应平直整齐，不得有纸毛、飞刺。

检验方法：观察。

E 壁纸、墙布阴角处搭接应顺光，阳角处应无接缝。

检验方法：观察。

9. 软包工程施工技术要求

（1）施工准备

① 材料

A　软包面料及内衬材料的材质、颜色、图案及燃烧性能等级应符合设计要求和国家有关规定要求。

B　软包底板所用材料应符合设计要求，一般使用 5mm 厚胶合板。胶合板应使用平整干燥，无脱胶开裂、无缝状裂痕、腐朽、空鼓的板材，含水率不大于 12%，甲醛释放量不大于 1.5mg/L。

C　粘贴材料一般使用 XY-405 胶或水溶性酚醛树脂胶。

② 主要机具：电锯、气钉枪、裁刀、钢板尺、刮刀、剪刀、手工刨、电冲击钻。

③ 作业条件

A　软包安装部位的基层应平整、洁净牢固，垂直度、平整度均应符合验收规范要求。

B　天花、墙面、地面等分项工程基本完成。

C　已对施工人员进行质量、安全、环保技术交底，特别是软包面料带图案或颜色的、和造型复杂的，必要时应另附详图。

（2）操作工艺

工艺流程：基层处理→弹线→计算用料→制作安装→修整。

① 基层处理

A　在结构墙上安装时，要先预埋木砖，检查平整度是否符合要求，如有不平，应及时用水泥砂浆找平。

B　在胶合板墙上安装时，要检查胶合板安装是否牢固，平整度是否符合要求，如有不符合项应及时修整。

② 弹线：根据设计要求或软包面料花纹图案及墙面尺寸确定分格尺寸，做到分格内为一块完整面料，不得有接缝。确定分格后在墙面划线。

③ 计算用料：按设计要求、分格尺寸进行用料计算和底板、面料套裁工作。要注意同一房间、同一图案的面料必须用同一卷材料和相同部位套裁面料。

④ 制作安装

A　一般做法是：将内衬材料（泡沫塑料）用胶满粘在墙面上。再将裁好的面料周边抹胶粘在衬底上，拉平整，接缝正对分格线；将装饰线角钉在分格线处。钉木线角的同时调整面料平整度，钉牢拉平，保证外观形美观。

B　另一做法：分块固定。这种做法是根据分格尺寸，把 5mm 胶合板、内衬材料、软包面料预裁。制作时，先把内衬材料用胶粘贴在 5mm 胶合板上，然后把软包面料按定位标志摆正；首先把上部用木条加钉子临时固定，然后把下端和两侧位置找好后，便可把面料进行固定。安装时，首先经过试拼达到设计要求效果后，才可与基层固定。

⑤ 软包安装完成后，要进行检查，如有发现面料拉不平、有皱折，图案不符合设计要求的情况，应及时修整。

（3）质量验收标准

适用于墙面、门等软包工程的质量验收。

① 主控项目

A 软包面料、内衬材料及边框的材质、颜色、图案、燃烧性能等级和木材的含水率应符合设计要求及国家现行标准的有关规定。

检验方法：观察；检查产品合格证书、进场验收记录和性能检测报告。

B 软包工程的安装位置及构造做法应符合设计要求。

检验方法：观察；尺量检查；检查施工记录。

C 软包工程的龙骨、衬板、边框应安装牢固，无翘曲，拼缝应平直。

检验方法：观察；手扳检查。

D 单块软包面料不应有接缝，四周应绷压严密。

检验方法：观察；手摸检查。

② 一般项目

A 软包工程表面应平整、洁净，无凹凸不平及皱折；图案应清晰、无色差，整体应协调美观。

检验方法：观察。

B 软包边框应平整、顺直、接缝吻合。其表面涂饰质量应符合《建筑装饰装修工程质量验收规范》第 10 章的有关规定。

检验方法：观察；手摸检查。

C 清漆涂饰木制边框的颜色、木纹应协调一致。

检验方法：观察。

D 软包工程安装的允许偏差和检验方法应符合表 2-33 规定。

软包工程安装的允许偏差和检验方法   表 2-33

项　次	项　　目	允许偏差（mm）	检验方法
1	垂直度	3	用 1m 垂直检测尺检查
2	边框宽度、高度	0；—2	用钢尺检查
3	对角线长度差	3	用钢尺检查
4	裁口、线条接缝高低差	1	用钢直尺和塞尺检查

10. 楼、地面工程施工技术要求

（1）混凝土、水泥砂浆整体楼地面垫层施工技术要求

适用于水泥砂浆、混凝土、现制水磨石等整体楼地面。

1）材料要求

A 水泥：采用 32.5 级及以上水泥，水泥进场应有产品出厂合格证、检测报告后方可验收；使用前对水泥的凝结时间、安定性（沸煮法试验合格）和强度进行复试，合格后方可使用。

B 砂：中粗砂，颗粒要求坚硬洁净，不得含有黏土，草根等杂物。

C 粗骨料最大粒径不大于面层厚度的 2/3，细石混凝土的石子最大粒径不大于 15mm。

D 混凝土面层的强度不低于 C20，混凝土垫层强度不低于 C15。

E 水泥砂浆面层的强度不小于 M15。

2）混凝土垫层施工的基层处理

A 将基层上落地灰等杂物清除，清扫干净，并浇水湿润。

B 沿周围的墙面弹出 50 标高控制线。

C 找平做点：根据室内的 50 标高控制线，检查地面的实际高度，准确留出面层的厚度后，确定垫层的厚度，并拉线用水泥砂浆做平面控制点贴饼、冲筋。

D 埋分格木条：根据建筑尺寸，沿纵横（间距小于 6m）埋设分隔条；木条先用水泡湿，两侧先用水泥砂浆临时固定。

3）工艺流程：混凝土（砂浆）搅拌→基底处理→浇筑→压实→养护。

4）施工工艺：

① 配合比申请：由试验员将所用的水泥、砂、石等送往试验室，通过对给定的原材料进行试配后，确定混凝土（砂浆）配合比。

② 计量：现场配备磅秤，对砂、石料进行准确计量。

③ 搅拌：用混凝土搅拌机进行强制搅拌，搅拌时间不小于 2min。

④ 基底处理：浇筑前用扫把，将整个基底扫一道水灰比 0.4～0.5 的素水泥浆结合层。

⑤ 浇筑混凝土（或水泥砂浆）地面：将搅拌好的混凝土（或水泥砂浆）按做好的厚度控制点摊在基层上，然后沿冲筋用刮杠摊平，用木抹子初次收平压实。

⑥ 表面搓毛：待混凝土（砂浆）初凝前，用木抹子搓压后，不平处用水泥砂浆找平；使垫层坚实、平整。同时取出木分格条。

⑦ 养护：等面层凝固后要及时洒水、喷水养护。

⑧ 做试件：每一检验批（检验批的划定见质量验收）留置一组试件，当一个检验批大于 1000m² 时，增加一组试件。

5）质量验收标准

质量验收按照《建筑地面工程施工质量验收规范》GB 50209—2010 中 4.8.1～4.8.10 相关条文执行❶。

（2）混凝土、水泥砂浆整体楼地面面层施工技术要求

1）基层要求

A 待混凝土垫层强度达到 1.2MPa 后，方可进行面层施工。

B 将垫层上的分隔缝用水泥砂浆填平。

C 找平做点：根据室内的 50 控制线，地面设计厚度，拉线用水泥砂浆做平面控制点贴饼、冲筋。

---

❶ GB 20209—2010 规范中含陶粒混凝土垫层技术要求和验收标准——编者注。

2）施工工艺

工艺流程：混凝土（砂浆）搅拌→基底处理→浇筑→压实→养护。

A 混凝土（砂浆）搅拌

a 配合比申请：由试验员将所有的水泥、砂、石等送往试验室，试验室通过对给定的原材料进行试配后，确定混凝土（砂浆）配合比。

b 计量：现场配备磅秤，对砂、石料进行准确计量。

B 搅拌：用混凝土搅拌机进行强制搅拌，搅拌时间不小于 2min。

C 基层清理：在基层上洒水湿润，不可有积水，然后刷一道界面剂。

D 浇筑混凝土（或水泥砂浆）地面：将搅拌好的混凝土（或水泥砂浆）按做好的厚度控制点摊在基层上，然后沿冲筋厚度用刮杠摊平，再用木抹子初次搓平压实。

E 表面压光：初次压光，待混凝土（砂浆）初凝前，表面先撒一层预拌好的比例为 1∶1 的水泥砂子灰，随后用木抹子搓压后，用铁抹子初次压光；混凝土（砂浆）表面收水后（人踩了有脚印，但不陷入时为宜），进行第二次压光，压光时用力均匀，将表面压实、压光，清除表面气泡、砂眼等缺陷。

F 养护、保护：等面层凝固后要及时洒水、喷水或撒锯末浇水养护 7d。

G 抹水泥砂浆踢脚：

a 当地面达到上人强度后，方可进行踢脚施工。

b 先在墙面上刷一道内掺建筑胶的水泥浆，然后抹 8mm 厚的 1∶3 的水泥砂浆，表面扫毛划出纹路，上口用尺杆修直。

c 待底层砂浆终凝后，再抹 6mm 厚的 1∶2.5 的面层水泥砂浆，表面用铁抹子压光。

H 做试件：每一检验批（检验批的划定见质量验收）留置一组试件，当一个检验批大于 1000m² 时，增加一组试件。

3）质量验收标准

质量验收按照《建筑地面工程施工质量验收规范》GB 50209—2010 中 5.1.1～5.4.14 相关条文执行。

（3）板块地面施工技术要求（地砖为例）

1）施工准备

① 材料

A 地砖：有出厂合格证及检测报告，品种规格及物理性能符合国家标准及设计要求，外观颜色一致，表面平整、边角整齐，无裂纹、缺棱掉角等缺陷。

B 水泥：硅酸盐水泥、普通硅酸盐水泥和矿渣水泥，其强度等级不应低于 32.5，严禁不同品种、不同强度等级的水泥混用。水泥进场应有产品合格证和出厂检验报告，进场后应进行取样复试。当对水泥质量有怀疑或水泥出厂超过三个月时，在使用前必须进行复试，并按复试结果使用。

C 白水泥：白色硅酸盐水泥，其强度等级不小于 32.5。其质量应符合现行国家标准的规定。

D 砂：中砂或粗砂，过 5mm 孔径筛子，其含泥量不大于 3%。

② 主要机具：砂搅拌机、台式砂轮锯、手提云石机、角磨机、橡皮锤、铁锹、手推

车、筛子、钢尺、直角尺、靠尺、水平尺等。

③ 作业条件

A　室内标高控制线已弹好，大面积施工时应增加测设标高控制桩点，并校核无误。

B　室内墙面抹灰已做完、门框安装完。

C　地面垫层及预埋在地面内的各种管线已做完，穿过楼面的套管已安装完，管洞已堵塞密实，并办理完隐检手续。

D　铺砖前应向操作人员进行安全技术交底。大面积施工前宜先做出样板间或样板块，经设计、监理、建设单位认定后，方可大面积施工。

2）操作工艺

工艺流程：基层处理→水泥砂浆找平层→测设十字控制线、标高线→排砖试铺→铺砖→养护→贴踢脚板面砖→勾缝。

① 基层处理：先把基层上的浮浆、落地灰、杂物等清理干净。

② 水泥砂浆找平层

A　冲筋：在清理好的基层上洒水湿润。依照标高控制线向下量至找平层上表面，拉水平线做灰饼。然后先在房间四周冲筋，再在中间每隔1.5m左右冲筋一道。有泛水的房间按设计要求的坡度找坡，冲筋宜朝地漏方向呈放射状。

B　抹找平层：冲筋后，及时清理冲筋剩余砂浆，再在冲筋之间铺装1∶3水泥砂浆，一般铺设厚度不小于20mm，将砂浆刮平、拍实、抹平整，同时检查其标高和泛水坡度是否正确，做好洒水养护。

③ 测设十字控制线、标高线：当找平层强度达到1.2MPa时，根据控制线和地砖面层设计标高，在四周墙面、柱面上，弹出面层上皮标高控制线。依照排砖图和地砖的留缝大小，在基层地面弹出十字控制线和分格线。

④ 排砖、试铺：排砖时，垂直于门口方向的地砖对称排列，当试排最后出现非整砖时，应将非整砖与一块整砖尺寸之和平分切割成两块大半砖，对称排在两边。与门口平行的方向，当门口是整砖时，最里侧的一块砖宜大于半砖，当不能满足时，将最里侧非整砖与门口整砖尺寸相加均分在门口和最里侧。根据施工大样图进行试铺，试铺无误后，进行正式铺贴。

⑤ 铺砖：先在两侧铺两条控制砖，依此拉线，再大面积铺贴。铺贴采用干硬性砂浆，其配比一般为1∶2.5～3.0（水泥∶砂）。根据砖的大小先铺一段砂浆，并找平拍实，将砖放置在干硬性水泥砂浆上，用橡皮锤将砖敲平后揭起，在干硬性水泥砂浆上浇适量素水泥浆，同时在砖背面刮聚合物水泥膏，再将砖重新铺放在干硬性水泥砂浆上，用橡皮锤按标高控制线、十字控制线和分格线敲压平整，然后向四周铺设，并随时用2m靠尺和水平尺检查，确保砖面平整，缝格顺直。

⑥ 养护：砖面层铺贴完24h内应进行洒水养护，夏季气温较高时，应在铺贴完12h后浇水养护并覆盖，养护时间不少于7d。

⑦ 贴踢脚板面砖：粘贴前砖要浸水阴干，墙面洒水湿润。铺贴时先在两端阴角处各贴一块，然后拉通线控制踢脚砖上口平直和出墙厚度。踢脚砖粘贴用1∶2聚合物水泥砂浆，将砂浆粘满砖背面并及时粘贴，随之将挤出的砂浆刮掉，面层清理干净。

⑧ 勾缝：当铺砖面层的砂浆强度达到 1.2MPa 时进行勾缝，用与铺贴砖面层的同品种、同强度等级的水泥或白水泥与矿物质颜料调成设计要求颜色的水泥膏或 1∶1 水泥砂浆进行勾缝，勾缝清晰、顺直、平整光滑、深浅一致，并低于砖面 0.5～1.0mm。

3）质量验收标准

① 主控项目

A　砖面层板块材料的品种、规格、颜色、质量必须符合设计要求。

检验方法：观察检查和检查产品型式检验报告以及出厂材质合格证明文件及检测报告。

B　面层所用板块产品进入现场时，应有放射性限量合格的检测报告。

C　面层与下一层的结合（粘结）应牢固，无空鼓。

检验方法：用小锤轻击检查。

② 一般项目

A　砖面层应洁净，图案清晰，色泽一致，接缝平整，深浅一致，周边顺直。地面砖无裂纹、无缺棱掉角等缺陷，套割粘贴严密、美观。

检验方法：观察检查。

B　地砖留缝宽度、深度、勾缝材料颜色均应符合设计要求及规范的有关规定。

检验方法：观察和用钢尺检查。

C　踢脚线表面应洁净，高度一致，结合牢固，出墙厚度一致。

检验方法：观察和用小锤轻击及钢尺检查。

D　楼梯踏步和台阶板块的缝隙宽度应一致，棱角整齐；楼层梯段相邻踏步高度差不大于 10mm；防滑条应顺直。

检验方法：观察和用钢尺检查。

E　地砖面层坡度应符合设计要求，不倒泛水，无积水；与地漏、管根结合处应严密牢固，无渗漏。

检验方法：观察、泼水或坡度尺及蓄水检查。

F　地砖面层的允许偏差和检查方法见表 2-34。

地砖面层允许偏差和检查方法　　　　　　　　表 2-34

项　　目	允许偏差（mm）	检验方法
表面平整度	2.0	用 2m 靠尺及楔形塞尺检查
缝格平直	3.0	拉 5m 线和用钢尺检查
接缝高低差	0.5	尺量及楔形塞尺检查
踢脚线上口平直	3.0	拉 5m 线，不足 5m 拉通线和尺量检查
板块间隙宽度	2.0	尺量检查

（4）板块地面施工技术要求（大理石、花岗石面层为例）

1）施工准备

① 材料

A　天然大理石

天然大理石的品质应采用优等品或一等品，规格按设计要求加工。其板材的平面度、角度及外观质量，应符合现行建筑材料规范规定。板材正面外观，应无裂纹、缺棱、掉角、色斑、砂眼等缺陷；其物理性能镜面光泽度应不低于 80 光泽单位或符合设计要求，并有产品出厂质量合格证和近期检测报告。

B　天然花岗石

天然花岗石其品质应选择优等品或一等品。规格按设计要求加工。其板材的平面度、角度及外观质量应符合设计要求和现行建筑材料规范规定。板材正面外观应无缺棱、缺角、裂纹、色斑、色线、坑窝等缺陷。并有产品出厂质量合格证和近期检测报告。

C　水泥、砂

水泥采用强度等级为 42.5 级的普通硅酸盐水泥；砂用中砂（细度模数 3.0～2.3）或粗砂（细度模数 3.7～3.1），过筛。

D　颜料

应根据设计要求，采用耐酸、耐碱的矿物颜料。

② 主要机具：手提式石材切割机（云石机）、手提式砂轮机、水准仪、橡皮锤、木拍板、木锤、棉纱、擦布、尼龙线、水平尺、方尺、靠尺。

③ 施工作业条件

A　楼（地）面构造层已验收合格。

B　沟槽、暗管等已安装并已验收合格。

C　门框已安装固定，其建筑标高、垂直度、平整度已验收合格。

D　设有坡度和地漏的地面，流水坡度符合设计要求。

E　房屋变形缝已处理好，首层外地面分仓缝已确定。

F　厕浴间防水层完工后，蓄水试验不渗不漏，已验收合格。

G　墙面＋50cm 基准线已弹好。

H　石材复验放射性指标限量符合室内环境污染控制规范规定。

2）操作工艺

① 基层处理

基层表面的垃圾、砂浆杂物应彻底清除，并冲洗干净。

② 弹控制线

A　根据墙面上＋50cm 基准线，在四周墙上弹楼（地）面建筑标高线，并测量房间的实际长、宽尺寸，按板块规格加灰缝（1mm），计算长、宽向应铺设板块数。

B　地面基层上弹通长框格板块标筋或十字通长板块标筋两种铺贴方法的控制线。弹线后，二者分别做结合层水泥找平小墩。

C　踢脚线按设计高度弹上口线：楼梯和台阶，按楼（地）地和休息平台的建筑标高线，从上下两头踏步起止端点，弹斜线作为分步标准。

③ 标筋

按控制线跟线铺一条宽于板块的湿砂带，拉建筑标高线，在砂带上按设计要求的颜色、花纹、图案、纹理编排板块，试排确定后，逐块编号，码放整齐。

试铺中，应根据排布编号的板块逐块铺贴。然后用木拍板和橡胶锤敲击平实。每铺一条，拉线严格检查板块的建筑标高、方正度、平整度、接缝高低差和缝隙宽度，经调整符合施工规范规定后作板块铺贴标筋，养护 1～2d，除去板块两侧的砂。

　　另一种"浇浆铺贴"法是砂带刮平，拍实后拉线试铺。如有高低，将板块掀起，高处将砂子铲平，低处添补砂子，找平拍实，反复试铺，直至板块表面达到平整、缝直。再将板块掀起，在砂带表面均匀的浇上素水泥浆；重新铺贴板块，用橡皮锤敲击，水平尺检验，使板块板面平整、密实。

　　④ 铺贴、养护、打蜡

　　铺贴前，板块应浸水、晾干，随即在基层上刷水泥素浆一道，摊铺水泥砂浆结合层，但厚度应比标筋砂浆提高 2mm，刮平、拍实，木抹子搓平。刷水泥素浆作粘结剂，按板块编号，在框格内镶贴。铺贴中如发现板面不平，应将板块掀起，用砂浆垫平，亦可采用垫砂浇浆铺贴法，施工方法同上述。铺完隔 24h 用 1∶1 的水泥砂浆灌缝，灌深为板厚的 2/3，表面用同板块颜色的水泥浆擦缝，再用干锯屑擦亮，并彻底清除粘滴在板面的砂浆，铺湿锯屑养护 3d，打蜡、擦光。

　　⑤ 踢脚线铺贴

　　铺踢脚线的墙、柱面湿水、刷素水泥浆一道，抹 1∶3 干硬性水泥砂浆结合层，表面划毛，待水泥砂浆终凝且有一定强度后，墙、柱面湿水，抹素水泥浆，将选定的踢脚线背面抹一层素水泥浆，跟线铺贴，接缝 1mm。用木锤垫木板轻轻敲击，使板块粘结牢固，拉通线校正平直度合格后，抹除板面上的余浆。

　　⑥ 楼梯踏步铺贴

　　楼梯踏步和台阶，跟线先抹踏步立面（踢板）的水泥砂浆结合层，但踢板可内倾，决不允许外倾。后抹踏步平面（踏板），并留出面层板块的厚度，每个踏步的几何尺寸必须符合设计要求。养护 1～2d 后在结合层上浇素水泥浆作粘结层，按先立面后平面的规则，拉斜线铺贴板块。

　　防滑条的位置距齿角 30mm，亦可经养护后锯割槽口嵌条。

　　踏步铺贴完工，铺设木板保护，7d 内准上人。

　　室外台阶踏步，每级踏步的平面，其板块的纵向和横向，应能排水，雨水不得积聚在踏步的平面上。

　　⑦ 踢脚线：先沿墙（柱）弹出墙（柱）厚度线，根据墙体冲筋和上口水平线，用 1∶2.5～3 的水泥砂浆（体积比）抹底、刮平、划纹，待干硬后，将已湿润晾干的板块背面抹上 2～3mm 素水泥浆跟线粘贴，并用木锤敲击，找平、找直，次日用同色水泥浆擦缝。

　　3）质量验收标准

　　① 主控项目

　　A　大理石、花岗石面层所用板块的品种、质量应符合设计要求和国家现行有关标准的规定。

　　检验方法：观察检查和检查材质合格记录。

　　B　大理石、花岗石面层所用板块进入现场时，应有放射性限量合格的检测报告。

　　C　面层与下一层应结合牢固，无空鼓。

　　检验方法：用小锤轻击检查（凡单块板块边角有局部空鼓，且每自然间（标准间）不超过总数的 5%可不计）。

② 一般项目

A　大理石、花岗石面层铺设前，板块的背后和侧面应进行防碱处理。

B　大理石、花岗石面层的表面应洁净、平整、无磨痕，且应图案清晰、色泽一致、接缝均匀、周边顺直，镶嵌正确、板块无裂纹、掉角、缺棱等缺陷。

检验方法：观察检查。

C　踢脚线表面应洁净，与柱、墙面的结合应牢固。踢脚线高度及出柱、墙厚度应符合设计要求，且均匀一致。

检验方法：观察和用小锤轻击及钢尺检查。

D　楼梯、台阶踏步的宽度、高度应符合设计要求。踏步板块的缝隙宽度应一致；楼层梯段相邻踏步高度差应不大于10mm；每踏步两端宽度差不应大于10mm，放置楼梯梯段的每踏步两端宽度的允许偏差不应大于5mm。踏步面层应做防滑处理，齿角应整齐，防滑条应顺直、牢固。

检验方法：观察和用钢尺检查。

E　面层表面的坡度应符合设计要求，不倒泛水，无积水；与地漏、管道结合处应严密牢固、无渗漏。

检验方法：观察、泼水或用坡度尺及蓄水检查。

F　大理石和花岗石面层（或碎拼大理石、碎拼花岗石）的允许偏差应符合表 2-35 的规定。

板块面层的允许偏差和检验方法 表 2-35

项　　目	允许偏差（mm）		检验方法
	大理石、花岗石面层	碎拼大理石、碎拼花岗石面层	
表面平整度	1.0	3.0	用 2m 靠尺和楔形塞尺检查
缝格平直	2.0	—	拉 5m 线和用钢尺检查
接缝高低差	0.5	—	用钢尺和楔形塞尺检查
踢脚线上口平直	1.0	1.0	拉 5m 线和用钢尺检查
板块间隙宽度	1.0	—	用钢尺检查

（5）实木地板面层施工技术要求

1）施工准备

① 材料

A　原材料主要有实木地板、胶粘剂、木方、胶合板、防潮垫。

B　实木地板面层所采用的材质和铺设时的木材含水率必须符合设计要求或不大于12％；木方、垫木及胶合板等必须做防腐、防白蚁、防火处理；胶合板甲醛释放量不大于1.5mg/L。

C　胶粘剂：按设计要求选用或使用地板厂家提供的专用胶粘剂，容器型胶粘剂总挥发性有机物不大于 750g/L，水基型胶粘剂总挥发性有机物不大于 50g/L。

D　原材料产品合格证及相关检验报告齐全。

② 主要机具：电锤、手枪钻、云石电锯机、曲线电锯、气泵、气枪、电刨、磨机、带式砂光机、手锯、刀锯、钢卷尺、角尺、锤子、斧子、扁凿、刨、钢锯。

③ 作业条件

A　材料检验已经完毕并符合要求。

B　实木地板面层下的各层做法及隐蔽工程已按设计要求施工并隐蔽验收合格。

C　施工前应做好水平标志，可采用竖尺、拉线、弹线等方法，以控制铺设的高度和厚度。

D　操作工人必须经专门培训，并经考核合格后方可上岗。

E　熟悉施工图纸，对作业人员进行技术交底。

F　作业时的施工条件（工序交叉、环境状况等）应满足施工质量可达到标准的要求。

a　地板施工前，应完成顶棚、墙面的各种湿作业，粉刷干燥程度到达80％以上，并已完成门窗和玻璃安装。

b　地板施工前，水暖管道、电气设备及其他室内固定设施应安装并油漆完毕。

2）操作工艺

工艺流程：

基层处理→弹控制线→安装木龙骨→做防蛀、防腐处理→基层板安装→木地板铺设→油漆→地脚线安装→验收。

① 技术交底：对施工技术要求、质量要求、职业安全、环境保护及应急措施等进行交底。

楼板基层要求平整，有凹凸处用铲刀铲平，并用水泥加108胶的灰浆（或用石膏粘结剂加砂）填实和刮平（其重量比是水泥：胶＝1：0.06）。待干后扫去表面浮灰和其他杂质，然后用拧干的湿拖布擦拭一遍。

在现场对实木地板进行挑选分堆。然后进行实木地板油底漆工作。精选时可分为二堆，即深色、浅色各为一堆，然后精选，即在深、浅色两堆中再选出木绞不一样的径切板和弦切板。然后根据各堆的数量，自行设计布置方案进行试铺，待方案经设计师或业主确认后开始铺设地板。

② 安装木龙骨

A　木龙骨基架截面尺寸、间距及稳固方法等均应符合设计要求。

B　木龙骨基架应做防火、防蛀、防腐处理，同时应选用烘干木方。

C　先在楼板上弹出各木龙骨基架的安装位置线（间距300mm或按设计要求）及标高，将木龙骨基架放平、放稳并找好标高，用膨胀螺栓和角码（角钢上钻孔）把木龙骨基架牢固固定在楼板基层上，木龙骨基架与楼板基层间缝隙应用干硬性砂浆（或垫木）填密实，接触部位刷防腐剂。当地板面层距离楼板高度大于250mm时，木龙骨基架之间增设剪刀撑，木龙骨基架跨度较大时，根据设计要求增设地垄墙、砖墩或钢构件。

D　木龙骨基架固定时不得损坏楼板基层及预埋管线，同时与墙之间应留出30mm的缝隙，表面应平整，当房间面积超过100m²或长边大于15m时应在木搁栅中预留伸缩缝，宽度为30～50mm。在木龙骨基架上铺设防潮膜，防潮膜接头应重叠200mm，四边往上弯。隐蔽验收合格后进入下道工序。

③ 铺设基层板：根据木龙骨基架模数和房间的情况，将木夹板下好料将木夹板牢固钉在木龙骨基架上，钉法采用直钉和斜钉混用，直钉钉帽不得突出板面。采用整张板时，

应在板上开槽，槽的深度为板厚的 1/3，方向与搁栅垂直，间距 200mm 左右。木夹板应错缝安装，每块木夹板接缝处应预留 3～5mm 间隙，同时木夹板长边方向与实木地板长边方向垂直，木夹板短边方向接缝与木搁栅预留伸缩缝错开。自检合格后进入下道工序。

④ 铺实木地板（素板）：从墙的一边开始铺钉企口实木地板，靠墙的一块离开墙面 10mm 左右，以后逐块排紧。不符合模数的板块，其不足部分在现场根据实际尺寸将板块切割后镶补，并应用胶粘剂加强固定。铺设实木地板应从房间内退着往外铺设。实木地板面层接头应按设计要求留置。当房间面积超过 100m² 或长边大于 15m 时应在实木地板中预留伸缩缝，宽度为 30～50mm，安装专用压条，位置按设计要求或与地板长边平行。

⑤ 刨平磨光：需要刨平磨光的地板应先粗刨后细刨，地板面层在刨平工序所刨去的厚度不宜大于 1.5mm，并应不显刨痕；面层平整后用砂带机磨光，手工磨光要求两遍，第一遍用 3 号粗砂纸磨光，第二遍用 0-1 号细砂纸磨光。

⑥ 铺实木地板（漆板）

A　从靠门边的墙面开始铺设，用木楔定位，伸缩缝留足 5～10mm。

B　地板槽口对墙，纵成榫接成排，随装随锤紧、务必第一排拉线找直，因墙不一定是直线，此时再调整木楔厚度尺寸。整个铺设时，榫槽处均不施胶粘结，完全靠榫槽企口啮合，榫槽加工公差要紧密，配合严密。最后一排地板不能窄于 5cm 宽度。其不足部分在现场根据实际尺寸将板块切割后镶补，并应用胶粘剂加强固定。若施工中发现某处缝隙过大，可用专用拉紧板钩抽紧。

C　实木地板面层接头应按设计要求留置。当房间面积超过 100m² 或长边大于 15m 时应在实木地板中预留伸缩缝，宽度为 30～50mm，安装专用压条，位置按设计要求或与地板长边平行。

⑦ 卫生间、厨房与地板连接处建议加防水胶隔离处理。

⑧ 在施工过程中，若遇到管道、柱脚等情况，应适当地进行开孔切割、施胶安装，还要保持适当的间隙。

⑨ 实木地板铺设完成后，经自检合格后进行收边压条及踢脚线安装。

3）质量验收标准

① 主控项目

A　实木地板、实木集成地板、竹地板面层采用的地板、铺设时的木（竹）材含水率、胶粘剂等应符合设计要求和国家现行有关标准的规定。

检验方法：观察检查和检查形式检验报告、出厂检验报告、出厂合格证。

B　实木地板、实木集成地板、竹地板面层采用的材料进入施工现场时，应有以下有害物质限量合格的检测报告：

a　地板中的游离甲醛（释放量或含量）。

b　溶剂型胶粘剂中的挥发性有机化合物（VOC）、苯、甲苯、二甲苯。

c　水性胶粘剂中的挥发性有机化合物（VOC）和游离甲醛。

检验方法：检查检测报告。

C　木搁栅、垫木和垫层地板等应做防腐、防蛀处理。

检验方法：观察检查和检查验收记录。

② 一般项目

A　实木地板面层应刨平磨光，无明显刨痕和毛刺等现象；图案清晰，颜色均匀一致。

检验方法：观察、手摸和脚踩检查。

B　面层缝隙应严密；接头位置应错开、表面应平整、洁净。

检验方法：观察检查。

C　拼花地板的接缝应对齐，粘、钉严密；缝隙宽度要均匀一致；表面洁净，胶粘无溢胶。

检验方法：观察检查。

D　踢脚线表面应光滑，接缝严密，高度一致。

检验方法：观察和钢尺检查。

E　实木地板面层的允许偏差和检验方法应符表 2-36 的规定。

实木地板面层的允许偏差和检验方法　　　　　　　　表 2-36

项次	项　　目	允许偏差（mm）				检 验 方 法
		实木地板面层			实木复合地板、中密度（强化）复合地板面层、竹地板面层	
		松木地板	硬木地板	拼花地板		
1	板面缝隙宽度	1.0	0.5	0.2	0.5	用钢尺检查
2	表面平整度	3.0	2.0	2.0	2.0	用 2m 靠尺和楔形塞尺检查
3	踢脚线上口平齐	3.0	3.0	3.0	3.0	拉 5m 通线，不足 5m 拉通线和用钢尺检查
4	板面拼缝平直	3.0	3.0	3.0	3.0	
5	相邻板材高差	0.5	0.5	0.5	0.5	用钢尺和楔形塞尺检查
6	踢脚线与面层的接缝	1.0				用楔形塞尺检查

11. 细部工程施工技术要求

（1）细部工程应对下列部位进行隐蔽工程验收：

1）预埋件（或后置埋件）。

2）护栏与预埋件的连接节点。

（2）护栏、扶手的技术要求

① 护栏高度、栏杆间距、安装位置必须符合设计要求。民用建筑护栏高度不应小于有关规范要求的数值，高层建筑的护栏高度应再适当提高，但不宜超过 1.20m；栏杆离地面或屋面 0.10m 高度内不应留空。

② 护栏玻璃应使用公称厚度不小于 12mm 的钢化玻璃或钢化夹层玻璃；当护栏一侧距楼地面高度为 5m 及以上时，应使用钢化夹层玻璃。

（3）橱柜制作与安装

橱柜制作所用材料应按设计要求进行防火、防腐和防虫处理。橱柜制作所采用的材料必须符合《民用建筑工程室内环境污染控制规范》GB 50325—2010 的规定。

1）工艺流程：选料与配料→刨料→划线→凿眼开榫→安装→收边和饰面。

2）质量控制与检验标准

① 橱柜制作与安装所用材料的材质和规格、木材的燃烧性能等级和含水率、花岗石的放射性及人造木板的甲醛含量应符合设计要求及国家现行标准的有关规定。

② 橱柜安装预埋件或后置埋件的数量、规格、位置应符合设计要求。

③ 橱柜的造型、尺寸、安装位置、制作和固定方法应符合设计要求。橱柜安装必须牢固。

④ 橱柜配件的品种、规格应符合设计要求。配件应齐全，安装应牢固。

⑤ 橱柜的抽屉和柜门应开关灵活、回位正确。

⑥ 橱柜表面应平整、洁净、色泽一致、不得有裂缝、翘曲及损坏。橱柜裁口应顺直、拼缝应严密。

⑦ 橱柜安装的允许偏差和检验方法应符合表 2-37 的规定。

橱柜安装的允许偏差和检验方法　　　　表 2-37

项　次	项　目	允许偏差（mm）	检验方法
1	外型尺寸	3	用钢尺检查
2	立面垂直度	2	用 1m 垂直检测尺检查
3	门与框架的平行度	2	用钢尺检查

（4）窗帘盒、窗台板和散热器罩制作与安装

1）工艺流程：

① 木窗帘盒、木窗台板：配料→基体处理→弹线→半成品加工→拼接组合→安装→整修刨光→饰面。

② 石材窗台板：弹线→基层处理→剔槽→粘贴。

③ 散热器罩：清理基层→制作安装木龙骨架→安装中密度基层板→粘贴饰面板→安装散热器罩。

2）质量控制与检验标准

① 窗帘盒、窗台板和散热器罩制作与安装所使用材料的材质和规格、木材的燃烧性能等级和含水率、花岗石的放射性及人造木板的甲醛含量应符合设计要求及国家现行标准的有关规定。

② 窗帘盒、窗台板和散热器罩的造型、规格、尺寸、安装位置和固定方法必须符合设计要求。窗帘盒、窗台板和散热器罩的安装必须牢固。

③ 窗帘盒配件的品种、规格应符合设计要求，安装应牢固。

④ 窗帘盒、窗台板和散热器罩表面应平整、洁净、线条顺直、接缝严密、色泽一致，不得有裂缝、翘曲及损坏。窗帘盒、窗台板和散热器罩与墙面、窗框的衔接应严密、密封胶缝应顺直、光滑。

⑤ 窗帘盒、窗台板和散热器罩安装的允许偏差和检验方法应符合表 2-38 的规定。

窗帘盒、窗台板和散热器罩安装的允许偏差和检验方法　　　　表 2-38

项　次	项　目	允许偏差（mm）	检 验 方 法
1	水平度	2	用1m水平尺和塞尺检查
2	上口、下口直线度	3	拉5m线，不足5m拉通线，用钢直尺检查
3	两端距窗洞口长度差	2	用钢直尺检查
4	两端出墙厚度差	3	用钢直尺检查

（5）门窗套制作与安装

1）工艺流程：

① 木门窗套：检查门窗洞口尺寸→制作安装木龙骨→安装基层板→装钉面板→钉收口实木压线→油漆饰面。

② 石材门窗套：基层处理、找规矩→基层抹灰→试拼→粘贴→勾缝→养护。

2）质量控制与检验标准

① 门窗套制作与安装所使用材料的材质、规格、花纹和颜色、木材的燃烧性能等级和含水率、花岗石的放射性及人造木板的甲醛含量应符合设计要求及国家现行标准的有关规定。

② 门窗套的造型、尺寸和固定方法应符合设计要求，安装应牢固。门窗套表面应平整、洁净、线条顺直、接缝严密、色泽一致，不得有裂缝、翘曲及损坏。

③ 门窗套安装的允许偏差和检验方法应符合表 2-39 的规定。

门窗套安装的允许偏差和检验方法　　　　表 2-39

项　次	项　目	允许偏差（mm）	检 验 方 法
1	正、侧面垂直度	3	用1m垂直检测尺检查
2	门窗套上口水平度	1	用1m水平检测尺和塞尺检查
3	门窗套上口直线度	3	拉5m线，不足5m拉通线，用钢直尺检查

（6）护栏与扶手制作与安装

1）工艺流程：配料→基体处理→弹线→半成品加工、拼接组合→安装。

2）质量控制与检验标准

① 护栏和扶手制作与安装所使用材料的材质、规格、数量和木材、塑料的燃烧性能等级应符合设计要求。

② 护栏和扶手的造型、尺寸及安装位置应符合设计要求。

③ 护栏和扶手安装预埋件的数量、规格、位置以及护栏与预埋件的连接节点应符合设计要求。

④ 护栏高度、栏杆间距、安装位置必须符合设计要求。护栏安装必须牢固。

⑤ 护栏玻璃应使用公称厚度不小于 12mm 的钢化玻璃或钢化夹层玻璃。当护栏一侧距楼地面高度为 5m 及以上时，应使用钢化夹层玻璃。

⑥ 护栏和扶手转角弧度应符合设计要求，接缝应严密，表面应光滑，色泽应一致，不得有裂缝、翘曲及损坏。

⑦ 护栏和扶手安装的允许偏差和检验方法应符合表 2-40 的规定。

护栏和扶手安装的允许偏差和检验方法

表 2-40

项　次	项　　目	允许偏差（mm）	检　验　方　法
1	护栏垂直度	3	用 1m 垂直检测尺检查
2	栏杆间距	3	用钢尺检查
3	扶手直线度	4	拉通线，用钢直尺检查
4	扶手高度	3	用钢尺检查

（7）花饰制作与安装

1）工艺流程：

① 混凝土花饰：基层处理→弹线→安装、校正、固定→整修清理。

② 木花饰：选料下料→刨面、做装饰线→开榫→做连接件、花饰→预埋铁件或留凹槽→安装花饰→表面装饰处理。

③ 金属饰品：金属饰品制作→安装→嵌密封胶→清洁整修。

④ 石膏饰品安装：基层处理→弹线→安装→校正固定→整修清理。

2）质量控制与检验标准

① 花饰制作与安装所使用材料的材质、规格应符合设计要求。

② 花饰的造型、尺寸应符合设计要求。花饰的安装位置和固定方法必须符合设计要求，安装必须牢固。

③ 花饰表面应洁净，接缝应严密吻合，不得有歪斜、裂缝、翘曲及损坏。

④ 花饰安装的允许偏差和检验方法应符合表 2-41 的规定。

花饰安装的允许偏差和检验方法

表 2-41

项　次	项　　目		允许偏差（mm）		检 验 方 法
			室内	室外	
1	条型花饰的水平度或垂直度	每米	1	2	拉线和用 1m 垂直检测尺检查
		全长	3	6	
2	单独花饰中心位置偏移		10	15	拉线和用钢直尺检查

12. 装饰装修水电工程施工技术要求

（1）卫生洁具安装

1）施工准备

① 材料

A　进入现场的卫生器具、配件必须具有中文质量合格证明文件、规格、型号及性能检测报告，应符合国家技术标准或设计要求。

B　所有卫生器具、配件进场时应对品种、规格、外观等进行验收。包装应完好，表面无划痕及外力冲击破损。

C　主要器具和设备必须有完整的安装使用说明书。

D　在运输、保管和施工过程中，应采取有效措施防止损坏或腐蚀。

② 主要机具：套丝机、砂轮切割机、角向砂轮切割机、手电钻、冲击电钻、打孔机、电烙铁、手锯、活动扳手、手锤、圆锉、水平尺、角尺、钢卷尺。

③ 作业条件

A 根据设计要求和土建确定的基准线，确定好卫生器具的标高。

B 所有与卫生器具连接的管道水压、灌水试验已完毕，并已办好隐蔽、预检手续。

C 浴盆安装应待土建做完防水层及保护层后，配合土建施工进行。

D 其他卫生器具安装应待室内装修基本完成后再进行安装。

E 蹲式大便器应在其台阶砌筑前安装，坐式大便器应在其台阶砌筑后安装。

2）操作工艺

工艺流程：施工准备→技术交底→材料验收→放线定位→安装→通满水试验→完工验收。

① 小便器安装

A 小便器上水管一般要求暗装，用角阀与小便器连接。

B 角阀出水口中心应对准小便器进出口中心。

C 配管前应在墙面上划出小便器安装中心线，根据设计高度确定位置，划出十字线，按小便器中心线打眼、楔入木针或塑料膨胀螺栓。

D 用木螺钉加尼龙垫圈轻轻将小便器拧靠在木砖上，不得偏斜、离斜。

E 小便器排水接口为承插口时，应用油腻子封闭。

② 大便器安装

A 大便器安装前，应根据房屋设计，划出安装十字线。设计上无规定时，蹲式大便器下水口中心距后墙面最小为：陶瓷水封 660mm，铸铁水封 620mm，左右居中。

B 坐式大便器安装前应用水泥砂浆找平，大便器接口填料应采用油腻子，并用带尼龙垫圈的木螺丝固定于预埋的木砖上。

C 高位水箱安装应以大便器进水口为准，找出中心线并划线，用带尼龙垫圈的木螺钉固定于预埋的木砖上。水箱拉链一般宜位于使用方向右侧。

D 蹲式大便器四周在打混凝土地面前，应抹一圈厚度为 3.5mm 麻刀灰，两侧砖挤牢固。

E 蹲式大便器水封上下口与大便器或管道连接处均应填塞油麻两圈，外部用油腻子或纸盘白灰填实密封。

F 安装完毕，应作好保护。

③ 洗脸盆（洗涤盆）安装

A 根据洗脸盆中心及洗脸盆安装高度划出十字线，将支架用带有钢垫圈的木螺钉固定在预埋的木砖上。

B 安装多组洗脸盆时，所有洗脸盆应在同一水平线上。

C 洗脸盆与排水栓连接处应用浸油石棉橡胶板密封。

D 洗涤盆下有地漏时，排水短管的下端，应距地漏不小于 100mm。

④ 浴盆（淋浴盆）安装

A 浴盆应平稳地安装在地面上，并具有 0.005 的坡度，坡向排水栓。

B 溢流管与排水栓应采用 φ50 管，并设有水封，与排水管道接通。

C 热水管道如暗配时，应将管道敷设保温层后埋入墙面。

D　淋浴器管道明装时，冷热水管间距一般为 180mm，管外表面距离墙面不小于 20mm。

⑤ 地漏安装

A　核对地面标高，按地面水平线采用 0.02 的坡度，再低 5～10mm 为地漏表面标高。

B　地漏安装后，用 1：2 水泥砂浆将其固定。

3）质量验收标准

① 主控项目

A　排水栓和地漏的安装应平正、牢固，低于排水表面，周边无渗漏，地漏水封高度不得小于 50mm。

B　卫生器具交工前应满水和通水试验。

检验方法：满水后各连接件不渗不漏；通水试验给、排水畅通。

② 一般项目

A　卫生器具安装的允许偏差符合表 2-42 的规定。

卫生器具安装的允许偏差和检验方法　　　　　　　　表 2-42

序　号	项　　目		允许偏差（mm）	检 验 方 法
1	坐标	单独器具	10	用拉线、吊线和尺量检查
		成排器具	5	
2	标高	单独器具	±10	
		成排器具	±5	
3	器具水平度		3	用水平尺和尺量检查
4	器具垂直度		3	用吊线和尺量检查

B　有饰面的浴盆，应留有通向浴盆排水口的检修门。

C　小便槽冲洗管，应采用镀锌钢管或硬质塑料管。冲洗孔应斜向下方安装，冲洗水流同墙面成 45°角。镀锌钢管钻孔后应进行二次镀锌。

检验方法：观察检查。

D　卫生器具的支、托架必须防腐良好，安装平整、牢固，与器具接触紧密、平稳。

检验方法：观察和手扳检查。

（2）给水管道及配件安装技术要求

1）工准备

① 材料

A　铸铁给水管及管件的规格应符合设计压力要求，管壁厚薄均匀，内外光滑整洁，不得有砂眼、裂纹、毛刺和疙瘩；承插口的内外径及管件造型规矩；有管内表面的防腐涂层应整洁均匀，附着牢固。

B　镀锌碳素钢管及管件规格种类应符合设计要求，管壁内外镀锌均匀，无锈蚀、飞刺。管件无偏扣、乱扣、丝扣不全或角度不准等现象。

C　水表规格应符合设计要求及供水公司确认，表壳铸造规矩，无砂眼、裂纹，表玻璃无损坏，铅封完整。

D 阀门规格型号符合设计要求，阀体铸造规矩，表面光洁、无裂纹，开关灵活、关闭严密，填料密封完好无渗漏，手轮完整、无损坏。

E 给水塑料管、复合管及管件应符合设计要求，管材和管件内外壁应光滑、平整、无裂纹、脱皮、气泡，无明显的痕迹、凹痕和严重的冷斑；管材轴向不得有扭曲或弯曲，其直线度偏差应小于1％，且色泽一致；管材端口必须垂直于轴线，并且平整；合模缝、浇口应平整，无开裂。管件应完整，无缺损、变形；管材和管件的壁厚偏差不得超过14％；管材的外径、壁厚及其公差应满足相应的技术要求。

F 铜及铜合金管、管件内外表面应光滑、清洁，不得有裂缝、起层、凹凸不平、绿锈等现象。

② 主要机具：套丝机、台钻、电焊机、切割机、煨弯机、试压泵、工作台、套丝板、管子压力钳、钢锯弓、割管器、电钻、电锤、热熔连接工具、管子钳、水准仪、水平尺、角尺、焊接检验尺、压力表等。

③ 作业条件

A 已经过必要的技术培训，技术交底、安全交底已进行完毕。

B 根据施工方案安排好现场的工作场地，加工车间库房。

C 配合土建施工进度做好各项预留孔洞、管槽的复核工作。

D 材料、设备确认合格，准备齐全，送到现场。

E 地下管道敷设必须在地沟土回填夯实或挖到管底标高、将管道敷设位置清理干净，管道穿楼板处已预留管洞或安装的套管，其洞口尺寸和套管规格符合要求，坐标、标高正确。

F 暗装管道应在地沟未盖沟盖或吊顶未封闭前进行安装，其型钢支架均应安装完毕并符合要求。

G 明装托、吊干管必须在安装层的结构顶板完成后进行。将沿管线安装位置的模板及杂物清理干净。每层均应有明确的标高线，暗装竖井管道，应把竖井内的模板及杂物清除干净，并有防坠落措施。

2）操作工艺

工艺流程：安装准备→支吊架制作安装→管道预制加工→干管安装→支管及配件安装→管道试压→管道防腐和保温→管道消毒冲洗。

① 安装准备

认真熟悉施工图纸，根据施工方案确定的施工方法和技术交底的具体措施做好准备工作。参看有关专业设备图和装饰施工图，核对各种管道的坐标、标高是否有交叉。管道排列所用空间是否合理。

② 管道支架制作安装

A 管道支架、支座的制作应按照图样要求进行施工，代用材料应取得设计者同意；支吊架的受力部件，如横梁、吊杆及螺栓等的规格应符合设计及有关技术标准的规定；管道支吊架、支座及零件的焊接应遵守结构件焊接工艺。

B 管道支吊架安装技术要求

管道支架的放线定位。首先根据设计要求定出固定支架和补偿器的位置；根据管道设计标高，把同一水平面直管段的两端支架位置画在墙上或柱上。根据两点间的距离和坡度大小，算出两点间的高度差，标在末端支架位置上；在两高差点拉一根直线，按照支架的间距在墙上或柱上标出每个支架位置。

C 支吊架安装的一般要求：支架横梁应牢固地固定在墙、柱或其他结构物上，横梁长度方向应水平。顶面应与管中心线平行；固定支架必须严格地安装在设计规定位置，并使管子牢固地固定在支架上。

D 管道支架安装方法：现场安装中，结合实际情况可用栽埋法、膨胀螺栓法、射钉法、预埋焊接法、抱柱法安装。

栽埋法：适用于墙上直形横梁的安装。

膨胀螺栓法：适用于角形横梁在墙上的安装。

射钉法：多用于角形横梁在混凝土结构上的安装。

预埋焊接法：在预埋的钢板上，弹上安装坡度线，作为焊接横梁的端面安装标高控制线，将横梁垂直焊在预埋钢板上，并使横梁端面与坡度线对齐，先点焊，校正后焊牢。

抱柱法：管道沿柱子安装时，可用抱柱法安装支架。

③ 预制加工

按设计图纸画出管道分路、管径、变径、预留管口、阀门位置等施工草图。在实际位置做上标记。按标记分段量出实际安装的准确尺寸，记录在施工草图上，然后按草图测得的尺寸预制加工，按管段及分组编号。

④ 干管安装

管道的连接方式有螺纹连接、承插连接、法兰连接、粘接、焊接、热熔连接。

⑤ 立管安装

A 立管明装：每层从上至下统一吊线安装卡件，将预制好的立管按编号分层排开，按顺序安装，对好调直时的印记，丝扣外露2至3扣，清除麻头，校核预留甩口的高度、方向是否正确。外露丝扣和镀锌层破损处刷好防锈漆。支管甩口均加好临时丝堵。立管阀门安装朝向应便于操作和修理。

B 立管暗装：竖井内立管安装的卡件宜在管井口设置型钢，上下统一吊线安装卡件。安装在墙面的立管应在结构施工中预留管槽，立管安装后吊直找正，用卡件固定。支管的甩口应露明并加好临时丝堵。

⑥ 支管安装

A 支管明装：将预制好的支管从立管甩口依次逐段进行安装，根据管道长度适当加好临时固定卡，核定不同卫生器具的冷热水预留口高度，上好临时丝堵。支管装有水表位置先装上连接管，试压后在交工前拆下连接管，换装水表。

B 支管暗装：确定支管高度后画线定位，剔出管槽，将预制好的支管敷在槽内，找平、找正定位后用勾钉固定。卫生器具的冷热水预留口要做在明处，加好丝堵。

⑦ 管道试压

铺设、暗装、保温的给水管道在隐蔽前做好单项水压试验。管道系统安装完后进行综合水压试验。水压试验时放净空气，充满水后进行加压，当压力升到规定要求时停止加压，进行检查。如各接口和阀门均无渗漏，持续到规定时间，观察其压力下降在允许范围内，通知有关人员验收，办理交接手续。

⑧ 管道冲洗

管道在试压完成后即可做冲洗，冲洗应用自来水连续进行，应保证有充足的流量。冲洗洁净后办理验收手续。

⑨ 管道防腐

给水管道铺设与安装的防腐均按设计要求及国家验收规范施工，所有型钢支架及管道镀锌层破损处和外露丝扣要补刷防锈漆。

⑩ 管道保温

给水管道明装、暗装的保温有三种形式：管道防冻保温、管道防热损失保温、管道防结露保温。其保温材质及厚度均按设计要求，质量达到国家验收规范标准。

3）质量验收标准

① 主控项目

A 室内给水管道的水压试验必须符合设计要求。当设计未注明时，各种材质的给水管道系统试验压力为工作压力的 1.5 倍，但不得小于 0.6MPa。

检验方法：金属及复合管给水管道系统在试验压力下观测 10min，压力降不应大于 0.02MPa，然后降到工作压力进行检查，应不渗、不漏；塑料管给水系统应在试验压力下稳压 1h，然后在工作压力的 1.15 倍下稳压 2h，压力降不得超过 0.03MPa，同时检查各连接处不得渗漏。

B 给水系统交付使用前必须进行通水试验并做好记录。

检验方法：观察和开启阀门、水嘴等放水。

C 生产给水系统管道在交付使用前必须冲洗和消毒，并经有关部门取样检验，符合国家《生活饮用水标准》方可使用。

检验方法：检查有关部门提供的检测报告。

D 室内直埋给水管道（塑料管道和复合管道除外）应做防腐处理。埋地管道防腐层材质和结构符合设计要求。

检验方法：观察或局部解剖检查。

② 一般项目

A 给水引入管与排水排出管的水平净距不得小于 1m。室内给水下排水管道平行敷设时，两管之间的最小净距不得小于 0.5m；交叉铺设时，垂直净距不得小于 0.15m。给水管应铺在排水管上面，若给水管必须铺在排水管的下面时，给水管应加套管，其长度不得小于排水管管径的 3 倍。

检验方法：尺量检查。

B 管道及管件焊接的焊缝表面质量应符合下列要求：

焊缝外形尺寸应符合图纸和工艺文件的规定，焊缝高度不得低于母材表面，焊缝与母材应圆滑过渡。

焊缝及热影响区表面无裂纹、未熔合、未焊透、夹碴、弧坑和气孔等缺陷。

检验方法：观察检查。

C 给水水平管道应有 2‰～5‰ 的坡度向泄水装置。

检验方法：水平尺和尺量检查。

D　给水管道和阀门安装允许偏差应符合表 2-43 规定。

管道及阀门安装的允许偏差和检验方法　　表 2-43

项　次	项　　目			允许偏差（mm）	检　验　方　法
1	水平管道纵横方向弯曲	无缝钢管铜管	每 1m 全长 25m 以上	1 ≯25	用水平尺、直尺、拉线和尺量检查
		塑料管复合管	每 1m 全长 25m 以上	1 ≯25	
		铸铁管	每 1m 全长 25m 以上	2 ≯25	
2	立管垂直度	镀锌铜管	每 1m 全长 5m 以上	3 ≯8	吊线和尺量检查
		塑料管复合管	每 1m 全长 5m 以上	2 ≯8	
		铸铁管	每 1m 全长 5m 以上	3 ≯10	
3	成排管段和成排阀门	在同一平面上间距		3	尺量检查

E　管道的支、吊架安装应平整牢固，其间距应符合《建筑给水排水及采暖工程施工质量验收规范》GB 50242—2008 规定。

检验方法：观察、尺量及手扳检查。

F　水表应安装在便于检修、不受曝晒、污染和冻结的地方。安装螺翼式水表，表前与阀门应有不小于 8 倍水表接口直径的直线管段。表外壳距墙表面净距为 10～30mm；水表进水口中心标高按设计要求，允许偏差为 ±10mm。

检验方法：观察和尺量检查。

（3）室内排水管道及配件安装施工技术要求

1）施工准备

① 材料

A　铸铁排水管及管件应符合设计要求，有出厂合格证。

B　塑料排水管内外表层应光滑，无气泡、裂纹，管壁厚薄均匀，色泽一致。直管段挠度≯1％。管件造型应规矩、光滑，无毛刺。承口应有锥度，并与插口配套。并有出厂合格证及产品说明书。

C　镀锌钢管及管件管壁内外镀锌均匀，无锈蚀，内壁无飞刺，管件无偏扣、乱扣、方扣、丝扣不全等现象。

D　接口材料：水泥、石棉、膨胀水泥、油麻、塑料粘结剂、胶圈、塑料焊条、碳钢焊条等。接口材料应有相应的出厂合格证、材质证明书、复验单等资料，管道材质按设计采用。

E　防腐材料：沥青、汽油、防锈漆、沥青漆等应按设计选用。

② 主要机具：套丝机、电焊机、台钻、冲击钻、电锤、砂轮机、手锤、手锯、断管

器、錾子、台虎钳、管钳。

③ 作业条件

A 土建基础工程基本完成，管沟已按图纸要求挖好，其位置、标高、坡度经检查符合工艺要求。

B 沟基作了相应处理并已达到施工要求强度。

C 基础及过墙穿管的孔洞已按图纸位置、标高和尺寸预留好。

D 楼层内排水管道的安装，应与结构施工隔开 1～2 层，且管道穿越结构部位的孔洞已预留完毕。

E 室内模板及杂物清除后，室内弹出房间尺寸线及准确的水平线。

F 暗装管道（包括设备层、竖井、吊顶内的管道）首先应核对各种管道的标高、坐标的排列有无矛盾。预留孔洞、预埋件已配合完成。土建模板已拆除，操作场地清理干净，安装高度超过 3.5m 应搭好架子。

2）操作工艺

工艺流程：安装准备→预制加工→支架安装→干管安装→立管安装→支管安装→封口堵洞→闭水实验。

① 铸铁排水管安装

A 干管安装：管道铺设安装

在挖好的管沟底用土回填到管底标高处铺设管道时，应将预制好的管段按照承口朝来水方向，由出水口处向室内顺序排列。挖好捻灰口用的工作坑，将预制好的管段徐徐放入管沟内，封闭堵严总出水口，做好临时支撑，按施工图纸的坐标、标高找好位置和坡度，以及各预留管口的方向和中心线，将管段承插口相连。

在管沟内捻灰口前，先将管道调直、找正，用麻钎或薄捻凿将承插口缝隙找均匀，把麻打实，校直、校正，管道两侧用土培好，以防捻灰口时管道移位。

将水灰比为 1∶9 的水泥捻口灰拌好后装在灰盘内放在承插口下部，人跨在管道上一手填灰一手用捻凿捣实，添满后用手锤打，再填再打，将灰口打满打平为止。

捻好的灰口，用湿麻绳缠好养护或回填湿润细土掩盖养护。

管道系统经隐蔽验收合格后，临时封堵各预留管口，配合土建填堵孔洞，按规定回填土。

B 托、吊管道安装

安装托、吊干管要先搭设架子，按托架按设计坡度栽好吊卡，量准吊杆尺寸，将预制好的管道托、吊牢固，并将立管预留口位置及首层卫生洁具的排水预留管口，按室内地平线、坐标位置及轴线找好尺寸，接至规定高度，将预留管口临时封堵。

C 立管安装

根据施工图校对预留管洞尺寸有无差错。立管检查口设置按设计要求。立管安装完毕后，配合土建用不低于楼板标号的混凝土将洞灌满堵实，并拆除临时固定。高层建筑或管井内，应按照设计要求设置固定支架，同时检查支架及管卡是否全部安装完毕并固定。

高层建筑管道立管应严格按设计装设补偿装置。

D 支管安装

支管安装应先搭好架子，将吊架按设计坡度安装好，复核吊杆尺寸及管线坡度，将预制好的管道托到管架上，再将支管插入立管预留口的承口内，固定好支管，然后打麻捻灰。

支管设在吊顶内，末端有清扫口者，应将清扫口接到上层地面上，便于清掏。

支管安装完后，可将卫生洁具或设备的预留管安装到位，找准尺寸并配合土建将楼板孔洞堵严，将预留管口临时封堵。

E　灌水试验

对标高低于各层地面的所有管口，接临时短管直至某层地面上。

通向室外的排水管管口，用大于或等于管径的橡胶堵管管胆，放进管口充气堵严。灌一层立管和地下管道时，用堵管管胆从一层立管检查口将上部管道堵严，再灌上层时，依次类推，按上述方法进行。

用胶管从便于检查的管口向管道内灌水。

灌水试验合格后，从室外排水口放净管内存水。拆除灌水试验临时接的短管，恢复各管口原标高。用木塞、草绳等将管口临时堵塞封闭严密。

② 塑料排水管安装

A　预制加工：根据图纸要求并结合实际情况，按预留口位置测量尺寸，绘制加工草图，根据草图量好管道尺寸，进行断管。粘接前应对承插口先插入实验，试插合格后，用棉布将承插口须粘接部位的水分、灰尘擦拭干净。用毛刷涂抹粘接剂，先涂抹承口后涂抹插口，随后用力垂直插入，插入粘接时将插口稍作转动，以利粘接剂分布均匀，约30s～1min可粘接牢固，粘牢后立即将溢出的粘接剂擦拭干净。

B　干管安装：首先根据设计图纸要求的坐标标高预留槽洞或预埋套管。埋入地下时，按设计坐标、标高、坡向、坡度开挖槽沟并夯实。条件具备时，将预制加工好的管段，按编号运至安装部位进行安装。各管段粘连时也必须按粘接工艺依次进行。干管安装完后应做闭水试验。地下埋设管道应先用细砂回填至管上皮100mm，上覆过筛土，夯实时勿碰损管道。最后将预留口封严的堵洞。

C　立管安装：首先按设计坐标要求，将洞口预留或后剔，将已预制好的立管运到安装部位。首先清理已预留的伸缩节，将锁母拧下，取出U型橡胶圈，清理杂物。复查上层洞口是否合适。立管插入端应先划好插入长度标记，然后涂上肥皂液，套上锁母及U形橡胶圈。安装时先将立管上端伸入上一层洞口内，垂直用力插入至标记为止（一般预留胀缩量为20～30mm）。合适后即用自制U型钢制抱卡紧固于伸缩节上沿。然后找正找直，并测量顶板距三通口中心是否符合要求。

D　支管安装：首先剔出吊卡孔洞或复查预埋件是否合适。将支管水平初步吊起，涂抹粘接剂，用力推入预留管口。根据管段长度调整好坡度。合适后固定卡架，封闭各预留管口和堵洞。

E　器具连接管安装：核查建筑物地面和墙面做法、厚度。找出预留口坐标、标高。然后按准确尺寸修整预留洞口。分部位实测尺寸做记录，并预制加工、编号。安装粘接时，必须将预留管口清理干净，再进行粘接。粘牢后找正、找直，封闭管口和堵洞。打开下一层立管扫除口，用充气橡胶堵封闭上部，进行闭水试验。合格后，撤去橡胶堵，封好扫除口。

F　排水管道安装后，按规定要求必须进行闭水试验。凡属蔽暗装管道必须按分项工序进行。卫生洁具及设备安装后，必须进行通水试验，且应在油漆粉刷最后一道工序前进行。

3）质量验收标准

① 主控项目

A　隐蔽或埋地的排水管道在隐蔽前必须做灌水试验，其灌水高度应不低于底层卫生器具的上边缘或底层地面高度。

检验方法：满水 15min 水面下降后，再灌满观察 5min，液面不下降，管道及接口无渗漏为合格。

B　生活污水铸铁管道的坡度必须符合设计或表 2-44 的规定。

生活污水铸铁管道的坡度　　　　　表 2-44

项　　次	管径（mm）	标准坡度（‰）	最小坡度（‰）
1	50	35	25
2	75	25	15
3	100	20	12
4	125	15	10
5	150	10	7
6	200	8	5

检验方法：水平尺、拉线尺量检查。

C　生活污水塑料管道的坡度必须符合设计或表 2-45 的规定。

生活污水塑料管道的坡度　　　　　表 2-45

项　　次	管径（mm）	标准坡度（‰）	最小坡度（‰）
1	50	25	12
2	75	15	8
3	110	12	6
4	125	10	5
5	160	7	4

检验方法：水平尺、拉线尺量检查。

D　排水塑料管必须按设计要求及位置装设伸缩节。如设计无要求时，伸缩节间距不得大于 4m。

E　高层建筑中明设排水塑料管道应按设计要求设置阻火圈或防火套管。

检验方法：观察检查。

F　排水主立管及水平干管管道均应做通球试验，通球径不小于排水管道管径的 2/3，通球率必须达到 100％。

检验方法：通球检查。

② 一般项目

A　在生活污水管道上设置的检查口或清扫口，当设计无要求时应符合下列规定：

在立管上应每隔一层设置一个检查口，但在最底层和有卫生器具的最高层必须设置。

如为两层建筑时，可仅在底层设置立管检查口；如有乙字弯管时，则在该层乙字弯管的上部设置检查口。检查口中心高度距操作地面一般为1m，允许偏差±20mm；检查口的朝向应便于检修。暗装立管，在检查口处应安装检修门。

在连接2个及2个以上大便器或3个及3个以上卫生器具的污水横管上应设置清扫口。当污水管在楼板下悬吊敷设时，可将清扫口设在上一层楼地面上，污水管起点清扫口与管道相垂直的墙面距离不得小于200mm；若污水管起点设置堵头代替清扫口时，与墙面距离不得小于400mm。

在转角小于135°的污水横管上，应设置检查口或清扫口。

污水横管的直线管段，应按设计要求的距离设置检查口或清扫口。

检验方法：观察和尺量检查。

B 埋在地下或地板下的排水管道的检查口，应设在检查井内。井底表面标高与检查口的法兰相平，井底表面应有5%的坡度，坡向检查口。

检验方法：尺量检查。

C 金属排水管道上的吊钩或卡箍应固定在承重结构上。固定件间距：横管不大于2m；立管不大于3m。楼层高度小于或等于4m，立管可安装一个固定件。立管底部的弯管处应设支墩或采取固定措施。

检验方法：观察和尺量检查。

D 排水塑料管道支吊架间距应符合表2-46的规定。

排水塑料管道支吊架间距（单位：m）　　　　　　　　表2-46

管径（mm）	50	75	110	125	160
立管	1.2	1.5	2.0	2.0	2.0
横管	0.5	0.75	1.10	1.3	1.6

检验方法：观察和尺量检查。

E 排水通气管不得与风道或烟道连接，且应符合下列规定：

通气管应高出屋面300mm，但必须大于最大积雪厚度。在通气管出口4m以内有门、窗时，通气管应高出门、窗顶600mm或引向无门、窗一侧。在经常有人停留的平屋顶上，通气管应高出屋面2m，并应根据防雷要求设置防雷装置。屋顶有隔热层应从隔热层板面算起。

检验方法：观察和尺量检查。

F 安装未经消毒处理的医院含菌污水管道，不得与其他排水管道直接连接。

检验方法：观察检查。

G 饮食业工艺设备引出的排水管及饮用水水箱的溢流管，不得与污水管道直接连接。并应留出不小于100mm的隔断空间。

检验方法：观察和尺量检查。

H 通向室外的排水管，穿过墙壁或基础必须下返时，应采用45°三通和45°弯头连接，并应在垂直管段顶部设置清扫口。

检验方法：观察和尺量检查。

I　由室内通向室外排水检查井的排水管，井内引入管应高于排出管或两管顶相平，并有不小于 90°的水流转角，如跌落差大于 300mm 可不受角度限制。

检验方法：观察和尺量检查。

J　用于室内排水的水平管道与水平管道、水平管道与立管的连接，应采用 45°三通和 45°四通和 90°斜三通或 90°斜四通。立管与排出管端部的连接，应采用两个 45°弯头或曲率半径不小于 4 倍管径的 90°弯头。

检验方法：观察和尺量检查。

K　室内排水和雨水管道安装的允许偏差应符合表 2-47 的相关规定。

室内排水和雨水管道安装的允许偏差检验方法　　　　　　　　表 2-47

项次	项　　目			允许偏差（mm）	检验方法
1	坐标			15	
2	标高			±15	
3	横管纵横方向弯曲	铸铁管	每 1m	≯1	用水准仪（水平尺）、直尺、接线和尺量检查
			全长（25m 以上）	≯25	
		钢管	每 1m　管径小于或等于 100mm	1	
			每 1m　管径大于 100mm	1.5	
			全长（25m 以上）　管径小于或等于 100mm	≯25	
			全长（25m 以上）　管径大于 100mm	≯38	
		塑料管	每 1m	1.5	
			全长（25m 以上）	≯38	
		钢筋混凝土管、混凝土管	每 1m	3	
			全长（25m 以上）	≯75	
4	立管垂直度	铸铁管	每 1m	3	吊线和尺量检查
			全长（5m 以上）	≯15	
		钢管	每 1m	3	
			全长（5m 以上）	≯10	
		塑料管	每 1m	3	
			全长（5m 以上）	≯15	

（4）室内电气系统金属线槽敷设及其配线工程施工技术要求

1）施工准备

① 材料

A　金属线槽及附件：线槽采用镀锌定型产品。内外镀层表面光滑平整无棱刺，无扭折、弯曲、翘边等变形现象。型号规格符合设计要求，并有产品合格证和出厂检测报告。

B　绝缘线缆：线缆的型号、规格必须符合设计要求，并有产品合格证、产品检测报告，"CCC"认证标识。线缆进场时要检验其材质和标识。

C　套管、接线端子（接线鼻子）：应采用与导线的材质相同、与导线截面及根数相适应的产品，并有产品合格证。

D　LC 安全型压线帽：型号、规格应符合要求且有产品合格证。

② 主要机具：锡锅、喷灯、电工组合工具、手电钻、冲击钻、卷尺、线坠、兆欧表、万用表等。

③ 作业条件

A 土建的结构施工，预留孔洞、预埋铁和预埋吊杆、吊架等全部完成。

B 土建湿作业全部完成。

C 地面线槽安装要在土建地面施工过程中进行。

D 施工前应组织参施人员熟悉图纸、方案，并进行安全、技术交底。

2）操作工艺

工艺流程：预留孔洞→测量定位→支、吊架制作及安装（钢结构支、吊架安装；地面线槽调节支架安装）→线槽安装→保护地线安装→槽内配线→线路绝缘摇测→导线连接。

① 预留孔洞：随着土建结构施工，将预制好的模具，固定在线槽穿墙、板的准确位置处，土建拆模后，取下模具，收好孔洞口。

② 测量定位：根据施工图确定箱、柜的安装位置，按着主线槽与支线槽的顺序沿线路的走向弹出固定点的准确位置。

③ 支、吊架制作及安装

A 支、吊架制作：预制加工支、吊架一般使用扁钢、角钢及圆钢，其规格应符合要求，型钢应平直，无显著变形，采用镀锌产品或进行防腐处理。

B 支、吊架安装

预埋安装：在土建结构钢筋配筋的同时，将预制好的支、吊架，采用绑扎的方法固定在预先标出的固定位置上；也可采用预埋铁的方法，将钢板平面向下用圆钢锚固在钢筋网上，模板拆除后，清理露出预埋铁，将已制成的支、吊架焊在预埋铁上固定。

用金属膨胀螺栓安装：按着弹线定位标出的固定点位置及支、吊架承受的荷载。选择相应的金属膨胀螺栓及钻头进行钻孔，然后将螺栓敲进洞内，配上相应的螺母、垫圈将支、吊架固定在金属膨胀螺栓上。

安装要求：

a 支、吊架安装应牢固，横平竖直；在有坡度的建筑物上安装应与建筑物保持相同坡度。

b 支、吊架焊接应牢固，无变形，焊缝均匀，焊渣清理干净。

c 固定点间距不应大于 2m，距离楼顶板不应小于 200mm。

d 不得在空心砖墙和陶粒混凝土砌块等轻型墙体上使用金属膨胀螺栓。

e 轻钢龙骨吊顶内敷设线槽应单独设置吊具，吊杆直径不小于 8mm。

C 钢结构支、吊架安装：可将支架或吊架直接卡固在钢结构上，也可利用万能吊具进行安装。

D 地面线槽调节支架安装：配合土建地面工程施工，地面抄平后，再测定固定位置。依据面层厚度，固定好调节支架，以确保各支架在同一平面上，且出线口与地面平齐。

E 线槽安装要求

a 线槽与线槽应采用连接板进行连接，紧固螺母要加平垫、弹簧垫。拉茬处应严密平整。

b 线槽进行交叉、转弯及分支时，应采用专用连接件进行变通连接，线槽终端加封堵。

c 线槽通过钢管引入或引出导线时，线槽内外要加锁母固定钢管。

d 建筑物的表面如有坡度时，线槽应随其坡度变化。待线槽全部敷设完毕后，应在配线之前进行调整检查。

e 线槽安装应平整，无扭曲变形，内壁无毛刺，各种附件齐全。

f 在无法上人的吊顶内敷设线槽时，吊顶应留有检修孔。

g 穿过墙壁的线槽四周应留出 50mm 的距离，并用防火枕进行封堵。

h 线槽的所有非导电部分的铁件均相互连接和跨接，使之成为一连续导体，并做好整体接地。

i 线槽经过建筑物的变形缝（伸缩缝、沉降缝）时，线槽本身应断开，线槽内用内连接板搭接，不需固定。保护地线和槽内导线均应留有补偿余量。

F 吊装金属线槽安装要求

万能性吊具一般应用在钢结构中，可预先将吊具、卡具、吊杆、吊装器组装成一整体，在标出的固定点位置处进行吊装，逐件的将吊装卡具压接在钢结构上，将顶丝拧牢。

G 地面金属线槽安装

a 应及时根据弹线确定的位置，将地面金属线槽放在支架上，然后进行线槽连接，并接好出线口。

b 地面线槽及附件全部上好后，再进行一次系统调整，主要根据地面厚度，仔细调整线槽干线，分支线，分线盒接头，转弯、转角、出口等处，水平调试要求与地面平齐，将各种盒盖盖好封堵严实，以防止水泥砂浆进入。

H 保护地线安装

保护地线应敷设在明显处，非镀锌线槽连接板的两端需跨接地线，跨接地线可采用铜编织带或不小于 6mm² 的塑铜软线。

镀锌线槽在连接板的两端可不跨接地线，但连接板两端需用不少于 2 个防松螺栓固定。金属线槽的宽度在 100mm 及以内时，连接板两端螺丝固定点不少于 4 个；金属线槽的宽度在 200mm 及以上时，连接板两端螺丝固定点不少于 6 个。

I 槽内配线要求

a 线槽内，导线面积总和（包括绝缘在内）不应超过线槽截面积的 40%。

b 沿线槽垂直配线时，应将导线固定在线槽底板上，防止导线下坠。

c 不同电压、不同回路、不同频率的导线应加隔板放在同一线槽内，但下列情况时可直接放在同一线槽内：电压在 65V 及以下；同一设备的动力和控制回路；照明花灯的所有回路；三相四线制的照明回路。

d 导线较多时，可利用导线绝缘层颜色区分相序，也可利用在导线端头和转弯处做标记的方法区分相序。

e 线槽在穿越建筑物的变形缝时导线应留有补偿余量。

f 电线在线槽内有一定余量，不得有接头。电线按回路编号分段绑扎，绑扎点间距不应大于 2m。

g　同一回路的相线和零线，应敷设于同一金属线槽内。

h　同一电源的不同回路无抗干扰要求的线路可敷设于同一线槽内；敷设于同一线槽内有抗干扰要求的线路用隔板隔离，或采用屏蔽电线且屏蔽护套一端接地。

i　接线盒内的导线预留长度不应超过 150mm，盘、箱内的导线预留长度应为其周长的 1/2。

J　导线连接：导线连接处应保证其接触电阻最小，机械强度和绝缘强度不降低。

K　导线敷设完后，应进行线路绝缘检测。

3）质量验收标准

① 主控项目

A　金属线槽必须接地（PE）或接零（PEN）可靠，并符合下列规定：

B　金属线槽不得熔焊跨接接地线，应采用铜芯软导线压接，导线截面积不小于 $6mm^2$。

C　金属线槽不作设备的接地导体，当设计无要求时，金属线槽全长不少于 2 处与接地（PE）或接零（PEN）干线连接。

D　非镀锌金属线槽间连接板的两端跨接铜芯接地线，镀锌线槽间连接板的两端不跨接接地线，但连接板两端不少于 2 个有防松螺帽或防松垫圈的连接固定螺栓。

E　导线及金属线槽的规格必须符合设计要求和有关规范规定。

F　导线之间和导线对地之间的绝缘电阻值必须大于 $0.5M\Omega$。

② 一般项目

A　线槽应安装牢固，无扭曲变形，紧固件的螺母应在线槽外侧。

B　线槽在建筑物变形缝处，应设补偿装置。

C　当采用多相供电时，同一建筑物、构筑物的电线绝缘层颜色选择应一致，即保护地线（PE 线）应是黄绿相间色，零线用淡蓝色；相线用：A 相—黄色、B 相—绿色、C 相—红色。

D　线槽应紧贴建筑物表面，固定牢靠，横平竖直，布置合理，盖板无翘角，接口严密整齐。

E　线槽水平或垂直敷设时的平直度和垂直度允许偏差不应超过全长的 5‰。

（5）室内电气系统管内绝缘导线敷设及连接工程施工技术要求

1）施工准备

① 材料

A　绝缘导线：导线的型号、规格必须符合设计要求，并有产品出厂合格证和产品质量检测报告，"CCC" 认证标识。

B　护口：应采用阻燃型护口，质量应符合要求。

C　LC 型压线帽、接线端子（接线鼻子）：接线端子（接线鼻子）应根据导线的截面选择相应的规格，并有产品合格证；LC 型压线帽适用于铜导线 $1mm^2$ 至 $4mm^2$ 接头压接，分为黄、白、红三种颜色，可根据导线截面和根数选择使用，应具有阻燃性能。

② 主要机具：扁锉、圆锉、压线钳、剥线钳、放线架、放线车、万用表、兆欧表、锡锅、电烙铁等。

③ 作业条件

A　配管工程已施工完毕。

B　土建初装完毕。

C　施工前应组织参施人员熟悉图纸、方案，并进行安全、技术交底。

2）操作工艺

工艺流程：选配导线→扫管→穿带线（管口带护口）→放线与断线→管内穿线→导线连接→导线接头包扎→线路检查及绝缘摇测。

① 选配导线

A　根据施工图要求选配导线。

B　绝缘导线的额定电压不低于 500V。

C　导线必须分色。在线管出口处至配电箱、盘总开关的一段干线回路及各用电支路均应按色标要求分色，A 相为黄，B 相为绿，C 相为红色，N（中性线）为淡蓝色，PE（保护线）为绿/黄双色。

② 扫管：首先将扫管带线穿入管中，再将布条绑扎牢固在带线上，通过来回拉动带线，直至将管内灰尘、泥水等杂物清理干净。

③ 穿带线

采用足够强度的铁丝。先将其一端弯成圆圈状的回头弯，然后穿入管路内。在管路的两端均应留有足够的余量。

管口带护口：穿带线完成后，管口应带护口保护，护口规格应选择与管径配套，并做到不脱落。

④ 放线与断线

放线：放线时导线应置于放线架或放线车上，放线避免出现死扣和背花。

断线：

A　导线在接线盒、开关盒、灯头盒等盒内应预留 140～160mm 的余量。

B　导线在配电箱内应预留约相当于配电箱箱体周长一半的长度作余量。

C　公用导线（如竖井内的干线）在分支处不断线时，宜用专用绝缘接线卡卡接。

⑤ 管内穿线

A　穿线前应首先检查各个管口，以保证护口齐全，无遗漏、破损。

B　穿线时应符合下列规定：

a　同一交流回路的导线必须穿于同一管内。

b　不同回路、不同电压等级和不同电流种类的导线，不得同管敷设，下列除外：

电压为 50V 以下的回路。

同一设备的电源线路和无防干扰要求的控制线路。

同一花灯的多个分支回路。

同类照明的多个分支回路，但管内的导线总数不应超过 8 根。

C　导线在管内不得有接头和扭结。

D　管内导线包括绝缘层在内的总截面积应不大于管内截面积的 40%。

E　导线经变形缝处应留有一定的余度。

F　敷设于垂直管路中的导线，当超过下列长度时，应加接线盒固定。

截面 50mm² 及以下的导线：30m。

截面 70mm²～95mm² 的导线：20m。

截面 185mm²～240mm² 的导线：18m。

G　不进入接线盒（箱）的垂直向上管口，穿入导线后应将管口密封。

⑥　导线连接

A　剥削绝缘

单层剥法：一般适用于单层绝缘导线，应使用剥线钳剥削绝缘层，不允许使用电工刀转圈剥削绝缘层。

分段剥法：一般适用于多层绝缘导线，加编织橡皮绝缘导线，用电工刀先削去外层编织，并留有约 15mm 的绝缘台，线芯长度随接线方法和要求的机械强度而定。

斜削法：用电工刀以 45°角倾斜切入绝缘层，当切近线芯时就应停止用力，接着应使刀面的倾斜角度改为 15°左右，沿着线芯表面向前头端部推出，然后把残存的绝缘层剥离线芯，用刀口插入背部以 45°角削断。

B　单芯铜导线的直线连接

自缠法：适用于 4mm² 及以下的单芯线连接。将两线芯互相交叉，互绞三圈后，将两线端分别在另一个芯线上密绕不少于 5 圈，剪掉余头，线芯紧贴导线。

绑扎法：截面较大单股导线多用绑扎法，在两根连接导线中间加一根相同直径的辅助线，然后用 1.5mm² 的裸铜线作为绑线，从中间向两边缠绕，长度为导线直径的 10 倍。然后将两线芯端头折回，单缠 5 圈与辅助线捻绞 2 圈，余线剪掉。

C　单芯铜导线的分支连接

自缠法：适用于 4mm² 以下的单芯线。用分支线路的导线在干线上紧密缠绕 5 圈，缠绕完后，剪掉余线。

绑扎法：适用于 6mm² 及以上的单芯线的分支连接，将分支线折成 90°，紧靠干线，用同材质导线缠绕，其长度为导线直径的 10 倍，将分支线折回，单卷缠绕 5 圈后和分支线绞在一起，剪断余下线头。

D　多芯铜导线直接连接：多芯铜导线连接一般采用绑扎法，适用于多股导线。先将绞线分别拆开成伞形，将中心一根芯线剪去 2/3，把两线相互交叉成一体，各取自身导线在中部相绞一次，用其中一根芯线作为绑线在导线上缠绕 5～7 圈后，再用另一根线芯与绑线相绞后把原来的绑线压住在上面继续按上述方法缠绕，其长度为导线直径的 10 倍，最后缠卷的线端与一条线捻绞 2 圈后剪断。也可不用自身线段，而用一根 φ2.0mm 的铜线缠绕。

E　多芯铜导线分支连接

一般采用绑扎法，将分支线折成 90°紧靠干线。在绑线端部适当处弯成半圆形，将绑线短端弯成与半圆形成 90°角，并与连接线靠紧，用较长的一端缠绕，将短头压在下面，缠绕长度应为导线结合处直径 5 倍，再将绑线两端捻绞 2 圈，剪掉余线。

将分支线破开（或劈开两半），根部折成 90°紧靠干线，用分支线其中的一根在干线上缠圈，缠绕 3-5 圈后剪断，再用另一根线芯继续缠绕 3～5 圈后剪断，按此方法直至连接到双根导线直径的 5 倍时为止，应保证各剪断处在同一直线上。

F　铜导线在接线盒、箱内的连接

单芯线并接头：首先将导线绝缘台并齐合拢。然后在距绝缘台约 12mm 处用其中一根线芯在其连接端缠绕 5～7 圈后剪断，把余头并齐折回压在缠绕线上。

不同直径导线接头：无论是独根（导线截面小于 2.5mm²）还是多芯软线，均应先进行涮锡处理。再将细线在粗线上距离绝缘层 15mm 处交叉，并将线端部向粗导线（独根）端缠绕 5～7 圈，将粗导线端折回压在细线上。

采用 LC 安全型压线帽压接：将导线绝缘层剥去适当长度，长度按压线帽的规格型号决定，清除氧化层，按规格选用适当的压线帽，将线芯插入压线帽的压接管内，若填不实，可将线芯折回头，填满为止。线芯插到底后，导线绝缘应和压接管平齐，并包在压线帽壳内，用专用压接钳压实即可。

采用接线端子压接：多股导线可采用与导线同材质且规格相应的接线端子压接。压接时首先削去导线的绝缘层，然后将线芯紧紧地绞在一起，清除接线端子孔内的氧化膜，之后将线芯插入端子，用压接钳压紧压牢。注意导线外露部分应小于 1～2mm。

G　导线与平压式接线柱连接

单芯导线盘圈压接：用机螺丝压接时，导线要顺着螺钉旋转方向紧绕一圈后进行压接。不允许逆时针方向盘圈压接，盘圈开口不宜大于 2mm。

多股铜芯软线用螺丝压接时，先将线芯拧绞盘圈做成单眼圈，涮锡后，将其压平再用螺丝加垫圈压紧。

以上两种方法压接后外露线芯的长度不宜超过 2mm。

导线与插孔式接线桩连接：将连接的导线剥出线芯插入接线桩孔内，然后拧紧螺栓，导线裸露出插孔不大于 2mm，针孔较大时要折回头插入压接。

导线接头涮锡：导线连接头做完后，均须在连接处进行涮锡处理，线径较小的单股线或多股软铜线可以直接用电烙铁加热进行涮锡处理。涮锡时要掌握好温度，使接头涮锡饱满，不出现虚焊、夹渣现象。涮锡后将焊剂处理干净。

⑦　导线接头包扎：先用塑料绝缘带从导线接头始端的完好绝缘层处开始，以半幅宽度重叠包扎缠绕 2 个绝缘带幅宽度，然后以半幅宽度重叠进行缠绕。在包扎过程中应收紧绝缘带。最后再用黑胶布包扎，包扎时要衔接好，同样以半幅宽度边压边进行缠绕，在包扎过程中应用力收紧胶布，导线接头处两端应用黑胶布封严密。包扎后外观应呈橄榄形。

⑧　线路检查及绝缘摇测

线路检查：导线接头全部完成后，应检查导线接头是否符合规范要求。合格后再进行绝缘摇测。

绝缘摇测：低压线路的绝缘摇测一般选用 500V，量程为 1～500MΩ 兆欧表。

3）质量验收标准

① 主控项目

A　三相或单相的交流单芯电缆，不得单独穿于钢导管内。

B　不同回路、不同电压等级和交流与直流的电线，不应穿于同一导管内；同一交流回路的电线应穿于同一金属导管内，且管内电线不得有接头。

C　爆炸危险环境照明线路的电线额定电压不得低于 750V，且电线必须穿于钢导管内。

② 一般项目

A　电线、电缆穿管前，应清除管内杂物和积水，管口应有保护措施，不进入接线盒（箱）的垂直管口穿入电线、电缆后，管口应密封。

B　当采用多相供电时，同一建筑物、构筑物的电线绝缘层颜色选择应一致，即保护地线（PE 线）应是黄绿相间色。零线用淡蓝色；相线用：A 相—黄色、B 相—绿色、C 相—红色。

（6）室内普通灯具安装工程技术要求

1）施工准备

① 材料

A　注意核对灯具的标称型号等参数是否符合要求，并应有产品合格证，普通灯具有安全认证标志。

B　照明灯具使用的导线其电压等级不应低于交流 500V，其最小线芯截面应符合规定。

C　采用钢管作为灯具的吊管时，钢管内径一般不小于 10mm。

D　花灯的吊钩其圆钢直径不小于吊挂销钉的直径，且不得小于 6mm。

E　灯具所使用灯泡的功率应符合安装说明的要求。

F　其他辅材：膨胀螺钉、尼龙胀管、尼龙丝网、螺钉、安全压接帽、焊锡、焊剂、绝缘胶带等均应符合相关质量要求。

② 主要机具

电钻、电锤、压接帽专用压接钳、大功率电烙铁、卷尺、锯弓、锯条、纱线手套、人字梯、数字式万用表。

③ 作业条件

A　施工图纸及技术资料齐全。

B　屋顶、楼板施工完毕，无渗漏。

C　顶棚、墙面的抹灰、室内装饰涂刷及地面清理工作已完成。门窗齐全。

D　有关预埋件及预留孔符合设计要求。

E　有可能损坏已安装灯具或灯具安装后不能再进行施工的装饰工作应全部结束。

F　相关回路管线敷设到位、穿线检查完毕。

2）操作工艺

工艺流程：灯具检查→组装灯具→灯具安装→通电试运行。

① 灯具检查

A　根据灯具的安装场所检查灯具是否符合要求。

B　根据装箱单清点安装配件。

C　注意检查制造厂的有关技术文件是否齐全。

D　检查灯具外观是否正常有无擦碰、变形、受潮、金属镀层剥落锈蚀等现象。

② 组装灯具

A　组合式吸顶花灯的组装：参照灯具的安装说明将各组件连成一体；灯内穿线的长度应适宜，多股软线线头应搪锡；应注意统一配线颜色以区分相线与零线，对于螺口灯座中心簧片应接相线，不得混淆；理顺灯内线路，用线卡或尼龙扎带固定导线以避开灯泡发热区。

B　吊顶花灯的组装：首先将导线从各个灯座口穿到灯具本身的接线盒内。导线一端盘圈、搪锡后接好灯头。理顺各个灯头的相线与零线，另一端区分相线与零线后分别引出电源接线。最后将电源结线从吊杆中穿出。各灯泡、灯罩可在灯具整体再装上，以免损坏。

③ 灯具安装

A　普通座式灯头的安装：将电源线留足维修长度后剪除余线并剥出线头。区分相线与零线，对于螺口灯座中心簧片应接相线，不得混淆。用连接螺钉将灯座安装在接线盒上。

B　吊线式灯头的安装：将电源线留足维修长度后剪除余线并剥出线头。将导线穿过灯头底座，用连接螺钉将底座固定在接线盒上。根据所需长度剪取一段灯线，在一端接上灯头，灯头内应系好保险扣，接线时区分相线与零线，对于螺口灯座中心簧片应接相线，不得混淆。将灯线另一头穿入底座盖碗，灯线在盖碗内应系好保险扣并与底座上的电源线用压接帽连接。旋上扣碗。

④ 日光灯安装：

A　吸顶式日光灯安装：

打开灯具底座盖板，根据图纸确定安装位置，将灯具底座贴紧建筑物表面，灯具底座应完全遮盖住接线盒，对着接线盒的位置开好进线孔。

比照灯具底座安装孔用铅笔画好安装孔的位置，打出尼龙栓塞孔，装入栓塞（如为吊顶可在吊顶板上背木龙骨或轻钢龙骨用自攻螺钉固定）。

将电源线穿出后用螺钉将灯具固定并调整位置以满足要求。

用压接帽将电源线与灯内导线可靠连接，装上启辉器等附件。盖上底座盖板，装上日光灯管。

B　吊链式日光灯：

根据图纸确定安装位置，确定吊链吊点。打出尼龙栓塞孔，装入栓塞，用螺钉将吊链挂钩固定牢靠。根据灯具的安装高度确定吊链及导线的长度（使电线不受力）。打开灯具底座盖板，将电源线与灯内导线可靠连接，装上启辉器等附件。盖上底座，装上日光灯管，将日光灯挂好。将导线与接线盒内电源线连接，盖上接线盒盖板并理顺垂下的导线。

C　吸顶灯（壁灯）的安装：

a　比照灯具底座画好安装孔的位置，打出尼龙栓塞孔，装入栓塞（如为吊顶可在吊顶板上背木龙骨或轻钢龙骨用自攻螺钉固定）。

b　将接线盒内电源线穿出灯具底座，用螺钉固定好底座。

c　将灯内导线与电源线用压接帽可靠连接。

d　用线卡或尼龙扎带固定导线以避开灯泡发热区。

e　上好灯泡，装上灯罩并上好紧固螺钉。

D　吊顶花灯的安装：

a　将预先组装好的灯具托起，用预埋好的吊钩挂住灯具内的吊钩。

b　将灯内导线与电源线用压接帽可靠连接。

c　把灯具上部的装饰扣碗向上推起并紧贴顶棚，拧紧固定螺钉。

d　调整好各个灯口，上好灯泡，配上灯罩。

E　嵌入式灯具（光带）的安装：

a　应预先提交有关位置及尺寸交有关人员开孔。

b　将吊顶内引出的电源线与灯具电源的接线端子可靠连接。

c　将灯具推入安装孔固定。

d　调整灯具边框。如灯具对称安装，其纵向中心轴线应在同一直线上。

⑤　通电试运行：灯具安装完毕后，经绝缘测试检查合格后，方允许通电试运行。

3）质量验收标准

①　主控项目

A　灯具的固定应符合下列规定：

a　灯具重量大于 3kg 时，固定在螺栓或预埋吊钩上。

b　软线吊灯，灯具重量在 0.5kg 及以下时，采用软电线自身吊装；大于 0.5kg 的灯具采用吊链，且软电线编叉在吊链内，使电线不受力。

c　灯具固定牢固可靠，不使用木楔。每个灯具固定用螺钉或螺栓不少于 2 个；当绝缘台直径在 75mm 及以下时，采用 1 个螺钉或螺栓固定。

B　花灯吊钩圆钢直径不应小于灯具挂销直径，且不应小于 6mm。大型花灯的固定及悬吊装置，应按灯具重量的 2 倍做过载试验。

C　当钢管做灯杆时，钢管内径不应小于 10mm，钢管厚度不应小于 1.5mm。

D　固定灯具带电部件的绝缘材料以及提供防触电保护的绝缘材料，应耐燃烧和防明火。

E　当设计无要求时，灯具的安装高度和使用电压等级应符合下列规定：

一般敞开式灯具，灯头对地面距离不小于下列数值（采用安全电压时除外）：

室外：2.5m（室外墙上安装）。

厂房：2.5m。

室内：2m。

软吊线带升降器的灯具在吊线开展后：0.8m。

危险性较大及特殊危险场所，当灯具距地面高度小于 2.4m 时，使用额定电压为 36V 及以下的照明灯具，或有专用保护措施。

F　当灯具距地面高度小于 2.4m 时，灯具的可接近裸露导体必须接地（PE）或接零（PEN）可靠，并应有专用接地螺栓，且有标识。

②　一般项目

A　引向每个灯具的导线线芯最小截面积应符合表 2-48 的规定。

导线线芯最小截面积（mm²）　　　　　　　　　表 2-48

灯具安装的场所及用途		线芯最小截面积		
		铜芯软线	铜线	铝线
灯头线	民用建筑室内	0.5	0.5	2.5
	工业建筑室内	0.5	1.0	2.5
	室外	1.0	1.0	2.5

B　灯具的外形、灯头及其接线应符合下列规定：

a　灯具及其配件齐全，无机械损伤、变形、涂层剥落和灯罩破裂等缺陷。

b　软线吊灯的软线两端做保护扣，两端芯线搪锡；当装升降器时，套塑料软管，采用安全灯头。

c　除敞开式灯具外，其他各类灯具灯泡容量在 100W 及以上者采用瓷质灯头。

d　连接灯具的软线盘扣、搪锡压线，当采用螺口灯头时，相线接于螺口灯头中间的端子上。

e　灯头的绝缘外壳不破损和漏电；带有开关的灯头，开关手柄无裸露的金属部分。

C　变电所内，高低压配电设备及裸母线的正上方不应安装灯具。

D　装有白炽灯泡的吸顶灯具，灯泡不应紧贴灯罩；当灯泡与绝缘台间距离小于 5mm 灯泡与绝缘台间应采取隔热措施。

E　安装在重要场所的大型灯具的玻璃罩，应采取防止玻璃罩碎裂后向下溅落的措施。

F　投光灯的底座及支架应固定牢固，枢轴应沿需要的光轴方向拧紧固定。

G　安装在室外的壁灯应有泄水孔，绝缘台与墙面之间应有防水措施。

三、施工进度计划的编制方法

（一）施工进度计划的类型及作用

1. 施工进度计划的类型

施工进度计划根据施工项目划分的粗细程度可分为控制性施工进度计划和指导性施工进度计划两类。

（1）控制性施工进度计划

控制性施工进度计划是以分部工程作为施工项目划分对象，控制各分部工程的施工时间及它们之间相互配合、搭接关系的一种进度计划。它主要适用于结构较复杂、规模较大、工期较长需跨年度施工的工程，同时还适用于虽然工程规模不大、结构不算复杂，但各种资源（劳动力、材料、机械）没有落实，或者由于装饰设计的部位、材料等可能发生变化以及其他各种情况。

（2）指导性施工进度计划

指导性施工进度计划按分项工程或施工过程来划分施工项目，具体确定各施工过程的施工时间及其相互搭接、相互配合的关系。它适用于任务具体明确、施工条件基本落实、各项资源供应正常、施工工期不太长的工程。

编制控制性施工进度计划的工程，当各分部工程的施工条件基本落实之后，在施工之前还应编制各分部工程的指导性施工进度计划。

2. 施工进度计划的作用

建筑装饰装修工程施工进度计划的作用表现在：

（1）是控制工程施工进程和工程竣工期限等各项装饰装修工程施工活动的依据；

（2）确定装饰装修工程各个工序的施工顺序及需要的施工持续时间；

（3）组织协调各个工序之间的衔接、穿插、平行搭接、协作配合等关系；

（4）指导现场施工安排，控制施工进度和确保施工任务的按期完成；

（5）为制定各项资源需用量计划和编制施工准备工作计划提供依据；

（6）是施工企业计划部门编制月、季、旬计划的基础；

（7）反映了安装工程与装饰装修工程的配合关系。

（二）施工进度计划的表达方法

1. 横道图进度计划的编制方法

横坐标表示流水施工的持续时间；纵坐标表示开展流水施工的施工过程以及专业工作队的名称、编号和数目；呈梯形分布的水平线段表示流水施工的开展情况。其表达方式如图 3-1 所示。

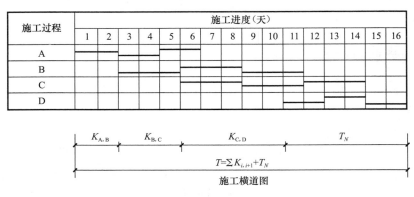

图 3-1　流水施工的表达方式

2. 网络计划的基本概念与识读

网络计划方法的基本原理是：首先应用网络图形来表达一项计划（或工程）中各项工作的开展顺序及其相互间的关系，然后通过计算找出计划中的关键工作及关键线路，继而通过不断改进网络计划，寻求最优方案，并付诸实施，最后在执行过程中进行有效的控制和监督。

网络计划的表达形式是网络图。所谓网络图是指由箭线和节点组成的、用来表示工作流程的有向、有序的网状图形。网络图中，按节点和箭线所代表的含义不同，可分为双代号网络图和单代号网络图两大类。

（1）双代号网络图

以箭线及其两端节点的编号表示工作的网络图称为双代号网络图。即用两个节点一根箭线代表一项工作，工作名称写在箭线上面，工作持续时间写在箭线下面，在箭线前后的衔接处画上节点编上号码，并以节点编号 i 和 j 代表一项工作名称，如图 3-2 所示。

（2）单代号网络图

以节点及其编号表示工作，以箭线表示工作之间的逻辑关系的网络图称为单代号网络图。即每一个节点表示一项工作，节点所表示的工作名称、持续时间和工作代号等标注在节点内，如图 3-3 所示。

3. 流水施工进度计划的编制方法

流水施工是指所有的施工过程均按一定的时间间隔依次投入施工，各个施工过程陆续

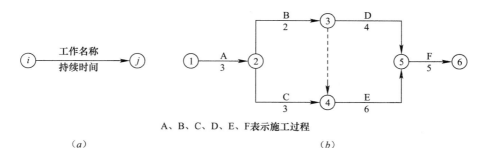

A、B、C、D、E、F表示施工过程

（a）　　　　　　　　　　　　　　　　　（b）

图 3-2　双代号网络图

（a）工作的表示方法；（b）工程的表示方法

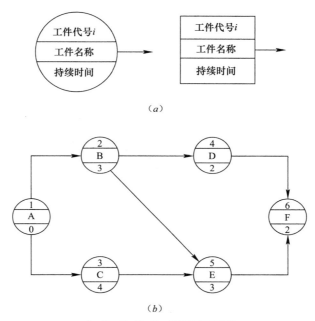

（a）

A、B、C、D、E、F表示施工过程

图 3-3　单代号网络图

（a）工作的表示方法；（b）工程的表示方法

开工、陆续竣工，使同一施工过程的施工班组保持连续、均衡施工，不同施工过程尽可能平行搭接施工的组织方式。

流水施工的工期计算公式可以表示为：

$$T = \Sigma K_{i,i+1} + T_N \qquad\qquad （式 3-1）$$

式中　$K_{i,i+1}$——相邻两个施工过程的施工班组开始投入施工的时间间隔；

　　　T_N——最后一个施工过程的施工班组完成全部施工任务所花的时间；

　　　$\Sigma K_{i,i+1}$——所有相邻施工过程开始投入施工的时间间隔之和。

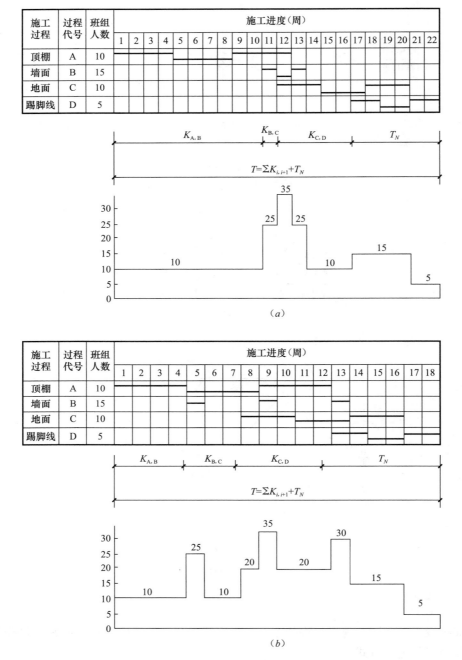

图 3-4 流水施工进度计划

（a）班组全部连续；（b）部分班组间断

（三）施工进度计划的编制

施工进度计划编制的主要方法和步骤分述如下：

（1）施工项目的划分

施工项目是包括一定工作内容的施工过程，是进度计划的基本组成单元。项目划分的一般要求和方法如下：

1）施工项目的划分

根据施工图纸、施工方案，确定拟建工程可划分成哪些分部分项工程。如油漆工程、吊顶工程、墙面装饰工程等。

2）施工项目划分的粗细

一般对于控制性施工进度计划，其施工项目划分可以粗一些，通常只列出施工阶段及各施工阶段的分部工程名称；对于指导性施工进度计划，其施工项目的划分可细一些，特别是其中主导工程和主要分部工程，应尽量做到详细、具体、不漏项，以便于掌握施工进度，起到指导施工的作用。

3）划分施工过程要考虑施工方案和施工机械的要求

4）计划简明清晰、突出重点

一些次要的施工过程应合并到主要的施工过程中去；对于在同一时间内由同一施工班组施工的过程可以合并，如门窗油漆、家具油漆、墙面油漆等油漆均可并为一项。

5）水、电、暖、卫和设备安装等专业工程的划分

水、电、暖、卫和设备安装等专业工程不必细分具体内容，由各个专业施工队自行编制计划并负责组织施工，而在单位建筑装饰装修工程施工进度计划中只要反映出这些工程与装饰装修工程的配合关系即可。

6）抹灰工程的要求

多层建筑的外墙抹灰工程可能有若干种装饰抹灰的做法，但一般情况下合并为一项；室内的各种抹灰，一般来说，要分别列项。

7）区分直接施工与间接施工

直接在拟建装饰装修工程的工作面上施工的项目，经过适当合并后均应列出。不在现场施工而在拟建装饰装修工程工作面之外完成的项目，如各种构件在场外预制及其运输过程，一般可不必列项，只要在使用前运入施工现场即可。

（2）确定施工顺序

在合理划分施工项目后，还需确定各装饰装修工程施工项目的施工顺序，主要考虑施工工艺的要求、施工组织的安排、施工工期的规定以及气候条件的影响和施工安全技术的要求，使装饰装修工程施工在理想的工期内，质量达到标准要求。

（3）计算工程量

工程量的计算应根据有关资料、图纸、计算规则及相应的施工方法进行确定，若编制计划时已经有预算文件，则可以直接利用预算文件中的有关工程量数据。计算工程量应注意如下问题：

1）工程量的计量单位应与现行装饰装修工程施工定额的计量单位一致。

2）计算所得工程量与施工实际情况相符合。

3）结合施工组织的要求，分区、分段、分层计算工程量，以便组织流水作业层。

4）正确取用预算文件中的工程量。

（4）施工定额的套用

施工定额一般有两种形式，即时间定额和产量定额。时间定额和产量定额互为倒数关系，即：

$$H_i = \frac{1}{S_i} \text{ 或 } S_i = \frac{1}{H_i} \qquad (\text{式 3-2})$$

式中　S_i——某施工过程采用的产量定额（m³/工日、m²/工日、m/工日、kg/工日）；

　　　H_i——某施工过程采用的时间定额（工日/m³、工日/m²、工日/m、工日/kg）。

套用国家或当地颁发的定额，有些采用新技术、新工艺、新材料或特殊施工方法的项目，定额中尚未编入，这样可以参考类似项目的定额、经验资料，按实际情况确定。

（5）计算劳动量与机械台班量

一般应按下式计算：

$$P_i = \frac{Q_i}{S_i} \qquad (\text{式 3-3})$$

或

$$P_i = Q_i \cdot H_i \qquad (\text{式 3-4})$$

式中　P_i——完成某施工过程所需要的劳动量（工日）或机械台班量（台班）；

　　　Q_i——某施工过程的工程量（m³、m²、m、kg）。

【案例】已知某楼层进行花岗岩石材板楼地面铺设，其工程量为 556.5m²，时间定额为 63.24 工日/100m²，计算完成楼地面工程所需劳动量。

【解】按式（3-4）有：

$$P_i = Q_i \cdot 556.5 \times 0.6324 = 352(\text{工日})$$

若每工日产量定额为 1.58m²/工日，则完成楼地面铺花岗岩石材板工程所需劳动量按式（3-3）计算为：

$$P_i = \frac{Q_i}{S_i} = 555.6/1.58 = 352(\text{工日})$$

工日量计算出来后，往往出现小数位，取数时可取为整数，

若遇到施工进度计划所列项目与施工定额所列项目的工作内容不一致，可进行如下处理：

当施工项目由两个或两个以上的施工过程或内容合并组成时，其总劳动量可按式（3-5）进行计算：

$$P \text{总} = \Sigma P_i = P_1 + P_2 + P_3 + \cdots + P_m \qquad (\text{式 3-5})$$

当合并的施工过程由同一工种的施工过程或内容组成，但是施工做法、材料等不相同时，可按下式其加权平均定额来确定劳动量或机械台班量。

$$S_i = \frac{\Sigma Q_i}{\Sigma P_i} = \frac{Q_1 + Q_2 + \cdots Q_n}{P_1 + P_2 + \cdots P_n}$$

$$= \frac{\Sigma Q_i}{Q_1 H_i + Q_2 H_i + \cdots Q_n H_i} \qquad (\text{式 3-6})$$

式中　　　　S_i——某施工项目的加权平均产量定额（m³/工日、m²/工日、m/工日、kg/工日）；

ΣQ_i——总的工程量（计量单位要统一）；

ΣP_i——总的劳动量（工日）；

Q_1，Q_2，…，Q_n——同一工种但施工做法不同的各个施工过程的工程量；

P_1，P_2，…，P_n——与 Q_1，Q_2，…，Q_n 相对应的产量定额。

对于施工定额手册中没有列入的项目，如采用新工艺、新材料、新技术或特殊施工方法的施工过程，可参考类似项目或实测进行确定。

对于"其他工程"项目所需劳动量，可根据其内容和数量，并结合施工现场的具体情况以占劳动量的百分比（一般为 $10\%\sim20\%$）计算。

（6）确定各分部分项工程的作业时间

1）经验估算法

当遇到新技术、新材料、新工艺等无定额可循的工种时，为了提高其准确程度，往往采用"三时估计法"，分别是完成该项目的最乐观时间、最悲观时间和最可能时间三种施工时间，然后利用三种时间，根据下式计算出该施工过程的工作持续时间。

$$m = \frac{a + 4c + b}{6} \qquad\qquad （式 3-7）$$

式中　m——该项目的施工持续时间；

　　　a——工作的乐观（最短）持续时间估计值；

　　　b——工作的悲观（最长）持续时间估计值；

　　　c——工作的最可能持续时间估计值。

2）定额计算法

这种方法是根据施工项目需要的劳动量或机械台班量，以及配备的劳动人数或机械台班数来确定其工作的延续时间。其计算公式如下：

$$t = \frac{Q}{RSN} = \frac{P}{RN} \qquad\qquad （式 3-8）$$

式中　t——某施工过程施工持续时间（小时、日、周等）；

　　　Q——某施工过程的工程量（m、m²、m³ 等）；

　　　P——某施工过程所需的劳动量或机械台班量（工日、台班）；

　　　R——某施工过程所配备的劳动人数或机械数量（人、台）；

　　　S——产量定额；

　　　N——每天采用的工作班制（1～3 班制）。

3）倒排计划法

此方式是根据规定的工程总工期及施工方式、施工经验，先确定各分部分项工程的施工持续时间，再按各分部分项工程所需的劳动量或机械台班量，计算出每个施工过程的施工班组所需的工人人数或机械台班数。其计算公式如下：

$$R = \frac{P}{Nt} \qquad\qquad （式 3-9）$$

式中　R——某施工过程所配备的劳动人数或机械数量；

　　　P——某施工过程所需的劳动量或机械台班量；

　　　t——某施工过程施工持续时间；

N——每天采用的工作班制。

（7）施工进度计划初步方案的编制

在上述各项内容完成以后，可以进行施工计划初步方案的编制。在考虑各施工过程的合理施工顺序的前提下，先安排主导施工过程的施工进度，并尽可能组织流水施工，力求主要工种的施工班组连续施工，其余施工过程尽可能配合主导施工过程，使各施工过程在工艺和工作面允许的条件下，最大限度地合理搭接、配合、穿插、平行施工。

（四）检查和调整施工进度计划

在编制施工进度计划的初始方案后，我们还需根据合同规定、经济效益及施工条件等对施工进度计划进行检查、调整和优化。首先检查工期是否符合要求，资源供应是否均衡，工作队是否连续作业，施工顺序是否合理，各施工过程之间搭接以及技术间歇、组织间歇是否符合实际情况；然后进行调整，直至满足要求；最后编制正式施工进度计划。

（1）施工工期的检查与调整

施工进度计划安排的施工工期首先应满足施工合同的要求，其次应具有较好的经济效果，即安排工期要合理，并非越短越好。当工期不符合要求时应进行必要的调整。

（2）施工顺序的检查与调整

施工进度计划安排的顺序应符合建筑装饰装修工程施工的客观规律，应从技术上、工艺上、组织上检查各个施工过程的安排是否合理，如有不当之处，应予修改或调整。

（3）资源均衡性的检查与调整

施工进度计划的劳动力、机械、材料等的供应与使用，应避免过分集中，尽量做到均衡。

劳动力消耗的均衡与否，可以通过劳动力消耗动态图来分析。

劳动力消耗的均衡性可以用均衡系数来表示，即：

$$k = R_{\max}/R \qquad\qquad （式3-10）$$

式中　k——劳动力均衡系数；

$R_{\max}$——施工期间工人的最大需要量；

　　R——施工期间工人的平均需要量，即为每天出工人数与施工时间乘积之和除以总工期。

劳动力均衡系数K一般应控制在2以下，超过2则不正常。K愈接近1，说明劳动力安排愈合理。如果出现劳动力不均衡的现象，可通过调整次要施工过程的施工人数、施工过程的起止时间以及重新安排搭接等方法来实现均衡。

应当指出，建筑装饰装修工程施工过程是一个很复杂的过程，会受各种条件和因素的影响，在施工进度计划的执行过程中，当进度与计划发生偏差时，对施工过程应不断地进行计划—执行—检查—调整—重新计划，真正达到指导施工的目的，增加计划的实用性。

【案例】应用横道图方法编制一般单位工程、分部分项工程、专项工程施工进度计划。

1. 背景

某建筑装饰工程地面抹灰可以分为三个施工段，三个施工过程分别为底层、中层、面层。各有关数据如表3-1所示。

基本数据　　　　　　　　　　　　　　　　　　　　表 3-1

过程名称	M_i	$Q_总$ （m²）	Q_i （m²）	H_i 或 S_i	P_i	R_i	t_i
①	②	③	④	⑤	⑥	⑦	⑧
基层		108		0.98m²/工日		9人	
中层		1050		0.0849m²		5人	
面层		1050		0.0627 工日/m²		11人	

2. 问题

试编制施工进度计划。

要求：（1）填写表 3-1 中的内容；

（2）按不等节拍组织流水施工，绘制进度计划及劳动力动态曲线。

3. 分析

考核如何用流水施工的方式编制分部分项工程的施工进度计划。

4. 答案

（1）填写表 3-1 中的内容，填写结果见表 3-2 中。

完成基本数据　　　　　　　　　　　　　　　　　　　表 3-2

过程名称	M_i	$Q_总$ （m²）	Q_i （m²）	H_i 或 S_i	P_i	R_i	t_i
①	②	③	④	⑤	⑥	⑦	⑧
基层	3	108	36	0.98m²/工日	36.73	9人	4
中层	3	1050	350	0.0849m²	29.72	5人	6
面层	3	1050	350	0.0627 工日/m²	21.95	11人	2

对于②列，各过程划分的施工段数，根据已知条件，划分三个施工段。

对于④列，求一个施工段上的工程量。友 $Q_i=Q_总/M_i$ 得：

基层一个段上的工程量为 108/3＝36 （m²）

中层一个段上的工程量为 1050/3＝350 （m²）

面层一个段上的工程量为 1050/3＝350 （m²）

对于⑥列，求一个施工段上的劳动量，有 $P_i=\dfrac{P_i}{S_i}=Q_i \cdot H_i$ 得：

基层一个段上的劳动量为 36/0.98＝36.73（工日）

中层一个段上的劳动量为 350/0.0849＝29.72（工日）

面层一个段上的劳动量为 350/0.0627＝21.95（工日）

对于⑧列，求每个施工过程的流水节拍，$t_i=\dfrac{P_i}{R_i \cdot b_i}$，这里，工作班制在题目中没有提到，因此，工作班制按一班制对待。

基层一个段上的流水节拍为 36.73/9＝4 天

中层一个段上的流水节拍为 29.72/5＝6 天

面层一个段上的流水节拍为 21.95/11＝2 天

（2）按不等节拍流水施工

第一步：求各过程之间的流水步距。

$\because t_基 = 4$ 天 $< t_中 = 6$ 天

$\therefore K_{基,中} = t_基 = 4$ 天

又 $\because t_中 = 6$ 天 $> t_面 = 2$ 天

$\therefore K_{中,面} = Mt_中 - (M-1)t_面 = 3 \times 6 - (3-1) \times 2$
$= 18 - 4 = 14$ （天）

第二步：求计算工期。

$$T = \Sigma K_{i,i+1} + T_N = 4 + 14 + 3 \times 2 = 24（天）$$

第三步：绘制进度计划表，见图 3-5 所示。

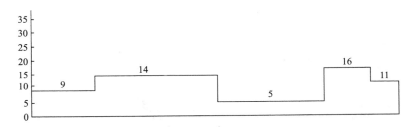

图 3-5   按不等节拍组织流水绘制进度计划及劳动力动态曲线

【案例】识读建筑装饰工程施工网络计划。

1. 背景

某建筑公司承揽了一栋 3 层住宅楼的装饰工程施工，在组织流水施工时划分了三个施工过程，分别是：吊顶、顶墙涂料和铺木地板，施工流向自上向下。其中每层吊顶确定为三周、顶墙涂料定为两周、铺木地板定为一周完成。

2. 问题

绘制该工程的双代号网络计划图。

3. 分析

本题综合了双代号网络图的三要素及绘制规则有关知识，解题关键是正确绘制出工程的双代号网络图。

4. 答案

按照各工序逻辑关系绘出双代号网络计划图，见图 3-6。

【案例】编制月、旬（周）作业进度计划，资源配置计划。

1. 背景

某单位拟装修一办公楼，图 3-7 是室内装修施工计划横道图。

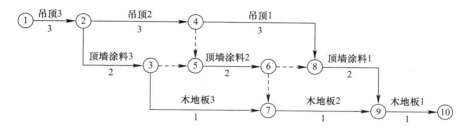

图 3-6　工程的双代号网络计划图

分项工程名称	工种名称	每周人数	1	2	3	4	5	6	7	8	9	10
拆除	普通工	15										
地面工程	抹灰工	20										
内墙面抹灰	抹灰工	20										
吊顶	木工	18										
内墙涂饰	油漆工	18										
木地面	木工	15										
灯具安装	电工	8										

图 3-7　室内装修施工计划横道图

2. 问题

根据图中的内容计划每周的劳动力需要量，将统计结果填入表 3-3 中相应的位置。

劳动力需要量计划　　　　　　　　　　　　　　　　　　表 3-3

序号	工种名称	用工总数	1 周	2 周	3 周	4 周	5 周	6 周	7 周	8 周	9 周	10 周
1	普通工											
2	抹灰工											
3	木　工											
4	油漆工											
5	木　工											
6	电　工											
7	合　计											

3. 分析

本案例考核根据施工进度计划用工情况，按工种分别编制劳动力计划。

4. 答案

每周的劳动力需要量如表 3-4 所示。

劳动力需要量计划　　　　　　　　　　　　　　　　　　表 3-4

序号	工种名称	用工总数	1 周	2 周	3 周	4 周	5 周	6 周	7 周	8 周	9 周	10 周
1	普通工	15	15									
2	抹灰工	160		20	20	40	40	20	20			

续表

序号	工种名称	用工总数	1周	2周	3周	4周	5周	6周	7周	8周	9周	10周
3	木　工	72					18	18	18	18		
4	油漆工	54							18	18	18	
5	木　工	30									15	15
6	电　工	48					8	8	8	8	8	8
7	合　计	379	15	20	20	40	66	46	64	44	41	23

【案例】检查施工进度计划的实施情况，调整施工进度计划。

1. 背景

图 3-8 是某公司建筑工程前期工程的网络计划，计划工期 14 天，其持续时间见表 3-5 中。工程进行到第 9 天时，A、B、C 工作已经完成，D 工作完成 2 天，E 工作完成了 3 天。

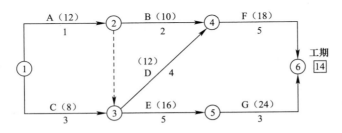

图 3-8　某公司建筑工程的网络计划图

2. 问题

（1）绘制本工程的实际进度前锋线。

（2）如果后续工作按计划进行，试分析 B、D、E 三项工作对计划工期产生了什么影响？

（3）如果要保持工期不变，第 9 天后需压缩哪两项工作？并说明原因。

工作持续时间 表 3-5

工作代号	A	B	C	D	E	F	G
工作持续时间（天）	1	2	5	4	5	5	3

3. 分析

施工进度计划的调整依据进度计划检查结果进行。调整施工进度计划的步骤如下：分析进度计划检查结果，确定调整的对象和目标；选择适当的调整方法；编制调整方案；对调整方案进行评价和决策；确定调整后付诸实施的新施工进度计划。

4. 答案

（1）根据第 9 天的进度情况绘制的实际进度前锋线见图 3-9。

（2）从图 3-9 可以看出，D、E 工作均未完成计划。D 工作延误 2 天，D 工作在关键线路上，所以将工期延长 2 天。E 工作也延误 2 天，但由于该工作有 1 天时差，所以将工期延长 1 天。B 工作按计划完成，所以对工期不会造成影响。

（3）如果要使工期保持 14 天不变，在第 9 天检查之后，应立即组织压缩 G 工作的持续时间 1 天和 F 工作 2 天。

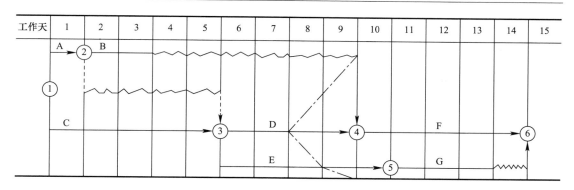

图 3-9　实际进度前锋线

四、熟悉环境与职业健康安全管理的基本知识

（一）文明施工与现场环境保护的要求

1. 文明施工的要求

（1）现场大门和围挡设置

1）施工现场设置钢制大门，大门牢固美观，高度不宜低于4m，大门上应标有企业标识。

2）围挡的高度：市区主要路段不宜低于2.5m；一般路段不低于1.8m。

3）围挡材料应选用砌体、金属板材等硬质材料，禁止使用彩条布、竹笆、安全网等易变形材料。

4）建设工程外侧周边使用密目式安全网（2000目/100cm²）进行防护。

（2）施工场地布置

1）施工现场大门内必须设置明显的五牌一图（即工程概况牌、安全生产制度牌、文明施工制度牌、环境保护制度牌、消防保卫制度牌及施工现场平面布置图）

2）对于文明施工，环境保护和易发生伤亡事故处，应设置明显的，符合国家标准要求的安全警示标志牌。

3）设置施工现场安全"五标志"，即：指令标志（佩戴安全帽、系安全带等），禁止标志（禁止通行、严禁抛物等），警告标志（当心落物、小心坠落等），电力安全标志（禁止合闸、当心有电等）和提示标志（安全通道、火警、盗警、急救中心电话等）。

4）现场内的施工区、办公区和生活区要分开设置，保持安全距离，并设标志牌。

5）对于楼梯间、休息平台、阳台临边等地方不得堆放物料。

（3）施工现场安全防护布置

1）施工临边、洞口交叉、高处作业及楼板、屋面、阳台等临边防护，必须采用密目式安全立网封闭，作业层要另加防护栏杆和18cm高的踢脚板。

2）通道口设防护棚，防护棚应为不小于5cm厚的木板或两道相距50cm的竹笆，两侧应沿栏杆架用密目式安全网封闭。

3）预留洞口用木板封闭防护，对于短边超过1.5cm长的洞口，除封闭外四周还应设有防护栏杆。

4）在电梯井内每隔两层（不大于10m）设置一道安全平网。

（4）施工现场防火布置

1）消防器材设置点要有明显标志，夜间设置红色警示灯，消防器材应垫高设置，周围2m内不准乱放物品。

2）坚决执行现场防火"五不走"的规定，即：交接班不交代不走、用火设备火源不熄灭不走、用电设备不拉闸不走、可燃物不清干净不走、发现险情不报告不走。

（5）施工现场临时用电布置

1）施工现场临时用电配电线路：按照 TN-S 系统要求配备五芯电缆、四芯电缆和三芯电缆。

2）配电箱、开关箱：按三级配电要求，配备总配电箱、分配电箱、开关箱三类标准电箱。

（6）施工现场综合治理

现场不得焚烧有毒有害物质，该类物质必须按有关规定进行处理。

2. 施工现场环境保护的措施

1）妥善处理泥浆水，未经处理不得直接排入城市排水设施和河流。

2）除设有符合规定的装置外，不得在施工现场熔融沥青或者焚烧油毡、油漆以及其他会产生有毒有害烟尘和恶臭气体的物质。

3）使用密封式的圆筒或者采取其他措施处理高空废弃物。

4）采取有效措施控制施工过程中的扬尘。

5）禁止将有毒有害废弃物用作土方回填。

6）对产生噪声、振动的施工机械，应采取有效控制措施，减轻噪声扰民。

3. 施工现场环境事故的处理

（1）施工现场水污染的处理

现场要设置专用的油漆油料库，并对库房地面做防渗处理，储存，使用及保管要采取措施和专人负责，防止油料泄露而污染土壤水体。

（2）施工现场噪声污染的处理

1）施工现场的搅拌机、固定式混凝土输送泵、电锯、大型空气压缩机等强噪声机械设备应搭设封闭式机械棚，并尽可能离居民区远一些设置，以减少强噪声的污染。

2）凡在居民密集区进行强噪声施工作业时，要严格控制施工作业时间，晚间作业不超过 22 时，早晨作业不早于 6 时。

（3）施工现场空气污染的处理

混凝土搅拌，对于城区内施工，应使用商品混凝土，从而减少搅拌扬尘。

（4）施工现场固体废物的处理

根据环境科学理论，可将固体废物的治理概括为无害化、安定化和减量化三种。

4. 【案例】分析判断环境问题的类别、原因和责任

（1）背景

某大型酒店二次改造装饰工程位于城市繁华闹市区。建筑面积 10000m²，由室内和室外两部分组成，主要涉及室内基础装修、水路改造、外墙清洗与涂刷等内容。该项目施工阶段正值雨季，因现场排水系统不完善，雨水加上生产污水经常外溢，给附近社区居民出

行造成了不便。

（2）问题

1）施工现场污水排放应向什么部门进行申请？

2）生产污水经现场排水沟渠是否可以直接排入市政污水管网？

3）雨水经现场排水沟渠是否可以直接排入市政雨水管网？

（3）分析

本案例主要考核对现场污水排放有关管理要求的掌握程度。

（4）答案

1）应向工程所在地县级以上人民政府市政管理部门申请。

2）不可以。

3）可以。

（二）建筑装饰工程施工安全危险源分类及防范的重点

1. 施工安全危险源的分类

（1）高处坠落——凡在基准面2m（含2m）以上作业，建筑物四口五临边、攀登、悬空作业及雨天进行的高处作业，可能导致人身伤害的作业点和工作面。

（2）物体打击——高空坠落及水平迸溅物体造成人身安全伤害的。

（3）机械伤害——机械运转工作时，因机械意外故障或违规操作可能造成人身伤害或机械损害。

（4）中毒——指化学危险品的气体、物体、粉尘、一氧化碳、电焊废气等，由呼吸、接触、误食及食用变质或含有有害药品的食物造成的中毒，并对人身造成伤害。

（5）坍塌——脚手架、模板搭设与拆除，施工层超负荷堆放，机械使用不当，造成的坍塌，对人身或机械造成伤害或损害。

（6）触电——工程外侧边缘距外电高压线路未达到安全距离，用电设备未做接零或接地保护，保护设备性能失效，移动或照明使用高压，违规使用和操作电气设备，对人身造成伤害或损害。

（7）火灾——电气设备线路安装不符合规定，绝缘性能达不到要求，未按规定明火作业，易燃易爆物品存放不符合要求，对人体造成人身伤害及财产损失。

2. 施工安全危险源的防范重点的确定

（1）预防机械伤害事故的防护措施

为保证作业人员的安全，防止机械对人体的伤害事故，制定本措施。

1）对所有各种机械设备进场后，必须由设备负责人会同安全员和使用机械的人员共同对该机械设备进行进场验收工作，经验收发现安全防护装置不齐全的或有其他故障的应由退回设备保障部门进行维修和安装。

2）设备安装调试合格后，应进行检查，并按标准要求对该设备进行验收，经项目部组织验收合格后方能正常使用。

3）使用前要对设备使用人员进行必要的安全技术交底和教育工作，使用人员必须严格执行交底内容及按照操作规程操作。

4）使用中要经常对该设备进行保养检查，使用后电工切断电源并锁好电闸箱。

5）各种机械设备必须专人专机，凡属特种设备，其操作负责人要按规定每周对施工现场的所有机械设备进行检查，发现问题及隐患及时解决处理，确保机械设备的完好，防止机械伤害事故的发生。

（2）预防坍塌事故的防护措施

为防止在施工层堆放过多物料及支撑模板、脚手架等出现坍塌事故，特制定预案措施。

1）为防止坍塌事故事发生，在施工前加强对施工人员的安全基本知识教育，严格按技术交底内容和操作规程施工。

2）施工中必须严格控制建筑材料、模板、施工机械、机具或其他物料在楼层或层面的堆放数量和重量，以避免产生过大的集中载荷，造成楼板或屋面断裂坍塌。

3）根据实际情况，确定施工层因施工需要必须放置材料机具的，必须进行结构载荷验算，采取有效支撑，加固措施，并以上级技术负责人批准后方能放置。

（3）预防高处坠落事故的防护措施

为贯彻"安全第一、预防为主"的方针，根据本工程的结构特点和工程实际，在确定高处坠落危险源后制定本措施。

1）为防止高处坠落事故的发生，在工程施工前对所从事高处作业的人员进行安全基本知识、安全注意事项等安全技术交底。

2）施工作业人员进场后，按不同层次（项目部、施工队、班组）进行三级教育工作。

3）凡患有高血压、心脏病及不宜从事高处作业的人员，严禁参加高处作业工作。

4）为防止高处坠落事故的发生，首层完工后，搭设合理、牢固能起到防护作用的外脚手架，在架体内侧支挂密目式安全网，应注意的是在去挂密目式安全网时，必须按规定高出施工层一步架设。以防止高处作业人员发生坠落事故。

5）对所有预留洞口，必须加木盖进行防护，凡超过 1000mm 的洞口应在上方铺设厚度不小于 50mm 的木板，并在下方支挂安全网。

6）对所有临边进行防护，如悬挑临边可用预留的钢筋按规定绑扎严密，施工梯和进料便道临边加防护栏杆，上栏杆在 1.2m 处，下栏杆在 0.6m 处各设一道，栏杆间距不大于 2m，并在 0.15m 处加挡脚手栏杆。

7）为保证防护措施能真正起到应有的防护作用，除在具体实施过程中由项目负责人、安全专职人员及相关作用班组长，对防护设施进行必要的监督制作过程和验收外，还应按规定要求每周进行不少于一次的检查工作，以确保防护设施的完好性，防止坠落事故的发生。

8）在外檐施工中，作业班组要对安全防护设施脚手架拉结点、安全平网和密目式安全网、脚手板等进行使用前检查，确认无误后，方能进行操作。

9）凡作业层以下无安全防护设施作业时，施工作业人员必须佩戴安全带或安全绳（使用前必须对安全防护设施进行检查），其安全带或安全绳的使用必须遵照高挂低用的原则。凡未使用防护用品用具的不准作业，以防止高处坠落事故的发生。

（4）预防触电事故的防护措施

根据国家《施工现场临时用电安全技术规范（附条文说明)》JGJ 46—2005 规定，为了加强施工现场用电管理，保障施工现场用电安全，防止触电事故发生，制定本措施。

1）安装作业前，必须按规范、标准、规定对安装作业人员进行安全技术及操作规程的交底工作。

2）在建工程外侧与外电高压线路未达到安全距离应增设屏障遮栏、围栏或保护网等防护。

3）施工现场专用的中性点直接接地的供电线路必须实行 TN-S 接零保护系统，同时必须做到三级控制两级保护，电箱为标准电闸箱，并采取防雨、防潮措施。

4）电气设备应根据地区或系统要求，做保护接零，或做保护接地，不得一部分设备做保护接零，另一部分设备做保护接地。

5）必须由持有上岗证件的专职电工，负责现场临时用的电管理及安拆。

6）对新调入工地的电气设备，在安装使用前，必须进行检验测试。经检测合格方能投入使用。

7）专职电工对现场电气设备每月进行巡查，项目部每周、公司每月对施工用电系统、漏电保护器进行一次全面系统的检查。

8）配电箱设在干燥通风的场所，周围不得堆放任何妨碍操作、维修的物品，并与被控制的固定设备距离不得超过 3m。安装和使用按"一机、一闸、一箱、一漏"的原则，不能同时控制两台或两台以上的设备，否则容易发生误操作事故。

9）配电箱应标明其名称、用途，并做出分路标志，门应配锁，现场停止作业 1h 以上时，应将开关箱断电上锁。

10）照明专用回路设置漏电保护器，灯具金属外壳做接零保护，室内线路及灯具安装高度低于 2.5m 的应有使用安全电压。在潮湿和易触及带电体的照明电源必须使用安全电压，电气设备架设或埋设必须符合要求，并保证绝缘良好，任何场合均不能拖地。

11）线路过道应按规定进行架设或地埋，破皮老化线路不准使用。

12）使用移动电气工具和混凝土振捣作业时，必须按规定穿戴绝缘防护用品。

13）凡从事与用电有关的施工作业时，必须实行电工跟班作业。

（5）防护物体打击事故的防护措施

为了保证施工人员的身体不受伤害及安全生产的顺利进行，根据国家、上级的现行法规、规范和标准要求制定本措施。

1）加强对施工人员的安全知识教育，提高安全意识和技能。

2）凡现场人员必须正确佩戴符合标准要求的安全帽。

3）经常进行安全检查，对于凡有可能造成落物或对人员形成打击威胁的部位，必须进行日巡查，保证其安全可靠。

4）对于泵车作业除设指挥人员外，对有危险区域应增设警戒人员，以确保人身安全。

5）施工现场严禁抛掷作业（其中包括架体拆除，模板支撑拆除及垃圾废物清理）。

6）按规范要求在上料架、进料架、通道口搭设合格的安全防护通道，以保证施工人员的安全。

7）作业前项目负责人必须根据现场情况进行安全技术交底，使作业人员明确安全生产状态及要点，避免事故发生。

8）作业前安全管理人员及操作手必须对设备进行检查运行，在确定无故障情况时方能进行作业。

（6）施工现场防火措施

1）加强对施工人员的消防安全知识教育，提高消防安全意识和防火救灾技能。

2）施工现场必须按上级要求建立义务消防队，成员应进行消防专业知识培训和教育，做到有备无患。

3）建立明火作业报告制度，凡需明火作业的部位和项目需提前向项目部提出申请，经批准方可进行明火作业，危险性较大的明火作业应有派专人监护。

4）配备足量的消防器材、用具和水源，并保证其常备有效，做到防患于未然。

5）严格对易燃易爆物品的管理，禁止将燃油、油漆、乙炔等物品混存于一般材料库房，应单独保管。

6）对易燃物品仓库选址要远离施工人员宿舍及火源存在区域，同时要增加防护设施。

7）临时用房、仓库必须留出足量的消防通道，以备应急之用。

8）对于临时线路要加强管理和检查，防止因产生电火花造成火灾。

9）定期对着火源、水源、消防器材等要害部位和设施进行安全检查，发现问题及时处理，将事故隐患消灭于萌芽状态。

（7）预防中毒事故的防护措施

为了防止现场中毒事故的发生，更好地保护施工人员的安全与健康，特制定本措施。

1）凡从事有毒有害化学物品作业时，作业人员必须佩戴防毒面具，并保证通风良好。

2）宿舍内严禁存放有毒有害及化学物品。

3）进行电焊工作时，除要用防护罩外，还应戴口罩，穿戴好防护手套、脚盖、帆布工作服。采用低尘少害的焊条或采用自动焊代替手工焊。

4）现场严禁使用明火照明，以防止火灾事故。

5）食堂要在卫生许可证，炊事人员必须持有健康证和体检合格证上岗。其生、熟食物必须分别加工制作存放。凡变质、腐烂的食品，严禁食用，每天要做好防蚊、蝇传染源的控制工作。

6）食堂内严禁非炊事人员进入，炊事人员不能留长指甲，并保持个人卫生清洁，对食堂做到每日清扫。

【案例】识别、分析施工安全危险源，确定施工现场各方位安全防范重点。

（1）背景

某室内装饰工程施工现场安全检查记录：

1）在多功能厅，电焊工 1 人在进行装饰钢架安装电焊作业。

2）无窗全封闭的卡拉 OK 厅，油漆工在进行墙面油漆涂饰施工。

3）走廊电工安装的临时照明 BL 塑钢线拖在地上。

4）楼内临时仓库里堆放材料有油漆 30 桶，钢龙骨配件 4 箱等。

5）施工现场安全资料检查记录

特种人员上岗证记录：架子工 6 人，班组长和兼职安全员向施工班组进行安全作业交底记录，5月份1~30日共有15天。

（2）问题

1）电焊机使用安全要求是什么？电焊工操作时应注意安全要点是什么？

2）涂饰施工安全管理控制要点是什么？

3）临时用电安全管理控制要点是什么？

4）易燃易爆物品存储管理控制要点是什么？

5）安全作业交底应注意什么？

答案：

【分析】

1）掌握电焊工操作时安全管理控制要点。

2）掌握在封闭环境涂饰施工安全管理控制要点。

3）掌握临时用电安全管理控制要点。

4）掌握易燃易爆物品安全管理控制要点。

5）掌握安全作业交底控制要点。

【答案】

1）电焊机安全要求包括：

· 安装后应有验收手续；

· 应做保护接零，设有漏电保护器；

· 有二次空载降压保护器或防触电保护器；

· 一次线长度不得超过规定，并应穿管保护；

· 电源应使用自动开关；

· 焊把线头不得超过3处，不得绝缘老化；

· 电焊机有防雨罩。

· 电焊机作业时，应派专业人员看火。

2）在封闭的施工作业环境下，应有通风（排风）换气装置，油漆工应戴防毒面具等防护用品。

3）临时用电安全管理要点：

· 临时照明线应采用多股铜芯橡皮护套软电缆；

· 临时照明线应架空褂置。

4）易燃易爆物品应放置楼外专用易燃品仓库，并配置消防设施，设专人看管。

5）应补充电工上岗证和电焊工上岗证，每日应进行交底，并有记录。

（三）建筑装饰工程施工安全事故的分类与处理

1. 建筑装饰工程施工安全事故的分类

（1）按安全事故伤害程度分类

根据《企业职工伤亡事故分类标准》GB 6441—86规定，按伤害程度分类为：

1）轻伤，指损失 1 个工作日至 105 个工作日以下的失能伤害；

2）重伤，指损失工作日等于和超过 105 个工作日的失能伤害，重伤的损失工作日最多不超过 6000 工日，

3）死亡，指损失工作日超过 6000 工日，这是根据我国职工的平均退休年龄和平均计算出来的。

（2）按安全事故类别分类

根据《企业职工伤亡事故分类标准》GB 6441—86 中，将事故类别划分为 20 类，即物体打击、车辆伤害、机械伤害、起重伤害、触电、淹溺、灼烫、火灾、高处坠落、坍塌、冒顶片帮、透水、放炮、瓦斯爆炸、火药爆炸、锅炉爆炸、容器爆炸、其他爆炸、中毒和窒息、其他伤害。

（3）按安全事故受伤性质分类

受伤性质是指人体受伤的类型．实质上是从医学的角度给予创伤的具体名称，常见的有：电伤、挫伤、割伤、擦伤、刺伤、撕脱伤、扭伤、倒塌压埋伤、冲击伤等。

（4）按生产安全事故造成的人员伤亡或直接经济损失分类

根据中华人民共和国国务院令第 493 号《生产安全事故报告和调查处理条例》第三条规定：生产安全事故（以下简称事故）造成的人员伤亡或者直接经济损失，事故一般分为以下等级：

1）特别重大事故，是指造成 30 人以上死亡，或者 100 人以上重伤（包括急性工业中毒），或者 1 亿元以上直接经济损失的事故；

2）重大事故，是指造成 10 人以上 30 人以下死亡，或者 50 人以上 100 人以下重伤，或者 5000 万元以上 1 亿元以下直接经济损失的事故；

3）较大事故，是指造成 3 人以上 10 人以下死亡，或者 10 人以上 50 人以下重伤，或者 1000 万元以上 5000 万元以下直接经济损失的事故；

4）一般事故，是指造成 3 人以下死亡，或者 10 人以下重伤，或者 1000 万元以下 100 万元以上直接经济损失的事故（其中 100 万元以上，是中华人民共和国建设部建质 [2007] 257 号《关于进一步规范房屋建筑和市政工程生产安全事故报告和调查处理工作的若干意见》中规定的）。

本等级划分所称的"以上"包括本数，所称的"以下"不包括本数。

2. 建筑装饰工程施工安全事故报告和调查处理

在建设工程生产过程中发生的安全事故，必须按照《生产安全事故报告和调查处理条例》（国务院令第 493 号，以下简称《条例》）和建设部制定的《关于进一步规范房屋建筑和市政工程生产安全事故报告和调查处理工作的若干意见》（建质 [2007] 257 号，以下简称《若干意见》）的有关规定，认真做好安全事故报告和调查处理工作，它是安全生产工作的一个重要环节。

生产安全事故报告和调查处理原则。根据国家法律法规的要求，在进行生产安全事故报告和调查处理时，要坚持实事求是、尊重科学的原则，既要及时、准确地查明事故原因，明确事故责任，使责任人受到追究；又要总结经验教训，落实整改和防范措施，防止

类似事故再次发生。因此，施工项目一旦发生安全事故，必须实施"四不放过"的原则：

　　1）事故原因未查明不放过；

　　2）事故责任者和员工未受到教育不放过；

　　3）事故责任者未处理不放过。

　　4）整改措施未落实不放过．

　　事故报告，根据《条例》和《若干意见》的要求，事故报告应当及时、准确、完整。任何单位和个人对事故不得迟报、漏报、谎报或者瞒报。

　　（1）施工单位事故报告要求

　　生产安全事故发生后，受伤者或最先发现事故的人员应立即用最快的传递手段，将发生事故的时间、地点、伤亡人数、事故原因等情况，向施工单位负责人报告；施工单位负责人接到报告后，应当在1小时内向事故发生地县级以上人民政府建设主管部门和有关部门报告。

　　情况紧急时，事故现场有关人员可以直接向事故发生地县级以上人民政府建设主管部门和有关部门报告。

　　实行施工总承包的建设工程，由总承包单位负责上报事故。

　　（2）建设主管部门事故报告要求

　　1）建设主管部门接到事故报告后，应当依照下列规定上报事故情况，并通知安全生产监督管理部门、公安机关、劳动保障行政主管部门、工会和人民检察院：

　　① 较大事故、重大事故及特别重大事故逐级上报至国务院建设主管部门；

　　② 一般事故逐级上报至省、自治区、直辖市人民政府建设主管部门；

　　③ 建设主管部门依照本条规定上报事故情况，应当同时报告本级人民政府。国务院建设主管部门接到重大事故和特别重大事故的报告后，应当立即报告国务院，必要时，建设主管部门可以越级上报事故情况。

　　2）建设主管部门按照上述规定逐级上报事故情况时，每级上报的时间不得超过2小时。

　　（3）事故报告的内容

　　1）事故发生的时间、地点和工程项目、有关单位名称；

　　2）事故的简要经过；

　　3）事故已经造成或者可能造成的伤亡人数（包括下落不明的人数）和初步估计的直接经济损失；

　　4）事故的初步原因；

　　5）事故发生后采取的措施及事故控制情况；

　　6）事故报告单位或报告人员；

　　7）其他应当报告的情况。

　　（4）事故报告后出现新情况，以及事故发生之日起30日内伤亡人数发生变化的，应当及时补报。

　　【案例】分析判断安全事故的等级、报告。

　　深圳某建筑装饰公司承建了郑州市一个四星级宾馆的装饰装修工程，工程在幕墙装修时采用的是可分段式整体提升脚手架，在进行降架作业时，架体与支撑架脱离，致使有 2 人死亡，10 人重伤。

问题：

1. 根据工程质量事故造成的人员伤亡或者直接经济损失，事故等级可划分为哪几个？所依据的规章制度是什么？

2. 本工程这起事故可定为哪种等级的事故？

3. 工程质量事故发生后，事故现场有关人员应该立即向谁报告？工程建设单位负责人应该向谁报告？

答案：

1. 工程质量事故分为 4 个等级：特别重大事故、重大事故、较大事故、一般事故。所依据的规章制度是《关于做好房屋建筑和市政基础设施工程质量事故报告和调查处理工作的通知》（建质〔2010〕111 号）。

2. 这起事故可定为较大事故，因为规定中规定：具备下列条件之一者为较大事故：造成 3 人以上 10 人以下死亡，或者 10 人以上 50 人以下重伤，或者 1000 万元以上 5000 万元以下直接经济损失的事故。此事故满足"10 人以上 50 人以下重伤"条件，包括 10 人。

3. 工程质量事故发生后，事故现场有关人员应当立即向工程建设单位负责人报告；工程建设单位负责人接到报告后，应于 1 小时内向事故发生地县级以上人民政府住房和城乡建设主管部门及有关部门报告。

五、工程质量管理的基本知识

（一）装饰装修工程质量管理概念和特点

1. 工程质量管理的特点

（1）工程项目的质量特性较多。

（2）工程项目形体庞大，高投入，周期长，牵涉面广，具有风险性。

（3）影响工程项目质量因素多。

（4）工程项目质量管理难度较大。

（5）工程项目质量具有隐蔽性。

2. 施工质量的影响因素及质量管理原则

建设工程质量简称工程质量，是指工程满足业主需要的、符合国家法律、法规、技术规范标准、设计文件及合同规定的特性综合。建设工程作为一种特殊的产品，除具有一般产品共有的质量特性，如性能、寿命、可靠性、安全性、经济性等满足社会需要的使用价值及其属性外，还具有特定的内涵。工程质量有以下几种特点：影响因素多；质量波动大；质量隐蔽性；终检的局限性；评价方法的特殊性。建设工程质量的特性主要表现在六个方面：适用性、耐久性、安全性、可靠性、经济性、与环境的协调性等，这六个方面的质量特性彼此之间是相互依存的，总体而言，这些方面都是必须达到的基本要求，缺一不可。

（1）影响工程质量的因素

1）人员素质

人是生产经营活动的主体，也是工程项目建设的决策者、管理者、操作者，工程建设的全过程，如项目的规划、决策、勘察、设计和施工，都是通过人来完成的。人员的素质，即人的文化水平、技术水平、决策能力、管理能力、组织能力、作业能力、控制能力、身体素质及职业道德等，都将直接和间接地对规划、决策、勘察、设计和施工的质量产生影响，而规划是否合理、决策是否正确、设计是否符合所需要的质量功能、施工能否满足合同、规范、技术标准的需要等，都将对工程质量产生不同程度的影响，所以人员素质是影响工程质量的一个重要因素。因此，建筑行业实行经营资质管理和各类专业从业人员持证上岗制度是保证人员素质的重要管理措施。

2）工程材料

工程材料泛指构成工程实体的各类建筑材料、构配件、半成品等，它是工程建设的物质条件，是工程质量的基础。工程材料选用是否合理、产品是否合格、材质是否经过检验、保管使用是否得当等等，都将直接影响建设工程的结构刚度和强度、影响工程外表及观感、影响工程的使用功能、影响工程的使用安全。

3）机械设备

机械设备可分为两类：一是指组成工程实体及配套的工艺设备和各类机具，如电梯、泵机、通风设备等，它们构成了建筑设备安装工程或工业设备安装工程，形成完整的使用功能。二是指施工过程中使用的各类机具设备，包括大型垂直与横向运输设备、各类操作工具、各种施工安全设施、各类测量仪器和计量器具等，简称施工机具设备，它们是施工生产的手段。机具设备对工程质量也有重要影响，工程用机具设备其产品质量优劣，直接影响工程使用功能质量。施工机具设备的类型是否符合工程施工特点，性能是否先进稳定，操作是否方便安全等，都将会影响工程项目的质量。

4）方法

方法是指工艺方法、操作方法和施工方案。在工程施工中，施工方案是否合理、施工工艺是否先进、施工操作是否正确，都将对工程质量产生重大的影响。大力推进采用新技术、新工艺、新方法，不断提高工艺技术水平，是保证工程质量稳定提高的重要因素。

5）环境条件

环境条件是指对工程质量特性起重要作用的环境因素，包括：工程技术环境，如工程地质、水文、气象等；工程作业环境，如施工环境作业面大小、防护设施、通风照明和通信条件等；工程管理环境，主要指工程实施的合同结构与管理关系的确定，组织体制及管理制度等；周边环境，如工程邻近的地下管线、建筑物等。环境条件往往对工程质量产生特定的影响。加强环境管理，改进作业条件，把握好技术环境，辅以必要的措施，是控制环境对质量影响的重要保证。

（2）质量管理原则

1）以顾客为关注焦点

组织依存于顾客。任何一个组织都应时刻关注顾客，将理解和满足顾客的要求作为首要工作考虑，并以此安排所有的活动，同时还应了解顾客要求的不断变化和未来的需求，并争取超越顾客的期望。

2）领导作用

领导者应当创造并保持使员工能充分参与实现组织目标的内部环境，确保员工主动理解和自觉实现组织目标，以统一的方式来评估、协调和实施质量活动，促进各层次之间协调。

3）全员参与

各级人员的充分参与，才能使他们的才干为组织带来收益。人是管理活动的主体，也是管理活动的客体。质量管理是通过组织内部各职能各层次人员参与产品实现过程及支持过程来实施的，全员的主动参与极为重要。

4）过程方法

将活动和相关的资源作为过程进行管理，可以更为高效地得到期望的结果。为使组织有效运作，必须识别和管理众多相互关联的过程，系统地识别和管理组织所应用的过程，特别是这些过程之间的相互作用，对于每一个过程做出恰当的考虑与安排，更加有效地使用资源、降低成本、缩短周期，通过控制活动进行改进，取得好的效果。

5）管理的系统方法

将相互关联的过程作为系统加以识别、理解和管理，有助于组织提高实现目标的有效性和效率。这是一种管理的系统方法，优点是可使过程相互协调，最大限度地实现预期的结果。

6）持续改进

持续改进是组织的一个永恒的目标。事物是在不断发展的，持续改进能增强组织的适应能力和竞争力，使组织能适应外界环境变化，从而改进组织的整体业绩。

7）基于事实的决策方法

有效的决策是建立在数据和信息分析的基础上，决策是一个行动之前选择最佳行动方案的过程。作为过程就应有信息和数据输入，输入信息和数据足够可靠，能准确地反映事实，则为决策方案奠定了重要的基础。

8）与供方互利的关系

任何一个组织都有其供方和合作伙伴，组织与供方是相互依存、互利的关系，合作得越来越好，双方都会获得效益。

（二）装饰装修工程材料质量控制

材料是工程施工的物质条件，没有材料就无法施工，材料的质量是工程质量的基础，材料质量不符合要求，工程质量也就不可能符合标准。所以，加强材料的质量控制，是提高工程质量的重要保证，也是创造正常施工条件的前提。

1. 材料质量控制的要点

（1）掌握材料信息，优选供货厂家

掌握材料质量、价格、供货能力的信息，选择好供货厂家，就可获得质量好、价格低的材料资源，从而确保工程质量，降低工程造价。这是企业获得良好社会效益、经济效益、提高市场竞争能力的重要因素。

（2）合理组织材料供应，确保施工正常进行

合理地、科学地组织材料的采购、加工、储备、运输，建立严密的计划、调度体系，加快材料的周转，减少材料的占用量，按质、按量、如期地满足建设需要，乃是提高供应效益，确保正常施工的关键环节。

（3）合理地组织材料使用，减少材料的损失

正确按定额计量使用材料，加强运输、仓库、保管工作，加强材料限额管理和发放工作，健全现场材料管理制度，避免材料损失、变质，乃是确保材料质量、节约材料的重要措施。

（4）加强材料检查验收，严把材料质量关

1）对用于工程的主要材料，进场时必须具备正式的出厂合格证的材质化验单。如不

具备或对检验证明有影响时，应补做检验。

2）凡标识不清或认为质量有问题的材料，对质量保证材料有怀疑或与合同规定不符的一般材料，由工程重要程度决定，应进行一定比例试验的材料，需要进行追踪检验，以控制和保证其质量的材料等，均应进行抽检。对于进口的材料设备和重要工程或关键施工部位所用的材料，则应进行全部检验。

3）在现场配制的材料，如混凝土、砂浆、防水材料、防腐材料、绝缘材料、保温材料等的配合比，应先提出试配要求，经试配检验合格后才能使用。

4）对进口材料、设备应会同商检局检验，如核对凭证中发现问题，应取得供方和商检人员签署的记录，按期提出索赔。

5）高压电缆、电压绝缘材料、要进行耐压试验。

（5）要重视材料的使用认证，以防错用或使用不合格的材料

1）对主要装饰材料及建筑配件，应在订货前要求厂家提供样品或看样订货；主要设备订货时，要审核设备清单，是否符合设计要求。

2）对材料性能、质量标准、适用范围和对施工要求必须充分了解，以便慎重选择和使用材料。如红色大理石或带色纹（红、暗红、金黄色纹）的大理石易风化剥落，不宜用作外装饰；外加剂木钙粉不宜用蒸汽养护等。

3）凡是用于重要结构、部位的材料，使用时必须仔细地核对、认证其材料的品种、规格型号、性能有无错误，是否适合工程特点和满足设计要求。

4）新材料应用，必须通过试验和鉴定；代用材料必须通过计算和充分的论证，并要符合结构构造的要求。

5）材料认证不合格时，不许用于工程中；有些不合格的材料，如过期、受潮的水泥是否降级使用，亦需结合工程的特点予以论证，但决不允许用于重要的工程或部位。

2. 材料质量控制的内容

材料质量控制的内容主要有：材料的质量标准，材料的性能，材料取样、试验方法，材料的适用范围和施工要求等。

（1）材料质量标准

材料质量标准是用以衡量材料质量的尺度，也是作为验收、检验材料质量的依据。不同的材料有不同的质量标准，如水泥的质量标准有细度、标准稠度用水量、凝结时间、强度、体积安定性等。掌握材料的质量标准，就便于可靠地控制材料和工程的质量。如水泥颗粒越细，水化作用就越充分，强度就越高；初凝时间过短，不能满足施工有足够的操作时间，初凝时间过长，又影响施工进度；安定性不良，会引起水泥石开裂，造成质量事故；强度达不到标号要求，直接危害结构的安全。为此，对水泥的质量控制，就是要检验水泥是否符合质量标准。

（2）材料质量的检（试）验

1）材料质量检验的目的

材料质量检验的目的，是通过一系列的检测手段，将所取得的材料数据与材料的质量标准相比较，借以判断材料质量的可靠性，能否使用于工程中；同时，还有利于掌握材料

信息。

2）材料质量的检验方法

材料质量检验方法有书面检验、外观检验、理化检验和无损检验等四种。

① 书面检验，是通过对提供的材料质量保证资料、试验报告等进行审核，取得认可方能使用。

② 外观检验，是对材料从品种、规格、标志、外形尺寸等进行直观检查，看其有无质量问题。

③ 理化检验，是借助试验设备和仪器对材料样品的化学成分、机械性能等进行科学的鉴定。

④ 无损检验，是在不破坏材料样品的前提下，利用超声波、X射线、表面探伤仪等进行检测。

3）材料质量检验程度

根据材料信息和保证资料的具体情况，其质量检验程度分免检、抽检和全检验三种。

① 免检就是免去质量检验过程。对有足够质量保证的一般材料，以及实践证明质量长期稳定且质量保证资料齐全的材料，可予免检。

② 抽检就是按随机抽样的方法对材料进行抽样检验。当对材料的性能不清楚，或对质量保证资料有怀疑，或对成批生产的构配件，均应按一定比例进行抽样检验。

③ 全检验，凡对进口的材料、设备和重要工程部位的材料，以及贵重的材料，应进行全部检验，以确保材料工程质量。

4）材料质量检验项目

材料质量的检验项目分："一般试验项目"，为通常进行的试验项目；"其他试验项目"；为根据需要进行的试验项目。如水泥，一般要进行标准稠度用水量、凝结时间、抗压和抗折强度检验；若是小窑水泥，往往由于安定性不良好，则应进行安定性检验。

5）材料质量检验的取样

材料质量检验的取样必须有代表性，即所采取样品的质量应能代表该批材料的质量。在采取试样时，必须按规定的部位、数量及采选的操作要求进行。

6）材料抽样检验的判断

抽样检验一般适用于对原材料、半成品或成品的质量鉴定。由于产品数量大或检验费用高，不可能对产品逐个进行检验，特别是破坏性和损伤性的检验。通过抽样检验，可判断整批产品是否合格。

7）材料质量检验的标准

对不同的材料，有不同的检验项目和不同的检验标准，而检验标准则是用以判断材料是否合格的依据。

（3）材料的选择和使用要求

材料的选择和使用不当，均会严重影响工程质量或造成质量事故。为此，必须针对工程特点，根据材料的性能、质量标准、适用范围和对施工要求等方面进行综合考虑，慎重地来选择和使用材料。例如，贮存期超过三个月的过期水泥或受潮、结块的水泥，需重新检定其标号，并且不允许用于重要工程中；不同品种、标号的水泥，由于水化热不同，不能混合使用；硅酸盐水泥、普通水泥因水化热大，适宜于冬期施工，而不适宜于大体积混凝土工程；矿渣水泥适用于配制大体积混凝土和耐热混凝土，但具有泌水性大的特点，易降低混凝土的匀质性和抗渗性，因此，在施工时必须加以注意。

（三）装饰装修工程施工质量控制

1. 影响工程项目质量的主要因素

建设工程项目质量的影响因素主要是指在建设工程项目质量目标策划、决策和实现过程中影响质量形成的各种客观因素和主观因素，包括人的因素、技术因素、管理因素、环境因素和社会因素等。

（1）人的因素

人的因素对建设工程项目质量形成的影响，取决于两个方面。一是指直接履行建设工程项目质量职能的决策者、管理者和作业者个人的质量意识及质量活动能力；二是指承担建设工程项目策划、决策或实施的建设单位、勘察设计单位、咨询服务机构、工程承包企业等实体组织的质量管理体系及其管理能力。前者是个体的人，后者是群体的人。我国实行建筑业企业经营资质管理制度、市场准入制度、执业资格注册制度、作业及管理人员持证上岗制度等，从本质上说，都是对从事建设工程活动的人的素质和能力进行必要的控制。此外，《建筑法》和《建设工程质量管理条例》还对建设工程的质量责任制度作出明确规定，譬如规定按资质等级承包工程任务，不得越级、不得挂靠、不得转包，严禁无证设计、无证施工等，从根本上说也是为了防止因人的资质或资格失控而导致质量活动能力和质量管理能力失控。

（2）技术因素

影响建设工程项目质量的技术因素涉及的内容十分广泛，包括直接的工程技术和辅助的生产技术，前者如工程勘察技术、设计技术、施工技术、材料技术等，后者如工程检测检验技术、试验技术等。建设工程技术的先进性程度，从总体上说取决于国家一定时期的经济发展和科技水平，取决于建筑业及相关行业的技术进步。对于具体的建设工程项目，主要是通过技术工作的组织与管理，优化技术方案，发挥技术因素对建设工程项目质量的保证作用。

（3）管理因素

影响建设工程项目质量的管理因素主要有决策因素和组织因素。其中，决策因素首先是业主方的建设工程项目决策；其次是建设工程项目实施过程中，实施主体的各项技术决策和管理决策。实践证明，不经过资源论证、市场需求预测，盲目建设，重复建设，建成后不能投入生产或使用，所形成的合格而无用途的建筑产品，从根本上是社会资源的极大浪费，不具备质量的适用性特征。同样，盲目追求高标准，缺乏质量经济性考虑的决策，也将对工程质量的形成产生不利的影响。

管理因素中的组织因素，包括建设工程项目实施的管理组织和任务组织。管理组织指建设工程项目管理的组织架构、管理制度及其运行机制，三者的有机联系构成了一定的组织管理模式，其各项管理职能的运行情况，直接影响着建设工程项目质量目标的实现。任务组织是指对建设工程项目实施的任务及其目标进行分解、发包、委托，以及对实施任务所进行的计划、指挥、协调、检查和监督等一系列工作过程，从建设工程项目质量控制的角度看，建设工程项目管理组织系统是否健全、实施任务的组织方式是否科学合理，无疑将对质量目标控制产生重要的影响。

（4）环境因素

一个建设项目的决策、立项和实施，受到经济、政治、社会、技术等多方面因素的影响。这些因素就是建设项目可行性研究、风险识别与管理所必须考虑的环境因素。直接影响建设工程项目质量的环境因素，一般是指建设工程项目所在地点的水文、地质和气象等自然环境；施工现场的通风、照明、安全卫生防护设施等劳动作业环境；以及由多单位、多专业交叉协同施工的管理关系、组织协调方式、质量控制系统等构成的管理环境。对这些环境条件的认识与把握，是保证建设工程项目质量的重要工作环节。

（5）社会因素

影响建设工程项目质量的社会因素，表现在建设法律法规的健全程度及其执法力度；建设工程项目法人或业主的理性化程度以及建设工程经营者的经营理念；建筑市场包括建设工程交易市场和建筑生产要素市场的发育程度及交易行为的规范程度；政府的工程质量监督及行业管理成熟程度；建设咨询服务业的发展程度及其服务水准的高低；廉政建设及行风建设的状况等。

总之，作为建设工程项目管理者，不仅要系统认识和思考以上各种因素对建设工程项目质量形成的影响及其规律，而且要分清哪些是可控因素，哪些是不可控因素。对于建设工程项目管理者而言，人、技术、管理和环境因素，是可控因素；社会因素存在于建设工程项目系统之外，一般情形下属于不可控因素，但可以通过自身的努力，尽可能做到趋利去弊。

2. 施工准备阶段的质量控制

（1）施工质量控制的基本环节

施工质量控制应贯彻全面、全过程质量管理的思想，运用动态控制原理，进行质量的事前控制、事中控制和事后控制。

1）事前质量控制

即在正式施工前进行的事前主动质量控制，通过编制施工质量计划，明确质量目标，制定施工方案，设置质量管理点，落实质量责任，分析可能导致质量目标偏离的各种影响因素，针对这些影响因素制定有效的预防措施，防患于未然。

事前质量预控必须充分发挥组织的技术和管理方面的整体优势，把长期形成的先进技术、管理方法和经验智慧，创造性地应用于工程项目。

事前质量预控要求针对质量控制对象的控制目标、活动条件、影响因素进行周密分析，找出薄弱环节，制定有效的控制措施和对策。

2）事中质量控制

事中质量控制指在施工质量形成过程中，对影响施工质量的各种因素进行全面的动态控制。事中质量控制也称作业活动过程质量控制，包括质量活动主体的自我控制和他人监控的控制方式。自我控制是第一位的，即作业者在作业过程对自己质量活动行为的约束和技术能力的发挥，以完成符合预定质量目标的作业任务；他人监控是指作业者的质量活动过程和结果，接受来自企业内部管理者和企业外部有关方面的检查检验，如工程监理机构、政府质量监督部门等的监控。

事中质量控制的目标是确保工序质量合格，杜绝质量事故发生；控制的关键是坚持质量标准；控制的重点是工序质量、工作质量和质量控制点的控制。

3）事后质量控制

事后质量控制也称为事后质量把关，以使不合格的工序或最终产品（包括单位工程或整个工程项目）不流入下道工序、不进入市场。事后控制包括对质量活动结果的评价、认定；对工序质量偏差的纠正；对不合格产品进行整改和处理。控制的重点是发现施工质量方面的缺陷，并通过分析提出施工质量的改进措施，使质量处于受控状态。

以上三大环节不是相互孤立和截然分开的，它们共同构成有机的系统过程，实质上也就是质量管理 PDCA 循环的具体化，在每一次滚动循环中不断提高，达到质量管理和质量控制的持续改进。

（2）施工准备阶段质量控制

1）施工技术准备工作的质量控制

施工技术准备是指在正式开展施工作业活动前进行的技术准备工作。这类工作内容繁多，主要在室内进行，譬如熟悉施工图纸，组织设计交底和图纸审查及进行工程项目检查验收的项目划分和编号，审核相关质量文件，细化施工技术方案和施工人员、机具的配置方案，编制施工作业技术指导书，绘制各种施工详图（如测量放线图、大样图及配筋、配板、配线图表等），进行必要的技术交底和技术培训。如果施工准备工作出错，必然影响施工进度和作业质量，甚至直接导致质量事故的发生。

技术准备工作的质量控制，包括对上述技术准备工作成果的复核审查，检查这些成果是否符合设计图纸和相关技术规范、规程的要求；依据经过审批的质量计划，审查、完善施工质量控制措施；针对质量控制点，明确质量控制的重点对象和控制方法；尽可能地提高上述工作成果对施工质量的保证程度等。

2）现场施工准备工作的质量控制

① 计量控制

这是施工质量控制的一项重要基础工作。施工过程中的计量，包括施工生产时的投料计量、施工测量、监测计量以及对项目、产品或过程的测试、检验、分析计量等。开工前要建立和完善施工现场计量管理的规章制度；明确计量控制责任者和配置必要的计量人员；严格按规定对计量器具进行维修和校验；统一计量单位，组织量值传递，保证量值统一，从而保证施工过程中计量的准确。

② 测量控制

工程测量放线是建设工程产品由设计转化为实物的第一步。施工测量质量的好坏，直接决定工程的定位和标高是否正确，并且制约施工过程有关工序的质量。因此，施工单位在开工前应编制测量控制方案，经项目技术负责人批准后实施。对建设单位提供的原始坐标点、基准线和水准点等测量控制点进行复核，并将复核结果上报监理工程师审核，批准后施工单位才能建立施工测量控制网，进行工程定位和标高基准的控制。

③ 施工平面图控制

建设单位应按照合同约定并充分考虑施工的实际需要，事先划定并提供施工用地和现场临时设施用地的范围，协调平衡和审查批准各施工单位的施工平面设计。施工单位要严格按照批准的施工平面布置图，科学合理地使用施工场地，正确安装设置施工机械设备和其他临时设施，维护现场施工道路畅通无阻和通信设施完好，合理控制材料的进场与堆放，保持良好的防洪排水能力，保证充分的给水和供电。

建设（监理）单位应会同施工单位制定严格的施工场地管理制度、施工纪律和相应的奖惩措施，严禁乱占场地和擅自断水、断电、断路，及时制止和处理各种违纪行为，并做好施工现场的质量检查记录。

④ 工程质量检查验收的项目划分

一个建设工程项目从施工准备开始到竣工交付使用，要经过若干工序、工种的配合施工。施工质量的优劣，取决于各个施工工序、工种的管理水平和操作质量。因此，为了便于控制、检查、评定和监督每个工序和工种的工作质量，就要把整个项目逐级划分为若干个子项目，并分级进行编号，在施工过程中据此来进行质量控制和检查验收。这是进行施工质量控制的一项重要准备工作，应在项目施工开始之前进行。项目划分越合理、明细，越有利于分清质量责任，便于施工人员进行质量自控和检查监督人员检查验收，也有利于质量记录等资料的填写、整理和归档。

根据《建筑工程施工质量验收统一标准》GB 50300—2001 的规定，建筑工程质量验收应逐级划分为单位（子单位）工程、分部（子分部）工程、分项工程和检验批。

3. 施工阶段的质量控制

施工过程的作业质量控制，是在工程项目质量实际形成过程中的事中质量控制。

建设工程项目施工是由一系列相互关联、相互制约的作业过程（工序）构成，因此施工质量控制，必须对全部作业过程，即各道工序的作业质量进行控制。从项目管理的立场看，工序作业质量的控制，首先是质量生产者即作业者的自控，在施工生产要素合格的条件下，作业者能力及其发挥的状况是决定作业质量的关键。其次，是来自作业者外部的各种作业质量检查、验收和对质量行为的监督，也是不可缺少的设防和把关的管理措施。

（1）工序施工质量控制

工序是人、材料、机械设备、施工方法和环境因素对工程质量综合起作用的过程，所以对施工过程的质量控制，必须以工序作业质量控制为基础和核心。因此，工序的质量控制是施工阶段质量控制的重点。只有严格控制工序质量，才能确保施工项目的实体质量。工序施工质量控制主要包括工序施工条件质量控制和工序施工效果质量控制。

1）工序施工条件控制

工序施工条件是指从事工序活动的各生产要素质量及生产环境条件。工序施工条件控制就是控制工序活动的各种投入要素质量和环境条件质量。控制的手段主要有：检查、测试、试验、跟踪监督等。控制的依据主要是：设计质量标准、材料质量标准、机械设备技术性能标准、施工工艺标准以及操作规程等。

2）工序施工效果控制

工序施工效果主要反映工序产品的质量特征和特性指标。对工序施工效果的控制就是控制工序产品的质量特征和特性指标达到设计质量标准以及施工质量验收标准的要求。工序施工效果控制属于事后质量控制，其控制的主要途径是：实测获取数据、统计分析所获取的数据、判断认定质量等级和纠正质量偏差。

按有关施工验收规范规定，在装饰装修工程中，幕墙工程的下列工序质量必须进行现场质量检测，合格后才能进行下道工序。

① 铝塑复合板的剥离强度检测。

② 石材的弯曲强度；室内用花岗石的放射性检测。

③ 玻璃幕墙用结构胶的邵氏硬度、标准条件拉伸粘结强度、相容性试验；石材用结构胶强度及石材用密封胶的污染性检测。

④ 建筑幕墙的气密性、水密性、风压变形性能、层间变位性能检测。

⑤ 硅固结构胶相容性检测。

（2）施工作业质量的自控

1）施工作业质量自控的意义

施工作业质量的自控，从经营层面上说，强调的是作为建筑产品生产者和经营者的施工企业，应全面履行企业的质量责任，向顾客提供质量合格的工程产品；从生产的过程来说，强调施工作业者的岗位质量责任，要向后道工序提供合格的作业成果（中间产品）。同理，供货厂商必须按照供货合同约定的质量标准和要求，对施工材料物资的供应过程实施产品质量自控。因此，施工承包方和供应方在施工阶段是质量自控主体，他们不能因为监控主体的存在和监控责任的实施而减轻或免除其质量责任。我国《建筑法》和《建设工程质量管理条例》规定：建筑施工企业对工程的施工质量负责；建筑施工企业必须按照工程设计要求、施工技术标准和合同的约定，对建筑材料、建筑构配件和设备进行检验，不合格的不得使用。

施工方作为工程施工质量的自控主体，既要遵循本企业质量管理体系的要求，也要根据其在所承建的工程项目质量控制系统中的地位和责任，通过具体项目质量计划的编制与实施，有效地实现施工质量的自控目标。

2）施工作业质量自控的程序

施工作业质量的自控过程是由施工作业组织成员进行的，其基本的控制程序包括：作业技术交底、作业活动的实施和作业质量的自检自查、互检互查以及专职管理人员的质量检查等。

① 施工作业技术的交底

技术交底是施工组织设计和施工方案的具体化，施工作业技术交底的内容必须具有可行性和可操作性。从建设工程项目的施工组织设计到分部分项工程的作业计划，在实施之前都必须逐级进行交底，其目的是使管理者的计划和决策意图为实施人员所理解。施工作业交底是最基层的技术和管理交底活动，施工总承包方和工程监理机构都要对施工作业交底进行监督。作业交底的内容包括作业范围、施工依据、作业程序、技术标准和要领、质量目标以及其他与安全、进度、成本、环境等目标管理有关的要求和注意事项。

②施工作业活动的实施

施工作业活动是由一系列工序所组成的。为了保证工序质量受控，首先要对作业条件进行再确认，即按照作业计划检查作业准备状态是否落实到位，包括对施工程序和作业工艺顺序的检查确认，在此基础上，严格按作业计划的程序、步骤和质量要求展开工序作业活动。

③施工作业质量的检验

施工作业的质量检查，贯穿整个施工过程的最基本的质量控制活动，包括施工单位内部的工序作业质量自检、互检、专检和交接检查；以及现场监理机构的旁站检查、平行检测等。施工作业质量检查是施工质量验收的基础，已完检验批及分部分项工程的施工质量，必须在施工单位完成质量自检并确认合格之后，才能报请现场监理机构进行检查验收。

前道工序作业质量经验收合格后，才可进入下道工序施工。未经验收合格的工序，不得进入下道工序施工。

3）施工作业质量自控的要求

工序作业质量是直接形成工程质量的基础，为达到对工序作业质量控制的效果，在加强工序管理和质量目标控制方面应坚持以下要求。

①预防为主

严格按照施工质量计划的要求，进行各分部分项施工作业的部署。同时，根据施工作业的内容、范围和特点，制定施工作业计划，明确作业质量目标和作业技术要领，认真进行作业技术交底，落实各项作业技术组织措施。

②重点控制

在施工作业计划中，一方面要认真贯彻实施施工质量计划中的质量控制点的控制措施，同时，要根据作业活动的实际需要，进一步建立工序作业控制点，深化工序作业的重点控制。

③坚持标准

工序作业人员在工序作业过程应严格进行质量自检，通过自检不断改善作业，并创造条件开展作业质量互检，通过互检加强技术与经验的交流。对已完工序作业产品，即检验批或分部分项工程，应严格坚持质量标准。对不合格的施工作业质量，不得进行验收签证，必须按照规定的程序进行处理。

《建筑工程施工质量验收统一标准》GB 50300—2001及配套使用的专业质量验收规范，是施工作业质量自控的合格标准。有条件的施工企业或项目经理部应结合自己的条件编制高于国家标准的企业内控标准或工程项目内控标准，或采用施工承包合同明确规定的更高标准，列入质量计划中，努力提升工程质量水平。

④记录完整

施工图纸、质量计划、作业指导书、材料质保书、检验试验及检测报告、质量验收记录等，是形成可追溯性的质量保证依据，也是工程竣工验收所不可缺少的质量控制资料。因此，对工序作业质量，应有计划、有步骤地按照施工管理规范的要求进行填写记载，做到及时、准确、完整、有效，并具有可追溯性。

4）施工作业质量自控的有有效制度

根据实践经验的总结，施工作业质量自控的有效制度有：

① 质量自检制度；

② 质量例会制度；

③ 质量会诊制度；

④ 质量样板制度；

⑤ 质量挂牌制度；

⑥ 每月质量讲评制度等。

（3）施工作业质量的监控

1）施工作业质量的监控主体

我国《建设工程质量管理条例》规定，国家实行建设工程质量监督管理制度。建设单位、监理单位、设计单位及政府的工程质量监督部门，在施工阶段依据法律法规和工程施工承包合同，对施工单位的质量行为和质量状况实施监督控制。

设计单位应当就审查合格的施工图纸设计文件向施工单位作出详细说明；应当参与建设工程质量事故分析，并对因设计造成的质量事故，提出相应的技术处理方案。

建设单位在领取施工许可证或者开工报告前，应当按照国家有关规定办理工程质量监督手续。

作为监控主体之一的项目监理机构，在施工作业实施过程中，根据其监理规划与实施细则，采取现场旁站、巡视、平行检验等形式，对施工作业质量进行监督检查，如发现工程施工不符合工程设计要求、施工技术标准和合同约定的，有权要求建筑施工企业改正。监理机构应进行检查而没有检查或没有按规定进行检查的，给建设单位造成损失时应承担赔偿责任。

必须强调，施工质量的自控主体和监控主体，在施工全过程相互依存、各尽其责，共同推动着施工质量控制过程的展开和最终实现工程项目的质量总目标。

2）现场质量检查

现场质量检查是施工作业质量监控的主要手段。

① 现场质量检查的内容

A　开工前的检查，主要检查是否具备开工条件，开工后是否能保持连续正常施工，能否保证工程质量。

B　工序交接检查，对于重要的工序或对工程质量有重大影响的工序，应严格执行"三检"制度（即自检、互检、专检），未经监理工程师（或建设单位技术负责人）检查认可，不得进行下道工序施工。

C　隐蔽工程的检查，施工中凡是隐蔽工程必细检查认证后方可进行隐蔽掩盖。

D　停工后复工的检查，因客观因素停工或处理质量事故等停工复工时，经检查认可后方能复工。

E　分项、分部工程完工后的检查，应经检查认可，并签署验收记录后，才能进行下一工程项目的施工。

F   成品保护的检查，检查成品有无保护措施以及保护措施是否有效可靠。

② 现场质量检查的方法

A   目测法

即凭借感官进行检查，也称观感质量检验，其手段可概括为"看、摸、敲、照"四个字。

看——就是根据质量标准要求进行外观检查，例如，清水墙面是否洁净，喷涂的密实度和颜色是否良好、均匀，工人的操作是否正常，内墙抹灰的大面及口角是否平直，混凝土外观是否符合要求等；

摸——就是通过触摸手感进行检查、鉴别，例如油漆的光滑度，浆活是否牢固、不掉粉等。

敲——就是运用敲击工具进行音感检查，例如，对地面工程、装饰工程中的水磨石、面砖、石材饰面等，均应进行敲击检查。

照——就是通过人工光源或反射光照射，检查难以看到或光线较暗的部位，例如，管道井、电梯井等内的管线、设备安装质量，装饰吊顶内连接及设备安装质量等。

B   实测法

就是通过实测数据与施工规范、质量标准的要求及允许偏差值进行对照，以此判断质量是否符合要求，其手段可概括为"靠、量、吊、套"四个字。

靠——就是用直尺、塞尺检查诸如墙面、地面、路面等的平整度。

量——就是指用测量工具和计量仪表等检查断面尺寸、轴线、标高、湿度、温度等的偏差，例如，大理石板拼缝尺寸，混凝土坍落度的检测等。

吊——就是利用托线板以及线锤吊钱检查垂直度，例如，砌体垂直度检查、门窗的安装等。

套——是以方尺套方，辅以塞尺检查，例如，对阴阳角的方正、踢脚线的平直度、门窗口及构件的对角线检查等。

C   试验法

指通过必要的试验手段对质量进行判断的检查方法，主要包括理化试验和无损检测两种。

3） 技术核定与见证取样送检

① 技术核定

在建设工程项目施工过程中，因施工方对施工图纸的某些要求不甚明白，或图纸内部存在某些矛盾，或工程材料调整与代用，改变建筑节点构造、管线位置或走向等，需要通过设计单位明确或确认的，施工方必须以技术核定单的方式向监理工程师提出，报送设计单位核准确认。

② 见证取样送检

为了保证建设工程质量，我国规定对工程所使用的主要材料、半成品、构配件以及施工过程留置的试块、试件等应实行现场见证取样送检。见证人员由建设单位及工程监理机构中有相关专业知识的人员担任；送检的试验室应具备经国家或地方工程检验检测主管部门核准的相关资质；见证取样送检必须严格按执行规定的程序进行，包括取样见证并记录、样本编号、填单、封箱、送试验室、核对、交接、试验检测、报告等。

　　检测机构应当建立档案管理制度。检测合同、委托单、原始记录、检测报告应当按年度统一编号，编号应当连续，不得随意抽撤、涂改。

　　（4）隐蔽工程验收与成品质量保护

　　1）隐蔽工程验收

　　凡被后续施工所覆盖的施工内容，如地基基础工程、钢筋工程、预埋管线等均属隐蔽工程。加强隐蔽工程质量验收，是施工质量控制的重要环节。其程序要求施工方首先应完成自检并合格，然后填写专用的《隐蔽工程验收单》。验收单所列的验收内容应与已完的隐蔽工程实物相一致，并事先通知监理机构及有关方面，按约定时间进行验收。验收合格的隐蔽工程由各方共同签署验收记录；验收不合格的隐蔽工程，应按验收整改意见进行整改后重新验收。严格隐蔽工程验收的程序和记录，对于预防工程质量隐患，提供可追溯质量记录具有重要作用。

　　2）施工成品质量保护

　　建设工程项目已完施工的成品保护，目的是避免已完施工成品受到来自后续施工以及其他方面的污染或损坏。已完施工的成品保护问题和相应措施，在工程施工组织设计与计划阶段就应该从施工顺序上进行考虑，防止施工顺序不当或交叉作业造成相互干扰、污染和损坏；成品形成后可采取防护、覆盖、封闭、包裹等相应措施进行保护。

4. 设置施工质量控制点的原则和方法

　　施工质量控制点的设置是施工质量计划的重要组成内容，施工质量控制点是施工质量控制的重点对象。

　　（1）质量控制点的设置原则

　　质量控制点应选择那些技术要求高、施工难度大、对工程质量影响大或是发生质量问题时危害大的对象进行设置。一般选择下列部位或环节作为质量控制点：

　　1）对工程质量形成过程产生直接影响的关键部位、工序、环节及隐蔽工程。

　　2）施工过程中的薄弱环节，或者质量不稳定的工序、部位或对象。

　　3）对下道工序有较大影响的上道工序。

　　4）采用新技术、新工艺、新材料的部位或环节。

　　5）施工质量无把握的、施工条件困难的或技术难度大的工序或环节。

　　6）用户反馈指出的和过去有过返工的不良工序。

　　一般建筑工程质量控制点的设置可参考表5-1。

分项工程的质量控制点设置 表5-1

分项工程	质量控制点设置
工程测量定位	标准轴线桩、水平桩、龙门板、定位轴线、标高
地基、基础 （含设备基础）	基坑（槽）尺寸、标高、土质、地基承载力，基础垫层标高，基础位置、尺寸、标高，预留洞孔的位置、标高、规格、数量，基础杯口弹线
砌体	砌体轴线，应数杆，砂浆配合比，预留洞孔、预埋件的位置、数量，砌块排列
模板	位置、标高、尺寸，预留洞孔位置、尺寸，预埋件的位置，模板的承载力、刚度和稳定性，模板内部清理及润湿情况

续表

分项工程	质量控制点设置
钢筋混凝土	水泥品种、强度等级，砂石质量，混凝土配合比，外加剂比例，混凝土振捣，钢筋品种、规格、尺寸、搭接长度，钢筋焊接、机械连接，预留洞、孔及预埋件规格、位置、尺寸、数量，预制构件吊装或出厂（脱模）强度，吊装位置、标高、支承长度、焊缝长度
吊装	吊装设备的起重能力、吊具、索具、地锚
钢结构	翻样图、放大样
焊接	焊接条件、焊接工艺
装修	视具体情况而定

（2）质量控制点的重点控制对象

质量控制点的选择要准确，还要根据对重要质量特性进行重点控制的要求，选择质量控制点的重点部位、重点工序和重点的质量因素作为质量控制点的控制对象，进行重点预控和监控，从而有效地控制和保证施工质量。质量控制点的重点控制对象主要包括以下几个方面：

1）人的行为：某些操作或工序，应以人为重点的控制对象，如高空、高温、水下、易燃易爆、重型构件吊装作业以及操作要求高的工序和技术难度大的工序等，都应从人的生理、心理、技术能力等方面进行控制。

2）材料的质量与性能：这是直接影响工程质量的重要因素，在某些工程中应作为控制的重点。如钢结构工程中使用的高强度螺栓、某些特殊焊接使用的焊条，都应重点控制其材质与性能；又如水泥的质量是直接影响混凝土工程质量的关键因素，施工中就应对进场的水泥质量进行重点控制，必须检查核对其出厂合格证，并按要求进行强度和安定性的复验等。

3）施工方法与关键操作：某些直接影响工程质量的关键操作应作为控制的重点，如预应力钢筋的张拉工艺操作过程及张拉力的控制，是可靠地建立预应力值和保证预应力构件质量的关键过程。同时，那些易对工程质量产生重大影响的施工方法，也应列为控制的重点，如大模板施工中模板的稳定和组装问题、液压滑模施工时支承杆稳定问题、升板法施工中提升量的控制问题等。

4）施工技术参数：如混凝土的外加剂掺量、水灰比，回填土的含水量，砌体的砂浆饱满度，防水混凝土的抗渗等级，建筑物沉降与基坑边坡稳定监测数据，大体积混凝土内外温差及混凝土冬期施工受冻临界强度等技术参数都是应重点控制的质量参数与指标。

5）技术间歇：有些工序之间必须留有必要的技术间歇时间，如砌筑与抹灰之间，应在墙体砌筑后留 5～10 天时间，让墙体充分沉降、稳定、干燥，然后再抹灰，抹灰层干燥后，才能喷白、刷浆；混凝土浇筑与模板拆除之间，应保证混凝土有一定的硬化时间，达到规定拆模强度后方可拆除等。

6）施工顺序：对于某些工序之间必须严格控制先后的施工顺序，如对冷拉的钢筋应当先焊接后冷拉，否则会失去冷强；屋架的安装固定，应采取对角同时施焊方法，否则会由于焊接应力导致校正好的屋架发生倾斜。

7）易发生或常见的质量通病：如混凝土工程的蜂窝、麻面、空洞，墙、地面、屋面工程渗水、漏水、空鼓、起砂、裂缝等，都与工序操作有关，均应事先研究对策，提出预防措施。

8）新技术、新材料及新工艺的应用：由于缺乏经验，施工时应将其作为重点进行控制。

9）产品质量不稳定和不合格率较高的工序应列为重点，认真分析，严格控制。

10）特殊地基或特种结构：对于湿陷性黄土、膨胀土等特殊土地基的处理，以及大跨度结构、高耸结构等技术难度较大的施工环节和重要部位，均应予以特别的重视。

（3）质量控制点的管理

设定了质量控制点，质量控制的目标及工作重点就更加明晰。

首先，要做好施工质量控制点的事前质量预控工作，包括：明确质量控制的目标与控制参数；编制作业指导书和质量控制措施；确定质量检查检验方式及抽样的数量与方法；明确检查结果的判断标准及质量记录与信息反馈要求等。

其次，要向施工作业班组进行认真交底，使每一个控制点上的作业人员明白施工作业规程及质量检验评定标准，掌握施工操作要领。在施工过程中，相关技术管理和质量控制人员要在现场进行重点指导和检查验收。

同时，还要做好施工质量控制点的动态设置和动态跟踪管理。所谓动态设置，是指在工程开工前、设计交底和图纸会审时，可确定项目的一批质量控制点，随着工程的展开、施工条件的变化，随时或定期进行控制点的调整和更新。动态跟踪是应用动态控制原理，落实专人负责跟踪和记录控制点质量控制的状态和效果，并及时向项目管理组织的高层管理者反馈质量控制信息，保持施工质量控制点的受控状态。

对于危险性较大的分部分项工程或特殊施工过程，除按一般过程质量控制的规定执行外，还应由专业技术人员编制专项施工方案或作业指导书，经项目技术负责人审批及监理工程师签字后执行。超过一定规模的危险性较大的分部分项工程，还要组织专家对专项方案进行论证。作业前施工员、技术员做好交底和记录，使操作人员在明确工艺标准、质量要求的基础上进行作业。为保证质量控制点的目标实现，应严格按照三级检查制度进行检查控制。在施工中发现质量控制点有异常时，应立即停止施工，召开分析会，查找原因采取对策予以解决。

施工单位应积极主动地支持、配合监理工程师的工作，应根据现场工程监理机构的要求，对施工作业质量控制点，按照不同的性质和管理要求，细分为"见证点"和"待检点"进行施工质量的监督和检查。凡属"见证点"的施工作业，如重要部位、特种作业、专门工艺等，施工方必须在该项作业开始前24小时，书面通知现场监理机构到位旁站，见证施工作业过程；凡属"待检点"的施工作业，如隐蔽工程等，施工方必须在完成施工质量自检的基础上，提前24小时通知项目监理机构进行检查验收，然后才能进行工程隐蔽或下道工序的施工。未经过项目监理机构检查验收合格，不得进行工程隐蔽或下道工序的施工。

5. 确定装饰装修施工质量控制点

（1）室内防水工程的施工质量控制点

1）厕浴间的基层（找平层）可采用1∶3水泥砂浆找平，厚度20mm抹平压光、坚实平整，不起砂，要求基本干燥；泛水坡度应在2%以上，不得倒坡积水；在地漏边缘向外50mm内排水坡度为5%。

2）浴室墙面的防水层不得低于 1800mm。

3）玻纤布的接槎应顺流水方向搭接，搭接宽度应不小于 100mm．两层以上玻纤布的防水施工，上、下搭接应错开幅宽的二分之一。

（2）抹灰工程的施工质量控制点

1）控制点

① 空鼓、开裂和烂根。

② 抹灰面阴阳角垂直、方正度。

③ 踢脚板和墙裙等上口平直度控制。

④ 接槎颜色。

2）预防措施

① 基层应清理干净，抹灰前要浇透水，注意砂浆配合比，使底层砂浆与墙面、楼板粘结牢固；抹灰时应分层分遍压实，施工完后及时浇水养护。

② 抹灰前要认真用托线板、靠尺对抹灰墙面尺寸预测摸底，安排好阴阳角不同两个面的灰层厚度和方正，认真做好灰饼、冲筋；阴阳角处用方尺套方，做到墙面垂直、平顺、阴阳角方正。

③ 踢脚板、墙裙施工操作要仔细，认真吊垂直、拉通线找直找方，抹完灰后用板尺将上口刮平、压实、赶光。

④ 要采用同品种、同强度等级的水泥，严禁混用，防止颜色不均；接槎应避免在块中间，应留在分格条处。

（3）门窗工程的施工质量控制点

1）控制点

① 门窗洞口预留尺寸。

② 合页、螺丝、合页槽。

③ 上下层门窗顺直度，左右门窗安装标高。

2）预防措施

① 砌筑时上下左右拉线找规矩，一般门窗框上皮应低于门窗过梁 10～15mm，窗框下皮应比窗台上皮高 5mm。

② 合页位置应距门窗上下端宜取立梃高度的 1/10；安装合页时，必须按画好的合页位置线开凿合页槽，槽深应比合页厚度大 1～2mm；根据合页规格选用合适的木螺丝，木螺丝可用锤打入 1/3 深后，再行拧入。

③ 安装人员必须按照工艺要点施工，安装前先弹线找规矩，做好准备工作后，先安样板，合格后再全面安装。

（4）饰面板（砖）工程的施工质量控制点（石材）

1）控制点

① 石材挑选，色差。

② 骨架安装或骨架防锈处理。

③ 石材安装高低差、平整度。

④ 石材运输、安装过程中磕碰。

2）预防措施

① 石材选样后进行对样，按照选样石材，对进场的石材检验挑选，对于色差较大的应进行更换。

② 严格按照设计要求的骨架固定方式，固定牢固，必要时应做拉拔试验。必须按要求刷防锈漆处理。

③ 安装石材应吊垂直线和拉水平线控制，避免出现高低差。

④ 石材在运输、二次加工、安装过程中注意不要磕碰。

（5）地面石材工程的施工质量控制点

1）控制点

① 基层处理。

② 石材色差，加工尺寸偏差，板厚差。

③ 石材铺装空鼓，裂缝，板块之间高低差。

④ 石材铺装平整度、缺棱掉角，板块之间缝隙不直或出现大小头。

2）预防措施

① 基层在施工前一定要将落地灰等杂物清理干净。

② 石材进场时必须进行检验与样板对照，并对石材每一块进行挑选检查，符合要求的留下，不符合要求的放在一边。

③ 石材铺装时应预铺，符合要求后正式铺装，保证干硬性砂浆的配合比和结合层砂浆的配比及涂刷时间，保证石材铺装下的砂浆饱满。

④ 石材铺装好后加强保护严禁随意踩踏，铺装时，应用水平尺检查。对缺棱掉角的石材应挑选出来，铺装时应拉线找直，控制板块的安装边平直。

（6）地面面砖工程的施工质量控制点

1）控制点

① 地面砖釉面色差及棱边缺损，面砖规格偏差翘曲。

② 地面砖空鼓、断裂。

③ 地面砖排版、砖缝不直、宽窄不均匀、勾缝不实。

④ 地面出现高低差，平整度。

⑤ 有防水要求的房间地面找坡、管道处套割。

2）预防措施

① 施工前地面砖需要挑选，将颜色、花纹、规格尺寸相同的砖挑选出来备用。

② 地面基层一定要清理干净，地砖在施工前必须提前用清水浸润，保证含水率，地面铺装砂浆时应先将板块试铺后，检查干硬性砂浆的密实度，安装时用橡皮锤敲实，保证不出现空鼓、断裂。

③ 地面铺装时一定要做出灰饼标高，拉线找直，水平尺随时检查平整度。擦缝要仔细。

④ 有防水要求的房间，按照设计要求找出房间的流水方向找坡；套割仔细。

（7）轻钢龙骨石膏板吊顶工程控制点

1）控制点

① 基层清理。

② 吊筋安装与机电管道等相接触点。

③ 龙骨起拱。

④ 施工顺序。

⑤ 板缝处理。

2）预防措施

① 吊顶内基层应将模板、松散混凝土等杂物清理干净；

② 吊顶内的吊筋不能与机电、通风管道和固定件相接触或连接；

③ 按照设计和施工规范要求，需要对吊顶起拱 1/200；

④ 完成主龙骨安装后，机电等设备工程安装测试完毕；

⑤ 石膏板板缝之间应留楔口，表面粘玻璃纤维布。

（8）轻钢龙骨隔断墙工程施工质量控制点

1）控制点

① 基层弹线。

② 龙骨的间距、大小和强度。

③ 自攻螺丝的间距。

④ 石膏板间留缝。

2）预防措施

① 按照设计图纸进行定位并做预检记录。

② 检查隔墙龙骨的安装间距是否与交底相符合。

③ 自攻螺丝的间距控制在 150mm 左右，要求均匀布置。

④ 板块之间应预留缝隙保证在 5mm 左右。

（9）涂料工程的施工质量控制点

1）控制点

① 基层清理。

② 墙面阴阳角偏差。

③ 墙面腻子平整度，阴阳角方正度。

④ 涂料的遍数，漏底，均匀度、刷纹等情况。

2）预防措施

① 基层一定要清理干净，有油污的应用 10% 的火碱水液清洗，松散的墙面和抹灰应清除，修补牢固。

② 墙面的空鼓、裂缝等应提前修补，保证墙面含水率小于 8%。

③ 涂料的遍数一定要满足设计要求，保证涂刷均匀。

④ 对涂料的稠度必须控制，不能随意加水等。

（10）裱糊工程施工质量控制点。

1）控制点

① 基层起砂、空鼓、裂缝等问题。

② 壁纸裁纸准确度。

③ 壁纸裱糊气泡、皱褶、翘边、脱落等缺陷。

④ 表面质量。

2）预防措施

① 贴壁纸前应对墙面基层用腻子找平，保证墙面的平整度，并且不起灰，基层牢固。

② 壁纸裁纸时应搭设专用的裁纸平台，采用铝尺等专用工具。

③ 裱糊过程中应按照施工规程进行操作，必须润纸的应提前进行，保证质量；刷胶要均匀厚薄一致，滚压均匀。

④ 施工时应注意表面平整，因此先要检查基层的平整度；施工时应戴白手套；接缝要直，接缝一般要求在阴角处。

（11）木护墙、木筒子板细部工程的施工质量控制点

1）控制点

① 木龙骨、衬板防腐防火处理。

② 龙骨、衬板、面板的含水率要求。

③ 面板花纹、颜色，纹理。

④ 面板安装汽钉间距，饰面板背面刷乳胶。

⑤ 饰面板变形、污染。

2）预防措施

① 木龙骨、衬板必须提前做防腐、防火处理。

② 龙骨、衬板、面板含水率控制在 12% 左右。

③ 面板进场时应加强检验，在施工前必须进行挑选，按设计要求的花纹达到一致，在同一墙面、房间要颜色一致。

④ 施工时应按照要求进行施工，注意检查。

⑤ 饰面板进场后，应刷封底漆一遍。

（四）装饰装修施工质量问题的处理方法

1. 施工质量问题的分类与识别

建设工程质量问题通常分为工程质量缺陷、工程质量通病、工程质量事故等三类。

（1）工程质量缺陷

工程质量缺陷是指建筑工程施工质量中不符合规定要求的检验项或检验点，按其程度可分为严重缺陷和一般缺陷。严重缺陷是指对结构构件的受力性能或安装使用性能有决定性影响的缺陷；一般缺陷是指对结构构件的受力性能或安装使用性能无决定性影响的缺陷。

（2）工程质量通病

工程质量通病是指各类影响工程结构、使用功能和外形观感的常见性质量损伤。犹如"多发病"一样，故称质量通病。

（3）工程质量事故

工程质量事故是指对工程结构安全、使用功能和外形观感影响较大、损失较大的质量损伤。

1）工程质量事故的分类

工程质量事故的分类方法较多，目前国家根据工程质量事故造成的人员伤亡或者直接经济损失，工程质量事故分为 4 个等级：

① 特别重大事故，是指造成 30 人以上死亡，或者 100 人以上重伤，或者 1 亿元以上直接经济损失的事故；

② 重大事故，是指造成 10 人以上 30 人以下死亡，或者 50 人以上 100 人以下重伤，或者 5000 万元以上 1 亿元以下直接经济损失的事故；

③ 较大事故，是指造成 3 人以上 10 人以下死亡，或者 10 人以上 50 人以下重伤，或者 1000 万元以上 5000 万元以下直接经济损失的事故；

④ 一般事故，是指造成 3 人以下死亡，或者 10 人以下重伤，或者 100 万元以上 1000 万元以下直接经济损失的事故。

本等级划分所称的"以上"包括本数，所称的"以下"不包括本数。

2）工程质量事故常见的成因

① 违背建设程序；

② 违反法规行为；

③ 地质勘察失误；

④ 设计差错；

⑤ 施工与管理不到位；

⑥ 使用不合格的原材料、制品及设备；

⑦ 自然环境因素；

⑧ 使用不当。

2. 装饰装修工程中常见的质量问题（通病）

建筑装饰装修工程常见的施工质量缺陷有：空、裂、渗、观感效果差等。装饰装修工程各分部（子分部）、分项工程施工质量缺陷详见表 5-2。

装饰装修工程各分部（子部）、分项工程的质量问题（通病）　　　表 5-2

序号	分部（子分部）、分项工程名称	质量问题（通病）
1	地面工程	水泥地面起砂、空鼓、泛水、渗漏等；板块地面、天然石材地面色泽、纹理不协调，泛碱、断裂，地面砖爆裂拱起、板块类地面空鼓等；木、竹地板地面表面不平整、拼缝不严、地板起鼓等
2	抹灰工程	一般抹灰：抹灰层脱层、空鼓，面层：爆灰、裂缝、表面不平整、接搓和抹纹明显等；装饰抹灰除一般抹灰存在的缺陷外，还存在色差、掉角、脱皮等
3	门窗工程	木门窗：安装不牢固、开关不灵活、关闭不严密、安装留缝大、倒翘等　金属门窗：划痕、碰伤、漆膜或保护层不连续；框与墙体之间的缝隙封胶不严密；表面不光滑、顺直，有裂纹；扇的橡胶密封条或毛毡密封条脱槽；排水孔不畅通等

续表

序号	分部（子分部）、分项工程名称	质量问题（通病）
4	吊顶工程	（1）吊杆、龙骨和饰面材料安装不牢固 （2）金属吊杆、龙骨的接缝不均匀，角缝不吻合，表面不平整、翘曲、有锤印；木质吊杆、龙骨不顺直、劈裂、变形 （3）吊顶内填充的吸声材料无防散落措施 （4）饰面材料表面不洁净、色泽不一致，有翘曲、裂缝及缺损
5	轻质隔墙工程	墙板材安装不牢固、脱层、翘曲，接缝有裂缝或缺损
6	饰面板（砖）工程	安装（粘贴）不牢固、表面不平整、色泽不一致，裂痕和缺损，石材表面泛碱
7	涂饰工程	泛碱、咬色、流坠、疙瘩、砂眼、刷纹、漏涂、透底、起皮和掉粉
8	裱糊工程	拼接、花饰不垂直，花饰不对称，离缝或亏纸，相邻壁纸（墙布）搭缝，翘边，壁纸（墙布）空鼓，壁纸（墙布）死折，壁纸（墙布）色泽不一致
9	细部工程	橱柜制作与安装工程：变形、翘曲、损坏、面层拼缝不严密
		窗帘盒、窗台板、散热器罩制作与安装工程：窗帘盒安装上口下口不平、两端距窗洞口长度不一致；窗台板水平度偏差大于2mm，安装不牢固、翘曲；散热器罩翘曲、不平
		木门窗套制作与安装工程：安装不牢固、翘曲，门窗套线条不顺直、接缝不严密、色泽不一致
		护栏和扶手制作与安装工程：护栏安装不牢固、护栏和扶手转角弧度不顺、护栏玻璃选材不当等
		花饰制作与安装工程：条形花饰歪斜、单独花饰中心位置偏移、接缝不严、有裂缝等

3. 形成质量问题的原因分析

建筑装饰装修工程施工质量问题产生的原因是多方面的，其施工质量缺陷原因分析应针对影响施工质量的五大要素（4M1E：人、机械、材料、施工方法、环境条件），运用排列图、因果图、调查表、分层法、直方图、控制图、散布图、关系图法等统计方法进行分析，确定建筑装饰装修工程施工质量问题产生的原因。主要原因有五方面：

（1）企业缺乏施工技术标准和施工工艺规程。

（2）施工人员素质参差不齐，缺乏基本理论知识和实践知识，不了解施工验收规范。质量控制关键岗位人员缺位。

（3）对施工过程控制不到位，未做到施工按工艺、操作按规程、检查按规范标准，对分项工程施工质量检验批的检查评定流于形式，缺乏实测实量。

（4）工业化程度低。

（5）违背客观规律，盲目缩短工期和抢工期，盲目降低成本等。

4. 质量问题的处理方法

（1）及时纠正

一般情况下，建筑装饰装修工程施工质量问题出现在工程验收的最小单位——检验批，施工过程中应早发现，并针对具体情况，制定纠正措施，及时采用返工、有资质的检测单位检测鉴定、返修或加固处理等方法进行纠正；通过返修或加固处理仍不能满足安全使用要求的分部工程、单位（子单位）工程严禁验收。

（2）合理预防

担任项目经理的建筑工程专业建造师在主持施工组织设计时，应针对工程特点和施工管理能力，制定装饰装修工程常见质量问题的预防措施。

【案例】识别、分析抹灰、吊顶、轻质隔墙、墙体保温工程的质量缺陷

案例一

一、背景：

洛阳市某小区5号楼工程由某省第二建筑集团第一分公司承建。2010年10月12日主体结构及砌体全部施工完毕。2010年11月粉刷施工队开始进场施工，到2011年6月25日抹灰工程结束。质检人员在2011年4月份大检查中发现个别房间抹灰层空鼓但无裂缝，公司开始组织人员进行维修。在2011年5月20日再次大检查时发现大部分房间粉刷层空鼓并且墙面有很多裂纹，这时引起公司重视，开始组织专家到现场查勘并查找墙面粉刷层空鼓、裂缝的原因。

二、问题：

公司进行质量大检查中，发现房间粉刷层空鼓并且墙面有很多裂纹。分析产生缺陷的原因。

三、分析：

1. 材料方面

通过检查施工现场维修剔凿砂浆来看，砂料多为机制砂，并砂子含泥量较大，粉刷层强度有的较高有的无强度。从以上现象分析，粉刷砂浆配比严重失控。并且对材料质量把控不严，砂子多为机制砂和面砂。

2. 基层处理方面

对现场剔凿后对基底墙面进行查看，发现基底墙面喷浆已经脱落，且喷浆无强度，并且发现混凝土结构与填充墙交结部位在粉刷前有部分未加设钢丝网片。从以上现象分析，施工单位在粉刷前对基层墙面处理不到位，喷浆质量没把控。根据公司技术标准，在粉刷前要对基底墙面进行处理或者浇水湿润，特别对混凝土剪力墙面的处理，因为在安装板模时模板表面刷一层隔离剂粘在混凝土表面上，如果不将这层隔离剂处理掉对喷浆和粉刷都是一种危害。在喷浆前必须对基底不同材质的墙面进行采取措施（加设钢丝网片）。对于加气块墙面一定先浇水湿润再喷浆否则喷到墙面的浆都不能很好与墙粘接。要求喷浆施工完后进行养护3天以上，以保证浆料的强度，对喷浆材料检验要合格，尤其对胶与水的比例要控制好。

3. 环境温度影响

根据对该工程进度和施工时间分析，粉刷期在冬季，在这个季节抹灰往往受温度影响比较大，如果不采取措施抹灰质量就没有保障。工地在砂浆中加入防冻剂，同时为了增加砂浆和易性并减少水泥的用量，施工单位加入砂浆王。加入砂浆王除了增加砂浆和易以外，其他都是副作用，尤其他对水泥的影响更大，参入砂浆王的砂浆能削减砂浆水泥强度

50％～70％。

4. 施工工艺方面

通过查看现场剔凿抹灰层，抹灰层厚度都在 20mm 以上，并且均为一次完成。抹灰施工工艺为：基层处理→加设钢丝网片→找规矩、做灰饼、冲筋→浇水湿润→抹底灰→抹中层灰→抹面层灰。对抹灰施工工艺中最难控制的是一次抹成或者第一道打底灰之后立即进行第二道抹灰。一次抹灰由于抹灰层太厚靠砂浆层的自重下坠，造成抹灰层粘接不牢，产生裂缝或空鼓。第一道打底抹灰之后立即进行第二道施工，抹第二道时会造成扰动第一道抹灰层与墙面的凝固粘接，造成抹灰层粘接不牢，产生裂缝或空鼓。

5. 浇水养护

查看现场剔凿粉刷层颜色，所有粉刷层颜色全都发白，这说明墙面抹灰之后就没浇水养护。由于砂浆在凝固期间水分丢失较严重，如果不及时浇水抹灰层很容易收缩与墙面产生裂缝，造成抹灰层空鼓。

案例二

一、背景

某宾馆大厅约为 300m²，正在进行室内装饰装修改造工程施工，按照先上后下，先湿后干，先水电通风后装饰装修的施工顺序，现正在进行吊顶工程施工，按设计要求，顶面为轻钢龙骨纸面石膏板不上人吊顶，装饰面层为耐擦洗涂料。但竣工验收后三个月，顶面局部产生凸凹不平和石膏板接缝处产生裂缝现象。

二、问题：

竣工交验三个月后吊顶面局部产生凹凸不平的原因及板缝开裂，结合工程实际，试分析其原因。

三、分析：

1. 此项工程为改造工程，后置锚固件安装时，特别是选择用的胀管螺栓安装不牢固，吊杆局部下坠。

2. 不上人吊顶的吊杆应选用 $\phi6$ 钢筋，并应经过拉伸，施工时，可能使用未经拉伸的钢筋作为吊杆，当龙骨和饰面板涂料施工完毕后，吊杆的受力产生不均匀现象。

3. 吊点间距的设置，未按规范要求施工，没有满足不大于 1.2m 的要求，特别是遇到设备时，没有增设吊杆或调整吊杆的构造，是产生顶面凹凸不平的关键原因之一。

4. 吊顶骨架安装时，主龙骨的吊挂件、连接件的安装可能不牢固，连接件没有错位安装，次龙骨安装时未能紧贴主龙骨，次龙骨的安装间距大于 600mm，这些都是产生吊顶面质量问题的原因。

5. 骨架施工完毕后，隐蔽检查验收不认真，误差过大。

6. 骨架安装后安装纸面石膏板，板材安装前，特别是切割边对接处横撑龙骨的安装是否符合要求。

7. 由于后置锚固件、吊杆、主龙骨、次龙骨安装都各有不同难度的质量问题，板材安装尽管符合规范规定，但局部骨架产生垂直方向位移，必定带动板材发生变动。

8. 大厅部位，300m² 的吊顶已属大面积吊顶，设计方亦应考虑吊顶骨架的加强措施。

9. 除上述施工、技术、设计、管理方面的原因外，各种材料的材质、规格，以及验收是否符合设计和国家现行标准的规定也是非常重要的原因。

案例三

一、背景：

某装饰公司在一办公楼装修施工中，根据业主要求，隔墙采用 GRC 轻质空心隔墙板。公司先做一个样板间。按设计要求，隔墙样板施工完毕，在业主验收之前，施工技术人员发现隔墙样板有多道竖向微小裂缝，且缝隙间隔均匀。技术人员立即报告项目技术负责人，项目部通知业主推迟验收，同时马上组织有关人员到现场进行了检测，分析缺陷原因，制定出一系列整改措施。同时拆除了原样板，按整改措施严格施工，顺利通过业主验收。

二、问题：

1. GRC 轻质空心隔墙板有哪些优点。

2. 分析 GRC 轻质空心隔墙裂缝原因。

3. 应采取哪些措施预防 GRC 轻质空心隔墙裂缝？

三、分析：

1. GRC 是 Glass Fiber Rinforced Cement（玻璃纤维增强水泥）的缩写，是一种新型轻质墙体材料。近年来 GRC 轻质空心隔墙板因其具有轻质、耐水、防潮、安装速度快且易于操作、可提高建筑使用面积等优点，又能有效保护耕地、推进工业废料利用，而逐步得到推广应用。

2. 通过现场观测，裂缝竖向垂直，裂缝之间宽度整好和 GRC 板材宽度一致，裂缝处正好是板材的接缝处。拆除板材，发现板材边缘没处理干净的废机油。板材生产厂家使用废机油作为脱模剂，施工人员在施工时，没有把板材的脱模剂处理干净，造成边缘的墙板与嵌缝砂浆之间的粘结力减小，同时施工完毕后，室内外温差大，材料之间热胀冷缩系数不同，导致隔墙产生裂缝缺陷。除此之外，还有其他因素也会使 GRC 轻质空心隔墙产生裂缝。譬如板自身质量对板缝开裂的影响，板材配比不合理，强度低，极易开裂；养护期不足，收缩未完成即出厂；还有施工安装的因素，湿板上墙，安装后的板材产生干燥收缩，在抗拉最薄弱的环节——板与板、板与墙柱、梁板或房顶交接处，易产生裂缝；连续长墙安装。大开间结构的建筑，一次安装过长的墙板，由于各种收缩因素的累积产生收缩应力，造成墙板开裂；墙板开槽回填不实，填洞材料与尺寸不规范，产生内应力，易造成墙板开裂；配制粘接胶浆用的水泥标号与 GRC 板所用水泥标号不一致，也容易在粘接处因 2 种水泥的缩水性能不一致而导致开裂，等等。

3. 防止板缝及空洞处开裂的措施

（1）控制进场板材质量。GRC 板要求质地均匀、密实，棱角楔头完整，板面平整，纵向无扭曲等缺陷；强度低、养护期不到的不得进场；选用非废机油脱模剂的板材，或安装前及时、认真清理；尽量选用半圆弧企口形板缝的板材。

（2）施工前必须选用充分干燥的 GRC 轻板。

（3）改进施工工序。严格按下列工艺流程组织施工：清整楼面→定位放线→配板→安装上端钢卡板→配制胶结料→接口抹灰→立板临时固定→板缝处理及粘贴嵌缝带→下端钢卡板安装→板缝养护→装饰层施工前基层处理→设置标点（筋）→装饰粘结层→装饰基层→装饰面层→涂层。

（4）选用和与 GRC 轻板同品种、同标号的水泥配制粘接胶浆；板间竖向接口用低碱水泥胶（低碱水泥∶107 胶∶水＝2∶1∶0.2）胶结料；也可采用专用嵌缝剂，嵌缝剂应具有抗裂性，一般须在产品中掺加抗裂纤维以增加柔韧性、提高抗裂性能，常用的纤维有木纤维、杜拉纤维和丙纶等。

（5）竖向板缝，要将接口胶结料挤压密实，随时捻口，GRC 板上下水平缝要用低碱水泥砂浆嵌缝并抹成八字角。竖板缝两侧粘 80mm 宽嵌缝带。

（6）对于大开间的结构，安装时每隔 3～5m 预留一处安装缝不处理，放置一段时间，待应力释放完毕后再处理。

（7）提高操作工人责任心和技术水平，操作工人要经过专业岗前教育培训，安装工人必须相对稳定。

【案例】识别、分析饰面板（砖）、涂饰、裱糊、软包、装饰楼地面工程的质量缺陷

案例四

一、背景：

某住宅小区建筑面积 47200m²，由 12 幢住宅组成，已竣工。外墙为 100×100 锦砖铺贴，室内为粗装修。住户开始二次装修时，发现部分外墙有渗水现象，致使内墙面浸水、发霉留下黑斑，严重影响住宅的美观和正常使用。针对这一现象，施工单位专门成立了一个外墙渗水防治管理小组，分析该工程渗水原因，制订防水对策，严格监控下实施，在住宅工程上有效地防治了外墙渗水问题。

二、问题：

1. 分析外墙面砖墙面渗漏原因。

2. 对已出现的外墙面砖墙面渗漏如何处理？

三、分析：

1. 通过现场调查、分析发现，产生这种渗漏原因有多种：

（1）设计因素：各种外墙构造对漏水的影响，即设计方面的因素有：

① 局部墙面设计纯为美观起见而将外墙饰面砖（小型）设计成细缝拼接，这样砖与砖之间不能嵌填封闭材料，出现漏水可能性较大。

② 设计外墙窗平齐饰面外端，窗边容易出现渗漏现象。

③ 外墙在不同材料的交接处必须设计柔性连接，但建筑设计中无该细部大样设计图。

④ 外墙立面设计中对防水、泛水细部处理不重视。如窗台坡度、滴水线、穿墙管、金属门窗与墙体间的接缝等大样设计。

（2）施工因素

① 砌体灰缝不饱满，存在空头缝；基底清理马虎，在打底前墙面不洒水湿润。

② 框架结构外墙砌砖梁底嵌填未密实，此处是漏水的多发区；其次是墙体与柱之间的连接部位，往往抹灰后 1 周左右时间就会出现裂缝，甚至会把饰面砖同时拉裂，特别是轻质砖和非烧结空心砖，热胀冷缩变形与混凝土之间的差异大。

③ 打底抹灰层标号过高或太低，均会导致开裂。同时一次抹灰厚度超过 10mm，也易形成裂缝。

④ 外墙饰面砖面层与打底层砂浆粘结力不足形成空鼓（砂浆配比不好或基层湿水不

足造成）。

⑤ 饰面砖缝勾得不严实，没有专用的勾缝工具，而且留缝比较窄，使得灰浆难以进入饰面砖内。

（3）使用因素

房屋交付使用后，住户进行装饰和安装空调排气扇、抽油烟机管、防盗网时，会对外墙有所损坏。开了孔洞后，绝大多数不做密封防水处理，这样不仅仅使开孔处漏水，而且会影响邻屋及孔洞以下的楼房，形成公害（因为饰面砖胶结层的空腔会互相窜水，打底抹灰层和砖砌体会吸水窜水）。

2. 对渗漏面砖墙面的补救措施

对于已建成的面砖墙面渗漏，其防止对策是堵塞毛细孔通道。

（1）消除室内已经泛碱起毛或部分脱落的粉刷，消除砌体灰缝，使之凹进墙面 15mm；

（2）用清漆勾缝两道，其堵塞效果很好。

（3）待墙体水分从内墙面散发后，用 1∶3 水泥砂浆补空头缝和墙面孔洞。

（4）对内墙面用 1∶3 水泥砂浆掺 5％防水粉打底，再抹中层灰，压紧刮平，然后刮腻子作涂料。

案例五

一、背景：

某住宅开发小区，当完成第一层楼面水泥砂浆地面养护一周后，发现约有部分房间水泥地面出现不规则微小裂缝。与监理工程师配合，调查、分析，找出产生裂缝原因，制定出一系列整改措施：施工前进行技术交底，每道工序严格按工艺要求进行施工，加强对原材料、半成品的监督检查。整改之后，在其他楼层水泥砂浆地面没有发现有裂缝缺陷。

二、问题：

试分析地面产生裂缝的可能原因。

三、分析：

水泥砂浆地面出现的不规则裂缝或沿板缝长度方向的裂缝，主要有以下几个原因：

（1）是由于采用过期变质水泥或不同品种、不同标号的水泥混杂使用，致使水泥安定性能较差。

（2）水灰比过大，不仅造成了砂浆分层离析，降低了砂浆强度，水灰比过大，同时使砂浆内多余水分蒸发而引起体积收缩，产生裂缝。

（3）各种水泥收缩量大，砂子粒径过细或含泥量大，面层养护方法不正确，面层厚薄不均匀，都易在表面产生收缩裂缝。

（4）沿板缝长度方向的裂缝主要是施工灌缝不按规范操作，板缝清理不干净，混凝土标号过低浇筑不密实，养护不好，保护不好，在地面强度未达到足够强度时，就在上面走动或拖拉重物，使面层造成破坏。

（5）以及地面上荷载不均匀及过量，造成各楼板变形不一样产生裂缝。

案例六

一、背景：

某学校图书馆三层混合结构，地面采用现浇水磨石地面。地面施工完成后，发现底层地面和楼面局部出现不规则裂缝。

二、问题：

1. 分析现浇水磨石地面产生裂缝的原因。

2. 采取哪些措施预防现浇水磨石地面产生裂缝？

三、分析：

1. 现浇水磨石地面产生裂缝的原因

（1）现浇水磨石地面出现裂缝质量问题，主要是地面回填土不实、表面高低不平或基层冬季冻结；沟盖板水平标高不一致，灌缝不密实；门口或门洞下部基础砖墙砌得太高，造成垫层厚薄不均或太薄，引起地面裂缝。

（2）现浇水磨石地面产生裂缝，结构沉降不稳定；垫层与面层工序跟得过紧，垫层材料收缩不稳定，暗敷电缆管线过高，周围砂浆固定不好，造成面层裂缝。

（3）在现制水磨石地面施工前，基层清理不干净、预制混凝土楼板缝及端头缝浇灌不密实将影响楼板的整体性和刚度，当地面荷载过于集中时会引起裂缝。

（4）现制水磨石地面的分格不当，形成狭长的分格带，容易在狭长的分格带上出现裂缝。

2. 现浇水磨石地面裂缝预防措施

（1）对于首层地面房内回填土，应当分层填土和夯实，不得含有杂物和较大的冻块，冬季施工中的回填土要采取保温措施。门厅、大厅、候车室等大面积混凝土垫层，应分块进行浇筑，或采取适量的配筋措施，以减弱地面沉降和垫层混凝土收缩引起的面层裂缝。对于门口或门洞处的基础砖墙高度，最高不得超过混凝土垫层的下皮，保持混凝土垫层有一定的厚度；门口或门洞处做水磨石面层时，应在门口两边镶贴分格条，这样可避免该处出现裂缝。

（2）现浇水磨石地面的混凝土垫层浇筑后应有一定的养护期，使其收缩基本完成后再进行面层的施工；较大的或荷载分布不均匀的地面，在混凝土垫层中要加配双向 $\phi6@150\sim200mm$ 的钢筋，以增加垫层的整体性和刚度。预制混凝土板的板缝和端头缝，必须用细石混凝土浇筑密实。暗敷电缆管道的设置不要过于集中，在管线的顶部至少要有 20mm 的混凝土保护层。如果电缆管道不可避免过于集中，应在垫层内采取加配钢筋网的做法。

（3）认真做好基层表面的处理工作，确实保证基层表面平整、强度满足、沉降极小，保证表面清洁、没有杂物、黏结牢固。

（4）现制水磨石的砂浆或混凝土，应尽可能采用干硬性的。因为混凝土坍落度和砂浆稠度过大，必然增加产生收缩裂缝的机会，引起水磨石地面空鼓裂缝。

（5）在对水磨石面层进行分格设计时，避免产生狭长的分格带，防止因面层收缩而产生的裂缝

【案例】识别、分析细部工程、重点部位的质量缺陷

案例七

一、背景

某业主投资对某宾馆客房进行改造，施工内容包括：墙面壁纸、软包，地面地毯，木门窗更换。高档客房内有多宝格、冰凌隔断、门套、仿古窗棂等装饰和配套机电改造。质

量标准为达到《建筑装饰装修工程质量验收规范》GB 50210—2001 合格标准。业主与一家施工单位签订了施工合同。工程开始后，甲方代表提出如下要求：

1. 除甲方指定材料外，壁纸、软包布、地毯必须待甲方确认样品后方可采购和使用。

2. 因宾馆是五星级，所以对工程中所用的各种软包布、衬板、填充料、地毯、壁纸、边柜材料必须进行环保和消防检测，对其燃烧性能和有害物质含量进行复试，合格才能用于工程。

3. 为保证木作不变形，木材含水率要小于 8%。

4. 壁纸的种类、规格、图案、颜色和燃烧性能等级必须符合设计要求及国家现行标准的有关规定。

5. 裱糊工程必须达到拼接横平竖直，拼接处花纹、图案吻合，不离缝，不搭接，不显拼缝。

该项工程所需的 260 樘木门是由业主负责供货，木门运达施工单位工地仓库，并经入库验收。在施工过程中，发现有 10 个木门有较大变形，监理工程师随即下令施工单位拆除，经检查原因属于木门使用材料不符合要求。

该工程所需的空调是由业主供货的，由施工单位选择的分包商将集中空调安装完毕，进行联动无负荷试验时，需电力部门和施工单位及有关外部单位进行某些配合工作。试车检验结果表明，该集中空调设备的某些主要部件存在严重质量问题，需要更换。

二、问题：

1. 裱糊前，基层处理质量应达到什么要求？

2. 甲方代表所提要求是否合理？

3. 针对本工程，请描述一下对细部工程的质量要求。

4. 对木门应如何处理？

5. 按照合同规定的责任，联动无负荷试验应由谁组织？

三、分析

1. 裱糊前，基层处理质量应达到下列要求：

（1）新建筑物的混凝土或抹灰基层墙面在刮腻子前应涂刷抗碱封闭底漆。

（2）旧墙面在裱糊前应清除疏松的旧装修层，并涂刷界面剂。

（3）混凝土或抹灰基层含水率不得大于 8%；木材基层的含水率不得大于 12%。

（4）基层腻子应平整、坚实、牢固、无粉化、起皮和裂缝；腻子的粘结强度应符合《建筑室内用腻子》JG/T 298—2010 N 型的规定。

（5）基层表面平整度、立面垂直度及阴阳角方正应达到高级抹灰规范的要求。

（6）基层表面颜色应一致。

（7）裱糊前应用封闭底胶涂刷基层。

2. 个别不合理。

（1）按照《民用建筑工程室内环境污染控制规范》GB 50325—2001，只需对人造板材进行甲醛释放量进场复试，其他软包布、填充料、地毯、壁纸只需提供检测报告，符合《建筑装饰装修工程质量验收规范》GB 50210—2001 即可。

（2）对软包布、填充料、地毯、壁纸要采用阻燃材料，并提供其燃烧性能检测报告。

（3）木材含水率小于 12%。

3. 细部工程施工的主要质量标准：

（1）装饰线条安装优美流畅，接头不明显、无色差、纹理吻合。

（2）花饰制作，如多宝格、冰棱隔断、门套、防古窗棂，制作细致、安装严密无错位，端正无歪斜，无翘曲破损现象，无刨痕，锤印表面洁净，花纹一致。

4. 施工单位拆除不符合质量要求的木门框，施工单位应要求业主退货，重新购进合格产品，重新安装合格的木门框，并经检查认可验收。所造成的工期和经济损失，由业主负责。

5.（1）按照合同规定，联动无负荷试验应由业主组织，并应通知监理工程师与有关单位和部门参加。

（2）集中空调设备主要部件存在质量问题，应由施工单位向业主提出更换部件要求。更换调整后再组织试车验收。因更换部件所产生的工期延误和经济损失，由业主负责。

（本案例选自装饰装修工程管理与实务复习题集. 北京：中国建筑工业出版社：2004.）

【案例】识别、分析装饰装修水电施工的质量缺陷

案例八

一、背景

某城中村改造安置工程，混合结构六层。卫生间楼板现浇钢筋混凝土，楼板嵌固墙体内；交付使用不久，用户普遍反映卫生间顶棚漏水。

二、问题：

1. 试分析顶棚渗漏原因。

2. 如何预防卫生间顶棚漏水？

三、分析：

1. 渗漏原因：

（1）防水层质量不合格，如找平层质量不合格和未修补基层、认真清扫找平层，造成防水层起泡、剥离。

（2）防水层遭破坏。

2. 预防措施

（1）控制找平层质量。找平层和基层组成卫生间防水的最后一道防线，按《建筑防水材料应用技术规程》DBJ 13—39—2001 第 923 条第 2 款规定，有防水要求的厕、浴、厨房间在未施工防水前都必须全部进行蓄水检验，蓄水时间不少于 24h，蓄水高度不小于 50mm。找平层表面应抹平压光、坚实平整，不起砂。

（2）涂膜防水层做完之后。要严格加以保护，在保护层未做之前，任何人员不得进入，也不得在卫生间内堆积杂物，以免损坏防水层。

（3）防水层施工后，进行蓄水试验。蓄水深度必须高于标准地面 20mm，24h 不渗漏为止，如有渗漏现象，可根据渗漏具体部位进行修补，甚至于全部返工。防水工程作为地面子分部工程的一个分项工程，监理公司应对其作专项验收。未进行验收或未通过验收的不得进入下道工序施工，更不得进入竣工验收。

六、工程成本管理的基本知识

（一）装饰装修工程成本的组成和影响因素

1. 工程造价的基本知识

"工程造价"是伴随着市场经济的不断发展而出现的产物。工程造价的直意就是工程的建造所需的费用。从不同的角度衡量，工程造价的含义有三种。

从投资者——业主的角度来定义的工程造价是指进行某项工程建设花费的全部费用，即该工程项目有计划地进行固定资产再生产和形成相应无形资产的一次性费用总和。投资者选定一个投资项目后，为了获取预期的效益，要通过项目评估进行投资决策，然后进行勘察设计招标、工程施工招标、设备采购招标、工程监理招标、生产准备、银行融资直至竣工验收等一系列投资管理活动。整个投资活动过程中所支付的全部费用形成了固定资产投资费用和无形资产，所有这些费用开支构成了工程造价。

从新增固定资产的建设投资来定义的工程造价是指一项建设工程项目预计开支或实际开支的全部固定资产投资费用，即是建设工程项目按照确定的建设内容、建设规模、建设标准、功能要求和使用要求等全部建设并合格、交付使用所需的全部费用。包括：建筑工程费、设备购置费、安装工程费及固定资产其他费用。建筑工程费和安装工程费统称建筑安装工程费用。

从市场的角度来定义的工程造价就是指工程价格。包含建设项目设计范围内的场地平整、土石方工程费、房屋建筑及供水、供电、供气、卫生等附属设施工程费所组成的建筑工程费用，以及用于主要生产、辅助生产、公用等单项工程中的设备及装置的安装工程费用。是建设单位支付给施工单位的全部费用，是建筑安装工程产品作为商品进行交换所需的货币量，又称工程承发包价。

按《建设工程工程量清单计价规范》GB 50500—2013 规定，建筑安装工程费用项目组成（工程造价）由分部分项工程费、措施项目费、其他项目费、规费和税金组成，如图 6-1 所示。

（1）工程计价的方法

1）单价法。包括工料单价法和综合单价法。单价法编制工程造价，就是利用事先编制好的计价定额中的各分项工程的人工费、材料费、机械使用费工料单价或人工费、材料费、机械使用费、管理费、利润及风险费的综合单价，乘以相应的各分项工程的工程量并汇总，得到单位工程的直接费或分部分项工程费；再加上按规定程序计算出措施费、规费、税金等其他费用，即可得到单位工程的工程造价。

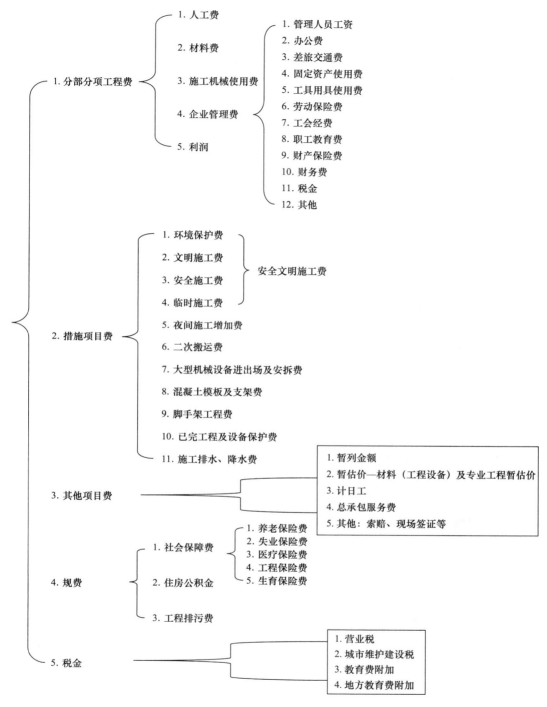

图 6-1　工程量清单计价费用项目构成图

单价法编制施工图预算的步骤如图 6-2 示。

2）实物法。是首先根据施工图纸分别计算出各分项工程的实物工程量；然后套用相应定额计算所消耗的人工、材料、机械台班的用量，再分别乘以工程所在地当时的人工、

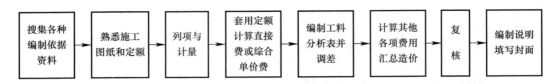

图 6-2　单价法编制施工图预算步骤

材料、机械台班的实际单价，求出单位工程的人工费、材料费和施工机械使用费，并汇总求和，进而求得直接工程费，然后按规定计取其他各项费用，汇总就可得出单位工程造价。

实物法编制施工图预算的步骤如图 6-3 所示。

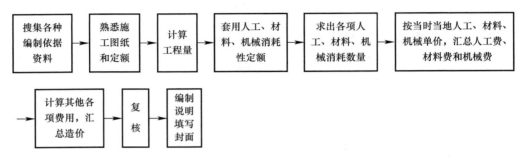

图 6-3　实物法编制施工图预算步骤

（2）工程计价模式

现阶段，我国存在两种工程造价计价模式：一是传统的定额计价模式；另一种是工程量清单计价模式。

定额计价模式是依据国家或国家授权的地方工程造价管理部门编制的预算定额或综合定额中的定额计量规则、定额单价和取费标准进行计价的模式。其整个计价过程中的计价依据是固定的，即法定的"定额"。定额是计划经济时代的产物，在特定的历史条件下，起到了确定和衡量工程造价标准的作用，规范了建筑市场，使专业人士在确定工程计价时有所依据，有所凭借。但定额指令性过强，反映在具体表现形式上，就是施工手段消耗部分统得过死，把企业的技术装备、施工手段、管理水平等本属于竞争内容的活跃因素固定化了，不利于竞争机制的发挥。

定额计价模式下的工程造价由直接费（直接工程费、措施费）、间接费（规费、企业管理费）、利润、税金等四大项内容组成。

工程量清单计价模式相对传统定额计价模式是一种新的计价模式，又称市场定价模式。指由招标人按照国家统一规定《建设工程工程量清单计价规范》GB 50500—2013 及相应专业工程工程量计算规范（如《房屋建筑与装饰工程工程量计算规范》GB 50854—2013）中规定的项目名称及工程量计算规则去列项和计算工程数量，编制出工程量清单，由投标人按照企业自身的实力与企业自身的定额，并结合市场价格，根据招标人提供的工程数量，自主报价的一种模式。由于"工程数量"由招标人提供，增大了招标市场的透明度，为投标企业提供了一个公平合理的基础和环境，真正体现了建设工程交易市场的公平、公正。"工程价格由投标人自主报价"即定额不再作为计价的唯一依据，政府不再作任何参与，而是企业根据自身技术专长、材料采购渠道和管理水平等，制定企业自己的报价定额，自主报价。

工程量清单计价模式下的费用由分部分项工程费、措施项目费、其他项目费和规费、税金五大项内容组成。

（3）工程计价的特点

工程建设的特殊性决定了工程造价具有大额性、单件性、多次性、层次性等特点，这些特点又决定了工程计价具有如下特点。

1）计价的单件性。建设的每个项目都有特定的用途和目的，有不同的结构型式、造型及装饰，特定地点的气候、地质、水文、地形等自然条件及当地的政治、经济、风俗等因素不同，再加上不同地区构成投资费用的各种生产要素的价格差异，建设施工时可采用不同的工艺设备、建筑材料和施工方案，因此每个建设项目一般只能单独设计、单独建造，根据各自所需的物化劳动和活劳动消耗量逐项计价，即单件计价。

2）计价的多次性。项目建设要经过八个阶段，是一个周期长、规模大、造价高、物耗多的投资生产活动的过程。工程造价则是一个随工程不断展开逐渐从估算到概算、预算、合同价、结算价的深化、细化和接近实际造价的动态过程，而不是固定的、唯一的和静止的。必须对各个阶段进行多次计价并对其进行监督和控制，以防工程费用超支。

3）计价方法的多样性。工程的多次计价有各不相同的计价依据，每次计价的精确度要求也各不相同，由此决定了计价方法的多样性。例如，投资估算的方法有设备系数法、生产能力指数估算法等；计算概、预算造价的方法有单价法和实物法等。不同方法的适用条件亦不相同，在计算的时候可根据具体情况选择。

4）计价的组合性。工程造价的计算是分部组合而成的。这一特征和建设项目的组合性有关。一个建设项目的规模一般较大，作为一个工程综合体，它可以逐步分解为单项工程、单位工程、分部工程和分项工程等。对各分项计价后，将其逐步汇总就可形成各部分造价。工程造价的组合过程即：分部分项工程造价→单位工程造价→单项工程造价→建设项目总造价。

5）计价依据的复杂性。由于影响造价的因素多，所以计价依据的种类也多，主要可分为以下七类：

① 设备和工程量计算依据。包括项目建议书、可行性研究报告、设计文件等。

② 人工、材料、机械等实物消耗量计算依据。包括投资估算指标、概算定额、预算定额等。

③ 工程单价计算依据。包括人工单价、材料价格、材料运杂费、机械台班费等。

④ 设备单价计算依据。包括设备原价、设备运杂费、进口设备关税等。

⑤ 措施费、间接费和工程建设其他费用计算依据。主要是相关的费用定额和指标。

⑥ 政府规定的税金、规费。

⑦ 物价指数和工程造价指数。

2. 工程成本的组成

工程成本则是围绕工程而发生的资源耗费的货币体现，包括了工程生命周期各阶段的资源耗费。工程成本通常用货币单位来衡量。具体而言，工程成本是指施工企业或项目部为取得并完成某项工程所支付的各种费用的总和；是转移到建筑工程项目中的被消耗掉的生产资料价值和该工程施工的劳动者必要的劳动价值及为完成合同目标所支付的各种费用。包括所消耗的原材料、辅助材料、构配件等的费用，周转材料的摊销费或租赁费等，施工机械的使用费或租赁费等，支付给生产工人的工资、奖金、工资性质的津贴等，以及进行施工组织与管理所发生的全部费用支出。由直接成本和间接成本所组成。

直接成本是指施工过程中耗费的构成工程实体或有助于工程实体形成的各项费用支出，是可以直接计入工程对象的费用，按图 6-1 进行分解，包括人工费、材料费、施工机械使用费和施工措施费等。

间接成本是指为施工准备、组织和管理施工生产的全部费用的支出，是非直接用于也无法直接计入工程对象，但为进行工程施工所必须发生的费用，与成本核算对象相关联的全部施工间接支出，包括管理人员的工资、办公费、交通差旅费等，指图 6-1 中的企业管理费。

3. 工程成本的影响因素

影响工程成本的因素很多，主要有政策法规性因素、地区性与市场性因素、设计因素、施工因素和人员素质因素等五个方面。

（1）政策法规性因素

在整个基本建设过程中，国家和地方主管部门对于基建项目的审查、基本建设程序、投资费用的构成、计取，从土地的购置直到工程建设完成后的竣工验收、交付使用和竣工决算等各项建设工作的开展，都有严格而明确的规定，具有强制的政策法规性。工程成本的编制必须严格遵循国家及地方主管部门的有关政策、法规和制度，按规定的程序进行。

（2）地区性与市场性因素

建筑产品存在于不同地域空间，其产品成本必然受到所在地区时间、空间、自然条件和市场环境的影响。首先，不同地区的物资供应条件、交通运输条件、现场施工条件、技术协作条件，反映到计价定额的单价中，使得各地定额水平不同，亦即编制工程成本各地所采用的定额不尽相同。其次，各地区的地形地貌、地质水文条件不同，也会给工程成本带来较大的影响，即使是同一套设计图纸的建筑物或构筑物，由于所建地区的不同，至少在现场条件处理和基础工程费用上产生较大幅度的差异，使得工程成本不同。第三，在社会主义市场经济条件下，构成建筑实体的各种建筑材料价格经常发生变化，使得建筑产品的成本也随之变化。建筑产品成本受市场因素影响所占比重也越来越大。

（3）设计因素

编制工程成本的基本依据之一是设计图纸。所以，影响建设投资的关键就在于设计。有资料表明，影响项目投资最大的阶段，是约占工程项目建设周期四分之一的技术设计结束前的工作阶段。在初步设计阶段，对地理位置、占地面积、建设标准、建设规模、工艺设备水平，以及建筑结构选型和装饰标准等的确定，对工程成本影响的可能性为 75%～95%。在技术设计阶段，影响工程成本的可能性为 35%～75%。在施工图设计阶段，影响工程成本的可能性为 5%～35%。设计是否经济合理，对工程成本会带来很大影响，一项优秀的设计可以大量节约成本。

（4）施工因素

在编制概预算过程中，施工组织设计和施工技术措施等，同一施工图，是编制工程成本的重要依据之一，因此，在施工中采用先进的施工技术，合理运用新的施工工艺，采用新技术、新材料；合理布置施工现场，减少运输总量；合理布置人力和机械，减少节省资源浪费等，对节约成本有显著的作用。

（5）编制人员素质因素

编制工程成本是一项十分复杂而细致的工作。编制人员除了熟练掌握定额使用方法外，还要熟悉有关工程成本编制的政策、法规、制度和与定额有关的动态信息。编制工程成本涉及的知识面很宽，要具有较全面的专业理论和业务知识，如工程识图、建筑构造、建筑结构、建筑施工、建筑材料、建筑设备及相应的实践经验，还要有建筑经济学、投资经济学等方面的理论知识。要求工程成本编制人员严格遵守行业道德规范，本着公正、实事求是的原则，不高估冒算，不缺项漏算，不重复多算。

（二）装饰装修工程施工成本管理的基本内容和要求

建设工程项目施工成本管理应从工程投标报价开始，直至项目竣工结算完成为止，贯穿于项目实施的全过程。成本作为项目管理的一个关键性目标，包括责任成本目标和计划成本目标，它们的性质和作用不同。前者反映组织对施工成本目标的要求，后者是前者的具体化，把施工成本在组织管理层和项目经理部的运行有机地连接起来。

根据成本运行规律，成本管理责任体系应包括组织管理层和项目经理部。组织管理层的成本管理除生产成本以外，还包括经营管理费用；项目管理层应对生产成本进行管理。组织管理层贯穿于项目投标、实施和结算过程，体现效益中心的管理职能；项目管理层则着眼于执行组织确定的施工成本管理目标，发挥现场生产成本控制中心的管理职能。

施工成本管理就是要在保证工期和质量满足要求的情况下，采取相应管理措施，包括组织措施、经济措施、技术措施、合同措施，把成本控制在计划范围内，并进一步寻求最大程度的成本节约。施工成本管理的任务和环节主要包括：

（1）施工成本预测；

（2）施工成本计划；

（3）施工成本控制；

（4）施工成本核算；

（5）施工成本分析；

（6）施工成本考核。

1. 施工成本预测

施工成本预测就是根据成本信息和施工项目的具体情况，运用一定的专门方法，对未来的成本水平及其可能发展趋势作出科学的估计，其是在工程施工以前对成本进行的估算。通过成本预测，可以在满足项目业主和本企业要求的前提下，选择成本低、效益好的最佳成本方案，并能够在施工项目成本形成过程中，针对薄弱环节，加强成本控制，克服盲目性，提高预见性。因此，施工成本预测是施工项目成本决策与计划的依据。施工成本预测，通常是对施工项目计划工期内影响其成本变化的各个因素进行分析，比照近期已完工施工项目或将完工施工项目的成本（单位成本），预测这些因素对工程成本中有关项目（成本项目）的影响程度，预测出工程的单位成本或总成本。

2. 施工成本计划

施工成本计划是以货币形式编制施工项目在计划期内的生产费用、成本水平、成本降低率以及为降低成本所采取的主要措施和规划的书面方案，它是建立施工项目成本管理责任制、开展成本控制和核算的基础，它是该项目降低成本的指导文件，是设立目标成本的依据。可以说，成本计划是目标成本的一种形式。

（1）施工成本计划应满足的要求

① 合同规定的项目质量和工期要求。

② 组织对项目成本管理目标的要求。

③ 以经济合理的项目实施方案为基础的要求。

④ 有关定额及市场价格的要求。

⑤ 类似项目提供的启示。

（2）施工成本计划的编制依据

编制施工成本计划，需要广泛收集相关资料并进行整理，以作为施工成本计划编制的依据。在此基础上，根据有关设计文件、工程承包合同、施工组织设计、施工成本预测资料等，按照施工项目应投入的生产要素，结合各种因素的变化预测和拟采取的各种措施，估算施工项目生产费用支出的总水平，进而提出施工项目的成本计划控制指标，确定目标总成本。目标总成本确定后，应将总目标分解落实到各个机构、班组，便于进行控制的子项目或工序。最后，通过综合平衡，编制完成施工成本计划。

施工成本计划的编制依据包括：

① 投标报价文件；

② 企业定额、施工预算；

③ 施工组织设计或施工方案；

④ 人工、材料、机械台班的市场价；

⑤ 企业颁布的材料指导价、企业内部机械台班价格、劳动力内部挂牌价格；

⑥ 周转设备内部租赁价格、摊销损耗标准；

⑦ 已签订的工程合同、分包合同（或估价书）；

⑧ 结构件外加工计划和合同；

⑨ 有关财务成本核算制度和财务历史资料；

⑩ 施工成本预测资料，拟采取的降低施工成本的措施，其他相关资料。

（3）施工成本计划的具体内容如下

1）编制说明：指对工程的范围、投标竞争过程及合同条件、承包人对项目经理提出的责任成本目标、施工成本计划编制的指导思想和依据等的具体说明。

2）施工成本计划的指标：施工成本计划的指标应经过科学的分析预测确定，可以采用对比法，因素分析法等方法来进行测定。

施工成本计划一般情况下有以下三类指标：

① 成本计划的数量指标，如：按子项汇总的工程项目计划总成本指标；按分部汇总的各单位工程（或子项目）计划成本指标；按人工、材料、机械等各主要生产要素计划成本指标。

② 成本计划的质量指标，如施工项目总成本降低率，可采用：

设计预算成本计划降低率＝设计预算总成本计划降低额/设计预算总成本；责任目标成本计划降低率＝责任目标总成本计划降低额/责任目标总成本。

③ 成本计划的效益指标，如工程项目成本降低额：

设计预算成本计划降低额 ＝ 设计预算总成本 － 计划总成本；

责任目标成本计划降低额 ＝ 责任目标总成本 － 计划总成本。

3）按工程量清单列出的单位工程计划成本汇总表，见表 6-1。

单位工程计划成本汇总表　　　　　　　　表 6-1

	清单项目编码	清单项目名称	合同价	计划成本

4）按成本性质划分的单位工程成本汇总表，根据清单项目的造价分析，分别对人工费、材料费、机械费、措施费、企业管理费和税费进行汇总，形成单位工程成本计划表。

成本计划应在项目实施方案确定和不断优化的前提下进行编制，因为不同的实施方案将导致直接工程费（人工费、材料费、施工机械费）、措施费和企业管理费的差异。成本计划的编制是施工成本预控的重要手段。因此，应在工程开工前编制完成，以便将计划成本目标分解落实，为各项成本的执行提供明确的目标、控制手段和管理措施。

3. 施工成本控制

施工成本控制是指在施工过程中，对影响施工成本的各种因素加强管理，并采取各种有效措施，将施工中实际发生的各种消耗和支出严格控制在成本计划范围内。通过随时揭示并及时反馈，严格审查各项费用是否符合标准，计算实际成本和计划成本之间的差异并进行分析，进而采取多种措施，消除施工中的损失浪费现象。

建设工程项目施工成本控制应贯穿于项目从投标阶段开始直至竣工验收的全过程，它是企业全面成本管理的重要环节。施工成本控制可分为事先控制、事中控制（过程控制）和事后控制。在项目的施工过程中，需按动态控制原理对实际施工成本的发生过程进行有效控制。

合同文件和成本计划是成本控制的目标，进度报告和工程变更与索赔资料是成本控制过程中的动态资料。

成本控制的程序体现了动态跟踪控制的原理。成本控制报告可单独编制，也可以根据需要与进度、质量、安全和其他进展报告结合，提出综合进展报告。

4. 施工成本核算

施工成本核算包括两个基本环节：一是按照规定的成本开支范围对施工费用进行归集和分配，计算出施工费用的实际发生额；二是根据成本核算对象，采用适当的方法，计算出该施工项目的总成本和单位成本。

项目的施工成本有"制造成本法"和"完全成本法"两种核算方法。"制造成本法"只将与施工项目直接相关的各项成本和费用计入施工项目成本，而将与项目没有直接关系，却与企业经营期间相关的费用（企业总部的管理费）作为期间费用，从当期收益中一笔冲减，而不再计入施工成本。"完全成本法"是把企业生产经营发生的一切费用全部吸收到产品成本之中。制造成本法与完全成本法相比较，其优点是：

第一，避免了成本和费用的重复分配，从而简化了成本的计算程序；

第二，制造成本法反映了项目经理部的成本水平，便于对项目经理部的成本状况进行分析与考核；

第三，剔除了与成本不相关的费用，有利于成本的预测和决策。

施工项目成本的计算程序如下：

（1）承包成本的计算程序：计算工程量→按工程量和人工单价计算人工费→按工程量和材料单价计算材料费→按机械台班和机械使用费单价计算机械使用费→计算直接工程费→按直接工程费的比重或根据对每项措施费的预算计算措施费→按直接费的比重或根据对每项间接成本的预算计算间接成本→对直接成本和间接成本相加形成施工项目总成本。

（2）实际成本的计算程序：归集人工费→归集材料费→归集机械使用费→归集措施费归集间接成本→计算总成本。

施工成本管理需要正确及时地核算施工过程中发生的各项费用，计算施工项目的实际成本。施工项目成本核算所提供的各种成本信息，是成本预测、成本计划、成本控制、成本分析和成本考核等各个环节的依据。

施工成本一般以单位工程为成本核算对象，但也可以按照承包工程项目的规模、工期、结构类型、施工组织和施工现场等情况，结合成本管理要求，灵活划分成本核算对象。施工成本核算的基本内容包括：

① 人工费核算；

② 材料费核算；

③ 周转材料费核算；

④ 结构件费核算；

⑤ 机械使用费核算；

⑥ 措施费核算；

⑦ 分包工程成本核算；

⑧ 间接费核算；

⑨ 项目月度施工成本报告编制。

施工成本核算制是明确施工成本核算的原则、范围、程序、方法、内容、责任及要求的制度。项目管理必须实行施工成本核算制，它和项目经理责任制等共同构成了项目管理的运行机制。组织管理层与项目管理层的经济关系、管理责任关系、管理权限关系，以及项目管理组织所承担的责任成本核算的范围、核算业务流程和要求等，都应以制度的形式作出明确的规定。

项目经理部要建立一系列项目业务核算台账和施工成本会计账户，实施全过程的成本核算，具体可分为定期的成本核算和竣工工程成本核算。定期的成本核算如：每天、每周、每月的成本核算等，是竣工工程全面成本核算的基础。

形象进度、产值统计、实际成本归集三同步，即三者的取值范围应是一致的。形象进度表达的工程量、统计施工产值的工程量和实际成本归集所依据的工程量均应是相同的数值。

对竣工工程的成本核算，应区分为竣工工程现场成本和竣工工程完全成本，分别由项目经理部和企业财务部门进行核算分析，其目的在于分别考核项目管理绩效和企业经营效益。

5. 施工成本分析

施工成本分析是在施工成本核算的基础上，对成本的形成过程和影响成本升降的因素进行分析，以寻求进一步降低成本的途径，包括有利偏差的挖掘和不利偏差的纠正。施工成本分析贯穿于施工成本管理的全过程，其是在成本的形成过程中，主要利用施工项目的成本核算资料（成本信息），与目标成本、预算成本以及类似的施工项目的实际成本等进行比较，了解成本的变动情况；同时也要分析主要技术经济指标对成本的影响，系统地研究成本变动的因素，检查成本计划的合理性，并通过成本分析，深入揭示成本变动的规律，寻找降低施工项目成本的途径，以便有效地进行成本控制。成本偏差的控制，分析是关键，纠偏是核心；要针对分析得出的偏差发生原因，采取切实措施，加以纠正。

成本偏差分为局部成本偏差和累计成本偏差。局部成本偏差包括项目的月度（或周、天等）核算成本偏差、专业核算成本偏差以及分部分项作业成本偏差等；累计成本偏差是指已完工程在某一时间点上实际总成本与相应的计划总成本的差异。分析成本偏差的原因，应采取定性和定量相结合的方法。

6. 施工成本考核

施工成本考核是指在施工项目完成后，对施工项目成本形成中的各责任者，按施工项目成本目标责任制的有关规定，将成本的实际指标与计划、定额、预算进行对比和考核，评定施工项目成本计划的完成情况和各责任者的业绩，并以此给予相应的奖励和处罚。通过成本考核，做到有奖有惩，赏罚分明，才能有效地调动每一位员工在各自施工岗位上努力完成目标成本的积极性，为降低施工项目成本和增加企业的积累，作出自己的贡献。

施工成本考核是衡量成本降低的实际成果，也是对成本指标完成情况的总结和评价。成本考核制度包括考核的目的、时间、范围、对象、方式、依据、指标、组织领导、评价与奖惩原则等内容。

以施工成本降低额和施工成本降低率作为成本考核的主要指标，要加强组织管理层对项目管理部的指导，并充分依靠技术人员、管理人员和作业人员的经验和智慧，防止项目管理在企业内部异化为靠少数人承担风险的以包代管模式。成本考核也可分别考核组织管理层和项目经理部。

项目管理组织对项目经理部进行考核与奖惩时，既要防止虚盈实亏，也要避免实际成本归集差错等的影响，使施工成本考核真正做到公平、公正、公开，在此基础上兑现施工成本管理责任制的奖惩或激励措施。

施工成本管理的每一个环节都是相互联系和相互作用的。成本预测是成本决策的前提，成本计划是成本决策所确定目标的具体化。成本计划控制则是对成本计划的实施进行控制和监督，保证决策的成本目标的实现，而成本核算又是对成本计划是否实现的最后检验，它所提供的成本信息又对下一个施工项目成本预测和决策提供基础资料。成本考核是实现成本目标责任制的保证和实现决策目标的重要手段。

（三）装饰装修工程的施工成本控制

1. 施工成本控制的依据

施工成本控制的依据包括以下内容。

（1）工程承包合同

施工成本控制要以工程承包合同为依据，围绕降低工程成本这个目标，从预算收入和实际成本两方面，努力挖掘增收节支潜力，以求获得最大的经济效益。

（2）施工成本计划

施工成本计划是根据施工项目的具体情况制定的施工成本控制方案，既包括预定的具体成本控制目标，又包括实现控制目标的措施和规划，是施工成本控制的指导文件。

（3）进度报告

进度报告提供了每一时刻工程实际完成量，工程施工成本实际支付情况等重要信息。施工成本控制工作正是通过实际情况与施工成本计划相比较，找出二者之间的差别，分析偏差产生的原因，从而采取措施改进以后的工作。此外，进度报告还有助于管理者及时发现工程实施中存在的隐患，并在可能造成重大损失之前采取有效措施，尽量避免损失。

（4）工程变更

在项目的实施过程中，由于各方面的原因，工程变更是很难避免的。工程变更一般包括设计变更、进度计划变更、施工条件变更、技术规范与标准变更、施工次序变更、工程量变更等、一旦出现变更，工程量、工期、成本都必将发生变化，从而使得施工成本控制工作变得更加复杂和困难。因此，施工成本管理人员就应当通过对变更要求当中各类数据的计算、分析，及时掌握变更情况，包括已发生工程量、将要发生工程量、工期是否拖延、支付情况等重要信息，判断变更以及变更可能带来的索赔额度等。

除了上述几种施工成本控制工作的主要依据以外，有关施工组织设计、分包合同等也都是施工成本控制的依据。

2. 施工成本控制的要求

施工成本控制应满足下列要求。

（1）要按照计划成本目标值来控制生产要素的采购价格，并认真做好材料、设备进场数量和质量的检查、验收与保管。

（2）要控制生产要素的利用效率和消耗定额，如任务单管理、限额领料、验工报告审核等。同时要做好不可预见成本风险的分析和预控，包括编制相应的应急措施等。

（3）控制影响效率和消耗量的其他因素（如工程变更等）所引起的成本增加。

（4）把施工成本管理责任制度与对项目管理者的激励机制结合起来，以增强管理人员的成本意识和控制能力。

（5）承包人必须有一套健全的项目财务管理制度，按规定的权限和程序对项目资金的使用和费用的结算支付进行审核、审批，使其成为施工成本控制的一个重要手段。

3. 施工成本控制的步骤

在确定了施工成本计划之后，必须定期地进行施工成本计划值与实际值的比较，当实际值偏离计划值时，分析产生偏差的原因，采取适当的纠偏措施，以确保施工成本控制目标的实现。其步骤如下。

（1）比较

按照某种确定的方式将施工成本计划值与实际值逐项进行比较，以发现施工成本是否已超支。

（2）分析

在比较的基础上，对比较的结果进行分析，以确定偏差的严重性及偏差产生的原因。这一步是施工成本控制工作的核心，其主要目的在于找出产生偏差的原因，从而采取有针对性的措施，减少或避免相同原因的再次发生或减少由此造成的损失。

（3）预测

按照完成情况估计完成项目所需的总费用。

（4）纠偏

当工程项目的实际施工成本出现了偏差，应当根据工程的具体情况、偏差分析和预测的结果，采取适当的措施，以期达到使施工成本偏差尽可能小的目的。纠偏是施工成本控制中最具实质性的一步。只有通过纠偏，才能最终达到有效控制施工成本的目的。

对偏差原因进行分析的目的是为了有针对性地采取纠偏措施，从而实现成本的动态控制和主动控制。纠偏首先要确定纠偏的主要对象，偏差原因有些是无法避免和控制的，如客观原因，充其量只能对其中少数原因做到防患于未然，力求减少该原因所造成的经济损失。在确定了纠偏的主要对象之后，就需要采取有针对性的纠偏措施。纠偏可采用组织措施、经济措施、技术措施和合同措施等。

（5）检查

是指对工程的进展进行跟踪和检查，及时了解工程进展状况以及纠偏措施的执行情况和效果，为今后的工作积累经验。

4. 施工成本控制的方法

（1）施工成本的过程控制方法

施工阶段是控制建设工程项目成本发生的主要阶段，它通过确定成本目标并按计划成本进行施工、资源配置，对施工现场发生的各种成本费用进行有效控制，其具体的控制方法如下。

1）人工费的控制

人工费的控制实行"量价分离"的方法，将作业用工及零星用工按定额工日的一定比例综合确定用工数量与单价，通过劳务合同进行控制。

① 人工费的影响因素

A　社会平均工资水平。建筑安装工人人工单价必须和社会平均工资水平趋同。社会平均工资水平取决于经济发展水平。由于我国改革开放以来经济迅速增长，社会平均工资也有大幅增长，从而导致人工单价的大幅提高。

B　生产消费指数。生产消费指数的提高会导致人工单价的提高，以减少生活水平的下降，或维持原来的生活水平。生活消费指数的变动取决于物价的变动，尤其取决于生活消费品物价的变动。

C　劳动力市场供需变化。劳动力市场如果供不应求，人工单价就会提高；供过于求，人工单价就会下降。

D　政府推行的社会保障和福利政策也会影响人工单价的变动。

E　经会审的施工图，施工定额、施工组织设计等决定人工的消耗量。

② 控制人工费的方法

加强劳动定额管理，提高劳动生产率，降低工程耗用人工工日，是控制人工费支出的主要手段。

A　制定先进合理的企业内部劳动定额，严格执行劳动定额，并将安全生产、文明施工及零星用工下达到作业队进行控制。全面推行全额计件的劳动管理办法和单项工程集体承包的经济管理办法，以不突破施工图预算人工费指标为控制目标，对各班组实行工资包干制度。认真执行按劳分配的原则，使职工个人所得与劳动贡献相一致，充分调动广大职工的劳动积极性，从根本上杜绝出工不出力的现象。把工程项目的进度、安全、质量等指标与定额管理结合起来，提高劳动者的综合能力，实行奖励制度。

B　提高生产工人的技术水平和作业队的组织管理水平，根据施工进度、技术要求，合理搭配各工种工人的数量，减少和避免无效劳动。不断地改善劳动组织，创造良好的工作环境，改善工人的劳动条件，提高劳动效率。合理调节各工序人数松紧情况，安排劳动力时，尽量做到技术工不做普通工的工作，高级工不做低级工的工作，避免技术上的浪费，既要加快工程进度，又要节约人工费用。

C　加强职工的技术培训和多种施工作业技能的培训，不断提高职工的业务技术水平和熟练操作程度，培养一专多能的技术工人，提高作业工效。提倡技术革新和推广新技术，提高技术装备水平和工厂化生产水平，提高企业的劳动生产率。

D　实行弹性需求的劳务管理制度。对施工生产各环节上的业务骨干和基本的施工力量，要保持相对稳定。对短期需要的施工力量，要做好预测、计划管理，通过企业内部的劳务市场及外部协作队伍进行调剂。严格做到项目部的定员随工程进度要求波动，进行弹性管理。要打破行业、工种界限，提倡一专多能，提高劳动力的利用效率。

2）材料费的控制

材料费控制同样按照"量价分离"原则，控制材料用量和材料价格。

① 材料用量的控制

在保证符合设计要求和质量标准的前提下，合理使用材料，通过定额管理、计量管理等手段有效控制材料物资的消耗，具体方法如下。

A　定额控制。对于有消耗定额的材料，以消耗定额为依据，实行限额发料制度。在规定限额内分期分批领用，超过限额领用的材料，必须先查明原因，经过一定审批手续方可领料。

B　指标控制。对于没有消耗定额的材料，则实行计划管理和按指标控制的办法。根据以往项目的实际耗用情况，结合具体施工项目的内容和要求，制定领用材料指标，以控制发料。超过指标的材料，必须经过一定的审批手续方可领用。

C　计量控制。准确做好材料物资的收发计量检查和投料计量检查。

D　包干控制。在材料使用过程中，对部分小型及零星材料（如钢钉、钢丝等）根据工程量计算出所需材料量，将其折算成费用，由作业者包干控制。

② 材料价格的控制

材料价格主要由材料采购部门控制。由于材料价格是由买价、运杂费、运输中的合理损耗等所组成，因此控制材料价格，主要是通过掌握市场信息，应用招标和询价等方式控制材料、设备的采购价格。

施工项目的材料物资，包括构成工程实体的主要材料和结构件，以及有助于工程实体形成的周转使用材料和低值易耗品。从价值角度看，材料物资的价值约占建筑安装工程造价的60%甚至70%以上，其重要程度自然是不言而喻。由于材料物资的供应渠道和管理方式各不相同，所以控制的内容和所采取的控制方法也将有所不同。

3）施工机械使用费的控制

合理选择施工机械设备，合理使用施工机械设备对成本控制具有十分重要的意义，尤其是高层建筑施工。据某些工程实例统计，高层建筑地面以上部分的总费用中，垂直运输机械费用占6%～10%。由于不同的起重运输机械各有不同的用途和特点，因此在选择起重运输机械时，首先应根据工程特点和施工条件确定采取何种不同起重运输机械的组合方式。在确定采用何种组合方式时，首先应满足施工需要，同时还要考虑到费用的高低和综合经济效益。

施工机械使用费主要由台班数量和台班单价两方面决定，为有效控制施工机械使用费支出，主要从以下几个方面进行控制。

① 控制台班数量

A　根据施工方案和现场实际，选择适合项目施工特点的施工机械，制定设备需求计划，合理安排施工生产，充分利用现有机械设备，加强内部调配提高机械设备的利用率。

B　保证施工机械设备的作业时间，安排好生产工序的衔接，尽量避免停工窝工，尽量减少施工中所消耗的机械台班数量。

C　核定设备台班定额产量，实行超产奖励办法，加快施工生产进度，提高机械设备单位时间的生产效率和利用率。

D　加强设备租赁计划管理，减少不必要的设备闲置和浪费，充分利用社会闲置机械资源。

② 控制台班单价

A　加强现场设备的维修、保养工作，降低大修、经常性修理等各项费用的开支，提高机械设备的完好率，最大限度地提高机械设备的利用率。避免因不当使用造成机械设备的停置。

B　加强机械操作人员的培训工作，不断提高操作技能，提高施工机械台班的生产效率。

C　加强配件的管理，建立健全配件领发料制度，严格按油料消耗定额控制油料消耗，达到修理有记录，消耗有定额，统计有报表，损耗有分析。通过经常分析总结，提高修理质量，降低配件消耗，减少修理费用的支出。

D　降低材料成本，严把施工机械配件和工程材料采购关，尽量做到工程项目所进材料质优价廉。

E　成立设备管理领导小组，负责设备调度、检查、维修、评估等具体事宜。对主要部件及其保养情况建立档案，分清责任，便于尽早发现问题，找到解决问题的办法。

4) 施工分包费用的控制

分包工程价格的高低，必然对项目经理部的施工项目成本产生一定的影响。因此，施工项目成本控制的重要工作之一是对分包价格的控制。项目经理部应在确定施工方案的初期就要确定需要分包的工程范围。决定分包范围的因素主要是施工项目的专业性和项目规模。对分包费用的控制，主要是要做好分包工程的询价、订立平等互利的分包合同、建立稳定的分包关系网络、加强施工验收和分包结算等工作。

(2) 用价值工程原理控制工程成本

1) 用价值工程控制成本的原理

价值工程（VE），又称价值分析（VA）。价值工程中的"价值"是功能与实现该功能所耗费用（成本）的比值，其表达式为：$V = F/C$。是美国通用电器公司工程师 L. D. Miles 创立的一套独特的工作方法。其目的是在保证同样功能的前提下降低成本，并可用于工程项目成本的事前控制。

2) 价值工程特征

① 目标上着眼于提高价值。

② 方法上通过系统地分析和比较，发现问题、寻求解决办法。

③ 活动领域上侧重于在产品的研制与设计阶段开展工作，寻求技术上的突破。

④ 组织上开展价值工程活动的全体人员，应有组织、有计划、有步骤地工作。

3) 价值分析的对象

① 选择数量大、应用面广的构配件。

② 选择成本高的工程和构配件。

③ 选择结构复杂的工程和构配件。

④ 选择体积与质量大的工程和构配件。

⑤ 选择对产品功能提高起关键作用的构配件。

⑥ 选择在使用中维修费用高、耗能量大或使用期的总费用较大的工程和构配件。

⑦ 选择畅销产品，以保持优势，提高竞争力。

⑧ 选择在施工（生产）中容易保证质量的工程和构配件。

⑨ 选择施工（生产）难度大、多花费材料和工时的工程和构配件。

⑩ 选择可利用新材料、新设备、新工艺、新结构及在科研上已有先进成果的工程和构配件。

4）提高价值的途径

项目成本控制中的价值工程应结合施工，研究设计的技术经济合理性，从功能、成本两个方面探索有无改进的可能性，以提高工程项目的价值系数。

提高价值的途径有 5 条：

① 功能提高，成本不变。

② 功能不变，成本降低。

③ 功能提高，成本降低。

④ 降低辅助功能，大幅度降低成本。

⑤ 成本稍有提高，大大提高功能。

其中①，③，④条途径是提高价值，同时也降低成本的途径。应当选择价值系数低、降低成本潜力大的工程作为价值工程的对象，寻求对成本的有效降低。

（3）用赢得值法（挣值法）控制成本

赢得值法是通过分析项目成本目标实施与项目成本目标期望之间的差异，从而判断项目实施的费用、进度绩效的一种方法。到目前为止国际上先进的工程公司已普遍采用赢得值法进行工程项目的费用、进度综合分析控制。

1）赢得值法的三个基本参数

赢得值主要运用三个成本值进行分析，它们分别是已完成工作预算成本、计划完成工作预算费用和已完成工作实际成本。

① 已完成工作预算成本

已完工作预算费用为 BCWP 是指在某一时间已经完成的工作（或部分工作），以批准认可的预算为标准所需要的成本总额。由于业主正是根据这个值为承包商完成的工作量支付相应的成本，也就是承包商获得（挣得）的金额，故称挣得值或挣值。

$$BCWP = 已完成工程量 \times 预算成本单价$$

② 计划完成工作预算成本

计划完成工作预算成本，简称 BCWS，即根据进度计划，在某一时刻应当完成的工作（或部分工作），以预算为标准计算所需要的成本总额。一般来说，除非合同有变更，BCWS 在工作实施过程中应保持不变。

$$BCWS = 计划工程量 \times 预算成本单价$$

③ 已完成工作实际成本

已完成工作实际成本，简称 ACWP，即到某一时刻为止，已完成的工作（或部分工作）所实际花费的成本金额。

$$ACWP = 已完工程量 \times 实际成本单价$$

2）赢得值法的评价指标

在三个成本值的基础上，可以确定挣值法的四个评价指标，它们也都是时间的函数。

① 成本偏差 CV：

$$CV = 已完工作预算成本（BCWP）- 已完工作实际成本（ACWP）$$

当 CV 为负值时，即表示项目运行超出预算成本；当 CV 为正值时，表示项目运行节支，实际成本没有超出预算成本。

② 进度偏差 SV：

$$SV = 已完工作预算成本（BCWP）- 计划完成工作预算成本（BCWS）$$

当 SV 为负值时，表示进度延误，即实际进度落后于计划进度；当 SV 为正值时，表示进度提前，即实际进度快于计划进度。

③ 成本绩效指数 CPI：

$$CPI = 已完工作预算成本（BCWP）/ 已完工作实际成本（ACWP）$$

当 CPI<1 时，表示超支，即实际费用高于预算成本；当 CPI>1 时，表示节支，即实际费用低于预算成本。

④ 进度绩效指数 SPI：

$$SPI = 已完工作预算成本（BCWP）/ 计划完成工作预算成本（BSWS）$$

当 SPI<1 时，表示进度延误，即实际进度比计划进度滞后；当 SPI>1 时，表示进度提前，即实际进度比计划进度快。

将 BCWP，BCWS，ACWP 的时间序列数相累加，便可形成三个累加数列，把它们绘制在时间一成本坐标内，就形成了三条 S 形曲线，结合起来就能分析出动态的成本和进度状况。

5. 偏差分析的表达方法

偏差分析可以采用不同的表达方法，常用的有横道图法、表格法和赢得值评价曲线法。

（1）横道图法

用横道图法进行费用偏差分析，是用不同的横道标识已完工作预算成本（BCWP），计划工作预算成本（BCWS）和已完工作实际成本（ACWP），横道的长度与其金额成正比例。见图 6-4 示。

横道图法具有形象、直观、一目了然等优点，它能够准确表达出费用的绝对偏差，而且能一眼感受到偏差的严重性。但这种方法反映的信息量少，一般在项目的较高管理层应用。

（2）表格法

表格法是进行偏差分析最常用的一种方法。它将项目编号、名称、各费用参数以及费用偏差数综合归纳入一张表格中，并且直接在表格中进行比较。由于各偏差参数都在表中列出，使得费用管理者能够综合地了解并处理这些数据。

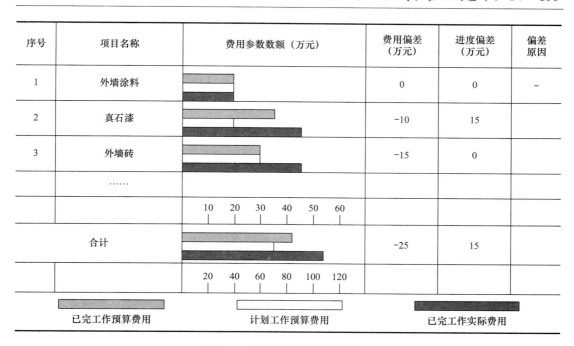

图 6-4　费用偏差分析的横道图

用表格法进行偏差分析具有如下优点。

1）灵活、适用性强。可根据实际需要设计表格，进行增减项。

2）信息量大。可以反映偏差分析所需的资料，从而有利于费用控制人员及时采取针对性措施，加强控制。

3）表格处理可借助于计算机，从而节约大量数据处理所需的人力，并大大提高速度。

表 6-2 是用表格法进行费用偏差的例子。

费用偏差分析表　　　　　　　　　　　　　　　表 6-2

序　号	（1）	1	2	3
项目名称	（2）	外墙涂料	真石漆	外墙砖
单　位	（3）			
预算（计划）单价	（4）			
计划工作量	（5）			
计划工作预算费用（BCWS）	（6）＝（5）×（4）	20	20	30
已完成工作量	（7）			
已完工作预算费用（BCWP）	（8）＝（7）×（4）	20	35	30
实际单价	（9）			
其他款项	（10）			
已完工作实际费用（ACWP）	（11）＝（7）×（9）＋（10）	20	45	45
费用局部偏差	（12）＝（8）－（11）	0	－10	－15
费用绩效指数 CPI	（13）＝（8）÷（11）	1	0.78	0.67
费用累计偏差	（14）＝Σ（12）	－25		
进度局部偏差	（15）＝（8）－（6）	0	15	0
进度绩效指数	（16）＝（8）÷（6）	1	1.75	1
进度累计偏差	（17）＝Σ（15）	15		

（3）曲线法

在项目实施过程中，以上三个赢得值成本参数可以形成三条曲线，即计划工作预算成本（BCWS）、已完工作预算成本（BCWP）、已完工作实际成本（ACWP）曲线，如图 6-5 示。

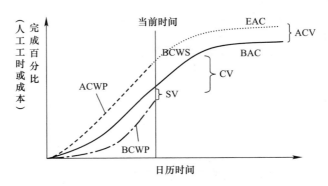

图 6-5　赢得值法评价曲线

图中横坐标表示时间，纵坐标表示费用（以实物工程量、工时或金额表示）。图中 BCWS（计划工作预算费）按 S 形曲线路径不断增加，直至项目结束达到它的最大值，可见 BCWS 是一种 S 形曲线。ACWP（已完工程实际费）同样是进度的时间参数，随项目推进而不断增加，也是 S 形曲线。

CV：CV＝BCWP－ACWP，由于两项参数均以已完工作为计算基准，所以两项参数之差，反映项目进展的费用偏差。

SV＝BCWP－BCWS，由于两项参数均以预算值（计划值）作为计算基准，所以两者之差，反映项目进展的进度偏差。

采用赢得值法进行费用、进度综合控制，还可以根据当前的进度、费用偏差情况，通过原因分析，对趋势进行预测，预测项目结束时的进度、费用情况。

图中：

BAC——项目完工成本，指编计划时预计的项目完工费用。

EAC——预测的项目完工成本，指计划执行过程中根据当前的进度、费用偏差情况预测的项目完工总费用。

ACV——预测项目完工时的费用偏差。

$$ACV= BAC-EAC$$

【案例一】

1. 背景

某施工单位承包了某工程项目的施工任务，工期为 10 个月。业主（发包人）与施工单位（承包人）签订的合同中关于工程价款的内容有：

（1）建筑安装工程造价 1200 万元。

（2）工程预付款为建筑安装工程造价的 20％。

（3）扣回预付工程款及其他款项的时间、比例为：从工程款（含预付款）支付至合同价款的 60％后，开始从当月的工程款中扣回预付款，预付款分三个月扣回。预付款扣回比例为：开始扣回的第一个月，扣回预付款的 30％，第二个月扣回预付款的 40％，第三个月扣回预付款的 30%。

（4）工程质量保修金（保留金）为工程结算价款总额的 3%，最后一个月一次扣除。

（5）工程款支付方式为按月结算。

工程各月完成的建安工作量如表 6-3 所示。

工程结算数据表　　　　　　　　　　　　　　　表 6-3

月份	1～3	4	5	6	7	8	9	10
实际完成建安工程量	320	130	130	140	140	130	110	100

2. 问题

（1）该工程预付款为多少？该工程的起扣点为多少？该工程的工程质量保修金为多少？

（2）该工程各月应拨付的工程款为多少？累计工程款为多少？

（3）在合同中承包人承诺，工程保修期内若发生属于保修范围内的质量问题，在承包人接到通知后的 72h 内到现场查看并维修。该工程竣工后在保修期内发现部分卫生间的墙面瓷砖大面积空鼓脱落，业主向承包人发出书面通知并多次催促其修理，承包人一再拖延。两周后业主委托其他施工单位修理，修理费 1 万元，该项费用应如何处理？

3. 分析

本案例主要考核工程预付款、起扣点以及工程进度款的计算。计算工程预付款、起扣点和工程款时，要注意该工程项目合同的具体约定，按照合同的约定进行计算。

4. 答案

（1）工程预付款为：$1200 \times 20\% = 240$ 万元

工程预付款的起扣点为：$1200 \times 60\% = 720$ 万元

工程质量保修金为：$1200 \times 3\% = 36$ 万元

（2）各月应拨付的工程款：

1～3 月：应拨付的工程款为 320 万元；累计工程款为 320 万元。

4 月份：应拨付的工程款为 130 万元；累计工程款为：$320 + 130 = 450$ 万元。

5 月份：由于累计工程款与预付款之和为：

$450 + 130 + 240 = 820$ 万元＞起扣点 720 万元，因此从 5 月开始扣回工程款。

第一个月扣回预付款的 30%，即 $240 \times 30\% = 72$ 万元。

本月应拨付的工程款：$130 - 72 = 58$ 万元；累计工程款：$450 + 58 = 508$ 万元。

6 月份：本月应拨付的工程款：$140 - 240 \times 40\% = 44$ 万元；累计工程款：$508 + 44 = 552$ 万元。

7 月份：本月应拨付的工程款：$140 - 240 \times 30\% = 68$ 万元；累计工程款：$552 + 68 = 620$ 万元。

8 月份：本月应拨付的工程款为：130 万元；累计工程款为：$620 + 130 = 750$ 万元。

9 月份：本月应拨付的工程款为：110 万元；累计工程款为：$750 + 110 = 860$ 万元。

10 月份应扣除工程价款总额的 3% 作为工程质量保修金，工程质量保修金：36 万元。

本月应拨付的工程款为：$100 - 36 = 64$ 万元；累计工程款：$860 + 64 = 924$ 万元。

（3）1万元维修费应从承包方的工程质量保修金中扣除。

【案例二】

1. 背景

某图书馆拟重新铺设广场砖。2008年1月该图书馆与某装修公司签订了工程施工承包合同。合同中的估算工程量为6200m²，单价为210元/m²（其中：主材选用50mm厚山东白麻烧毛板，主材单价为135元/m²，由业主直接供应）。合同工期为6个月。有付款条款如下：

（1）开工前承包商向业主提供估算合同总价10%的履约保函，业主向承包商支付估算合同总价10%的工程预付款；

（2）工程预付款从累计工程进度款超过估算合同价的50%后的下一个月起，至第5个月均匀扣回；

（3）业主自第一个月起，每月从承包商的工程款中，按5%的比例扣留工程质量保修金；

（4）当累计实际完成工程量超过（或低于）估算工程量的10%时，可进行调价，调价系数为0.9（或1.1）；

（5）由业主直接供应的装修主材应在发生当月的工程款中扣除，且每月签发付款最低金为5万元；

承包商每月实际完成并经签证确认的工程量见表6-4。

每月实际完成工程量　　　　　表6-4

月　份	1	2	3	4	5	6
完成工程量（m²）	1000	1000	1500	1500	1500	600
累计完成工程量（m²）	1000	2000	3500	5000	6500	7100
业主直供主材价格（万元）	15	10	25	20	20	5.85

2. 问题

（1）估算合同总价为多少？

（2）工程预付款为多少？工程预付款从哪个月起扣留？每月应扣工程预付款为多少？

（3）每月工程量价款为多少？应签证的工程款为多少？应签发的付款凭证金额为多少？

3. 分析

本案例给出了处理工程预付款的预付与扣留方法，以及采用估计工程量单价合同情况下，合同定价的调整方法等。

4. 答案

（1）估算合同总价为：210元/m² × 6200m² = 130.2万元

（2）计算

1）工程预付款金额为：130.2 × 10% = 13.02万元

2）工程预付款应从第4个月起扣留，因为前3个月累计工程款为：

210元/m² × 3500m² = 73.5万元 > 130.2 × 50% = 65.1万元

3）每月应扣工程预付款为：13.02/2＝6.51 万元

（3）计算

1）第 1 个月工程量价款为：210×1000＝21.00 万元，应签发的工程款为：21.00×0.95＝19.95 万元，应签发的付款凭证金额为：19.95－15.00＝4.95 万元＜5 万元，第 1 个月不予签发付款凭证。

2）第 2 个月工程量价款为：210×1000＝21.00 万元，

应签发的工程款为：21.00×0.95＝19.95 万元，

应签发的付款凭证金额为：19.95－10.00＋4.95＝14.90 万元

3）第 3 个月工程量价款为：210×1500＝31.50 万元，

应签发的工程款为：31.50×0.95＝29.93 万元，

应签发的付款凭证金额为：29.93－25.00＝4.93 万元＜5 万元，第 3 个月不予签发付款凭证。

4）第 4 个月工程量价款为：210×1500＝31.50 万元，

应签证的工程款为：31.50×0.95＝29.93 万元，

应扣工程预付款为：6.51 万元，

应签发的付款凭证金额为 4.93＋29.93－20.00－6.51＝8.35 万元

5）第 5 个月累计完成工程量为 6500m²，比原估算工程量超出 300m²，但未超出估算工程量的 10%，所以仍按原单价结算。

第 5 个月工程量价款为：1500×210＝31.50 万元，

应签证的工程款为：31.50×0.95＝29.93 万元，

应扣工程预付款为：6.51 万元，

应签发的付款凭证金额为 29.93－20.00－6.51＝3.42 万元＜5 万元，第 5 个月不予签发付款凭证。

6）第 6 个月累计完成工程量为 7100m²，比原估算工程量超出 900m²，已超出估算工程量的 10%，对超出的部分应调整单价。

应按调整后的单价结算的工程量为：7100－6200×（1＋10%）＝280m²

第 6 个月工程量价款为：280×210×0.9＋（600－280）×210＝12.01 万元

应签证的工程款为：12.01×0.95＝11.41 万元

应签发的付款凭证金额为 3.42＋11.41－5.85＝8.98 万元

【案例三】

1. 背景

某项目进展到 21 周后，对前 20 周的工作进行了统计检查，有关情况列于表 6-5。

检查记录表 表 6-5

工作代号	计划完成工作预算成本 BCWS（万元）	已完工作量（%）	实际发生成本 ACWP（万元）	挣值 BCWP（万元）
A	200	100	210	
B	220	100	220	
C	400	100	430	

续表

工作代号	计划完成工作预算成本 BCWS（万元）	已完工作量（%）	实际发生成本 ACWP（万元）	挣值 BCWP（万元）
D	250	100	250	
E	300	100	310	
F	540	50	400	
G	840	100	800	
H	600	100	600	
I	240	0	0	
J	150	0	0	
K	1600	40	800	
L	0	30	1000	1200
M	0	100	800	900
N	0	60	420	550
合计				

注：L，M，N原来没有计划，统计时已经进行了施工。I，J虽有计划，但是没有施工。

2. 问题

（1）挣值法使用的三项成本值是什么？

（2）求出前20周每项工作的BCWP及20周周末的BCWP。

（3）计算20周周末的合计ACWP，BCWS。

（4）计算20周的CV与SV，并分析成本和进度状况。

（5）计算20周的CPI，SPI，并分析成本和进度状况。

3. 分析与答案

（1）挣值法的三个成本值是：已完成工作预算成本（BCWP），计划完成工作预算成本（BCWS）和已完成工作实际成本（ACWP）。

（2）对表6-6进行计算，求得第20周周末每项工作的BCWP；20周周末总的BCWP为6370万元（见表6-6）。

计算结果　　　　　　　　　　　　　　　　　表 6-6

工作代号	计划完成工作预算成本 BCWS（万元）	已完工作量（%）	实际发生成本 ACWP（万元）	挣值 BCWP（万元）
A	200	100	210	200
B	220	100	220	220
C	400	100	430	400
D	250	100	250	250
E	300	100	310	300
F	540	50	400	270
G	840	100	800	840
H	600	100	600	600
I	240	0	0	0
J	150	0	0	0
K	1600	40	800	640
L	0	30	1000	1200
M	0	100	800	900
N	0	60	420	550
合计	5340		6240	6370

（3）20 周周末 ACWP 为 6240 万元，BCWS 为 5340 万元（见表 6-6）。

（4）CV＝BCWP－ACWP＝6370－6240＝130 万元，由于 CV 为正，说明成本节约 130 万元。

SV＝BCWP－BCWS＝6370－5340＝1030 万元，由于 SV 为正，说明进度提前 1030 万元。

（5）CPI＝BCWP/ACWP＝6370/6240＝1.02，由于 CPI 大于 1，成本节约 2%。

SPI＝BCWP/BCWS＝6370/5340＝1.19，由于 SPI 大于 1，进度提前 19%。

【案例四】

1. 背景

某高校装修多间自习教室，计划进度与实际进度见图 6-6，图中粗实线表示计划进度（进度线上方的数据为每周拟完工作的计划成本），粗虚线表示实际进度（进度上方的数据为每周实际发生成本），假定各分项工程每周计划进度与实际进度匀速进行而且各分项工程实际完成工程量与计划完成总工程量相等。

分项工程	计划进度与实际进度（周）									
	1	2	3	4	5	6	7	8	9	10
吊顶龙骨安装及窗帘盒制作安装	5	5	5							
	5	5	5	3						
吊顶矿棉板安装			4	4						
				3	3					
墙面涂刷乳胶漆				3	3	3				
					3	3	3			
地面铺设塑胶地板					7	7	7			
							6	6	7	
固定教室桌椅							6	6		
								4	4	3

图 6-6　某高校自习教室装修工程计划进度与实际进度

2. 问题

（1）计算每周成本数据，并将结果填入表 6-7。

（2）分析第 5 周周末和第 8 周周末的成本偏差和进度偏差。

某高校自习教室装修工程成本数据表（单位：万元）　　表 6-7

项　目	成本数据									
	1	2	3	4	5	6	7	8	9	10
每周拟完工程计划成本										
拟完工程计划成本累计										
每周已完工程实际成本										
已完工程实际成本累计										
每周已完工程计划成本										
已完工程计划成本累计										

3. 分析与答案

（1）每周成本数据的计算结果见表 6-8。

某高校自习教室装修工程成本数据计算结果表（单位：万元）　　表 6-8

项目　　时间（周）	成本数据									
	1	2	3	4	5	6	7	8	9	10
每周拟完工程计划成本	5	5	9	7	10	10	13	6		
拟完工程计划成本累计	5	10	19	26	36	46	59	65		
每周已完工程实际成本	5	5	5	6	6	3	9	10	11	3
已完工程实际成本累计	5	10	15	21	27	30	39	49	60	63
每周已完工程计划成本	3.75	3.75	3.75	7.75	7	3	10	11	11	4
已完工程计划成本累计	3.75	7.5	11.25	19	26	29	39	50	60	65

（2）第 5 周周末和第 8 周周末的成本偏差和进度偏差分析：

1）第 5 周周末成本偏差与进度偏差：

成本偏差＝已完工程实际成本－已完工程计划成本＝27－26＝1＞0，即成本超支 1 万元。

进度偏差＝已完工程实际时间－已完工程计划时间＝5－[3+(26－19)/(26－19)]＝1（周），即进度拖后 1 周。

或：进度偏差＝拟完工程计划成本－已完工程计划成本＝36－26＝10（万元），即进度拖后 10 万元。

2）第 8 周末成本偏差与进度偏差：

成本偏差＝已完工程实际成本－已完工程计划成本＝49－50＝－1＜0，即成本节约 1 万元。

进度偏差＝已完工程实际时间－已完工程计划时间＝8－[6+(50－46)/(59－46)]＝1.69 周，即进度拖后 1.69 周。

或：进度偏差＝拟完工程计划成本－已完工程计划成本＝65－50＝15（万元），即进度拖后 15 万元。

七、常用施工机械机具的性能

（一）垂直运输常用机械机具

1. 吊篮的基本性能与注意事项

（1）基本性能

1）吊篮沿钢丝绳由提升机带动向上顺升，不手卷钢丝绳，理论上爬升高度无限制。

2）提升机采用多轮压绳绕绳式结构，可靠性高，钢丝绳寿命长。

3）采用具有先进水平的盘式制动电机，制动力矩大，制动可靠。

4）独立设置两根安全钢丝绳，在吊篮上装有安全锁，当吊篮提升系统出现重大故障或工作绳破断而坠落，安全锁自动触发，锁住安全钢丝绳，确保人机安全。

5）可根据用户要求作不同的组合，且便于运输。

6）根据不同的屋面形式，可方便地向屋顶运送。

7）装设漏电保护开关，可选择单、双机操作，配有移动操作盒、外用电源盒及上升限位装置。

8）钢结构采用薄壁矩形钢管，结构紧凑、设计合理。

9）电动吊篮适用于建筑物外墙装修。

（2）使用要点与注意事项

1）电动吊篮使用前应检查设备的机械部分和电气部分，钢丝绳、吊钩、限位器等应完好，电气部分应无漏电，接零或接地装置应良好、可靠。

2）使用吊篮人员均应身体健康、精神正常，经过安全技术培训与考核。

3）吊篮屋面悬挂装置安装齐全、可靠；稳定旋转丝杠使前轮离地，但丝杠不得低于螺母上端，支脚垫木不小于 $4 \times 20 \times 20$cm。

4）电动吊篮应设缓冲器，轨道两端应设挡板。

5）作业开始第一次吊重物时，应在吊离地而 100mm 时停止，检查电动葫芦制动情况，确认完好后方可正式作业，露天作业时，应设防雨措施，保证电机、电控等安全。

6）吊篮严禁超载使用，最大荷载不超过 450kg。

7）工作前必须检查：

A　前 2，3 项

B　所有连接件安全、牢固、可靠：无丢失损坏。

C　提升机穿绳正确，在穿绳和退绳时，务必用手拉紧钢丝绳入绳端，使其处于始终张紧状态；钢丝绳无断股、无死结、无硬弯，每捻距中断丝不得多于四根；钢丝绳下端坠铁安全、离地。注意落地时防止坠绳铁撞到篮体。

D　安全锁无损坏、卡死；动作灵活，锁绳可靠；严禁将开锁手柄固定于常开位置。

E　电气系统正常，上下动作状态于手柄按钮标识一致，冲顶限位行程开关灵敏可靠，位置正确。务必将输入电源电缆线与篮体结构牢固捆扎，以免电源插头部位直接受拉，导致电源短路或断路。随时锁好电器箱门，防止灰尘和水溅入；随时打开电器箱侧盖，以便出现紧急情况下，能迅速关闭急停开关。

F　每次使用前均应在 2m 高度下空载运行 2 到 3 次，确认无故障方可使用。

8）每次吊篮运行只能一个人控制，在运行前提醒篮内其他人员并确定上、下方有无障碍物方可进行，下行时特别注意不能碰到坠绳铁。

9）上吊篮工作时必须戴好安全帽，系好安全带，严禁酒后上吊篮工作，禁止在吊篮内抽烟，禁止在篮内用梯子或其他装置取得较高的工作高度。

10）吊篮任一部位有故障均不得使用，应请专业技术人员维修，使用人员不得自行拆、改任何部位。

11）不准将吊篮作为运输工具垂直运输物品。

12）雷、雨、大风（阵风 5 级以上）天气不得使用吊篮，应停置在地而。

13）雨天、喷涂作业和吊篮使用完毕时，应对电机、电器箱、安全锁进行遮盖，下班后切断电源。

14）电动吊篮严禁超载起吊，起吊时，手不得握在绳索与物体之间，吊物上升应严防冲撞。

15）起吊物件应捆扎牢固。电动吊篮吊重物行走时，重物离地面高度不宜超过 1.5m。工作间歇不得将重物悬挂在空中。

16）使用悬挂电气控制开关时，绝缘应良好，滑动自如，人的站立位置后方应有 2m 空地并应正常操作电钮。

17）电动吊篮作业中发生异味、高温等异常情况，应立即停机检查，排除故障后方可继续使用。

18）在起吊中，由于故障造成重物失控下滑时，必须采取紧急措施，向无人处下放重物。

19）在起吊中不得急速升降。

20）电动吊篮在额定载荷制动时，下滑位移量不应大于 80mm 否则，应清除油污或更换制动环。

21）作业完毕后，应停放在指定位置，吊钩升起，并锁好开关箱。

22）操作人员在使用吊篮施工时，不得向外攀爬和向楼内跳跃。

23）按建筑施工安全规模划出安全区，架设安全网。

2. 施工电梯的基本性能与注意事项

（1）基本性能

施工升降机又叫建筑用施工电梯，是建筑中经常使用的载人载货施工机械，由于其独特的箱体结构使其乘坐起来既舒适又安全，施工升降机在工地上通常是配合塔吊使用，一般载重量在 1~3t，运行速度为 1~60M/min。施工升降机的种类很多，按起运行方式有无对重和有对重两种，按其控制方式分为手动控制式和自动控制式。按需要还可以添加变频装置和 PLC 控制模块，另外还可以添加楼层呼叫装置和平层装置。施工升降机的构造原理、特点：施工升降机为适应桥梁、烟囱等倾斜建筑施工的需要，它根据建筑物外形，将导轨架倾斜安装，而吊笼保持水平，沿倾斜导轨架上下运行。

（2）使用要点与注意事项

1）施工电梯安装后，安全装置要经试验、检测合格后方可操作使用，电梯必须由持证的专业司机操作。

2）电梯底笼周围 2.5m 范围内，必须设置稳固的防护栏杆，各停靠层的过桥和运输通道应平整牢固，出入口的栏杆应安全可靠。

3）电梯每班首次运行时，应空载及满载试运行，将电梯笼升离地面 1m 左右停车、检查制动器灵活性，确认正常后方可投入运行。

4）限速器、制动器等安全装置必须由专人管理，并按规定进行调试检查，保持其灵敏度可靠。

5）电梯笼乘人载物时应使荷载均匀分布，严禁超载使用，严格控制载运重量。

6）电梯运行至最上层和最下层时仍要操纵按钮，严禁以行程限位开关自动碰撞的方法停车。

7）多层施工交叉作业同时使用电梯时，要明确联络信号。风力达 6 级以上应停止使用电梯、并将电梯降到底层。

8）各停靠层通道口处应安装栏杆或安全门，其他周边各处应用栏杆和立网等材料封闭。

9）当电梯未切断总源开关前，司机不能离开操作岗位。作业完后、将电梯降到底层，各控制开关扳至零位，切断电源，锁好闸箱门和电梯门。

3. 麻绳、尼龙绳、涤纶绳及钢绞绳的基本性能与注意事项

（1）基本性能

用多根或多股细钢丝拧成的挠性绳索，钢丝绳是由多层钢丝捻成股，再以绳芯为中心，由一定数量股绕成螺旋状的绳。在物料搬运机械中，供提升、牵引、拉紧和承载之用。钢丝绳的强度高、自重轻、工作平稳、不易骤然整根折断，工作可靠。

（2）注意事项

1）常用设备吊装时钢丝绳安全系数不小于 6。

2）钢丝绳在使用过程中严禁超负荷使用，不应受冲击力；在捆扎或吊运需物时，要注意不要使钢丝绳直接和物体的快口棱锐角相接触，在它们的接触处要垫以木板、帆布、麻袋或其他衬垫物以防止物件的快口棱角损坏钢丝绳而产生设备和人身事故。

3）钢丝绳在使用过程中，如出现长度不够时，应采用以下连接方法，严格禁止用钢丝绳头穿细钢丝绳的方法接长吊运物件，以免由此而产生的剪切力对钢丝绳结构造成破坏。

4）常用的连接方式是编结绳套。绳套套入心形环上，然后末端用钢丝扎紧，而捆扎

长度≥15d绳（绳径），同时不应小于300mm。当两条钢丝绳对接时，用编结法编结长度也不应小于15d绳，并且不得小于300mm，强度不得小于钢丝绳破断拉力的75%。

5）另一种方式是钢丝绳卡。绳卡数目与绳径有关，绳径为7～16mm应按3个绳卡；绳径为9～27mm应按4个；绳径为28～37mm应按5个；绳径为38～45mm应按6个。绳卡间距不得小于钢丝绳直径的6～7倍。连接时，绳卡压板应在钢丝绳长头，即受力端。连接强度不应低于钢丝绳破断拉力的85%。

6）钢丝绳在使用过程中，特别是钢丝绳在运动中不要和其他物件相摩擦，更不应与钢边的边缘斜拖，以免钢板的棱角割断钢丝绳，直接影响钢丝绳的使用寿命。

7）在高温的物体上使用钢丝绳时，必须采用隔热措施，因为钢丝绳在受到高温后其强度会大大降低。

8）钢丝绳在使用过程中，尤其注意防止钢丝绳与电焊线相接触，因碰电后电弧会对钢丝绳造成损坏和材质损伤，给正常起重吊装留下隐患。

9）钢丝绳穿用的滑车，其边缘不应有破裂和缺口。

10）钢丝绳在卷筒上应能按顺序整齐排列。

11）载荷由多根钢丝绳支承时，应设有各根钢丝绳受力的均衡装置。

12）起升机构不得使用编结接长的钢丝绳。使用其他方法接长钢丝绳时，必须保证接头连接强度不小于钢丝绳破断拉力的90%。

13）起升高度较大的起重机，宜采用不旋转、无松散倾向的钢丝绳。

14）当吊钩处于工作位置最低点时，钢丝绳在卷筒上的缠绕，除固定绳尾的圈数外，必须不少于2圈。

4. 滑轮和滑轮组的基本性能与注意事项

（1）基本性能

1）使用前应检查滑轮的轮槽、轮轴、颊板、吊钩等部分有无裂缝或损伤，滑轮转动是否灵活，润滑是否良好，同时滑轮槽宽应比钢丝绳直径大1～2.5mm。

2）使用时，应按其标定的允许荷载度使用，严禁超载使用；若滑轮起重量不明，可先进行估算，并经过负载试验后，方允许用于吊装作业。

3）滑轮的吊钩或吊环应与新起吊物的重心在回一垂直线上，使构件能平稳吊升；如用溜绳歪拉构件，使滑轮组中心歪斜，滑轮组受力将增大，故计算和选用滑轮组时应予以考虑。

4）滑轮使用前后都应刷洗干净，并擦油保养．轮轴经常加油润滑，严防锈蚀和磨损。

5）对高处和起重量较大的吊装作业，不宜用吊钩形滑轮，应使用吊环、链环或吊梁型滑轮，以防脱钩事故的发生。

6）滑轮组的定、动滑轮之间严防过分靠近，一般应保持1.5～2m的最小距离。

（2）注意事项

1）使用前应检查滑轮的轮槽、轮轴、颊板、吊钩等部分有无裂缝或损伤，滑轮转动是否灵活，润滑是否良好，同时滑轮槽宽应比钢丝绳直径大1～2.5mm。

2）使用时，应按其标定的允许荷载度使用，严禁超载使用；若滑轮起重量不明，可先进行估算，并经过负载试验后，方允许用于吊装作业。

3）滑轮的吊钩或吊环应与新起吊物的重心在回一垂直线上，使构件能平稳吊升；如用溜绳歪拉构件，使滑轮组中心歪斜，滑轮组受力将增大，故计算和选用滑轮组时应予以考虑。

4）滑轮使用前后都应刷洗干净，并擦油保养，轮轴经常加油润滑，严防锈蚀和磨损。

5）对高处和起重量较大的吊装作业，不宜用吊钩形滑轮，应使用吊环、链环或吊梁型滑轮，以防脱钩事故的发生。

6）滑轮组的定、动滑轮之间严防过分靠近，一般应保持 1.5～2m 的最小距离。

（二）装修施工常用机械机具

1. 常用气动类机具的基本性能与注意事项

（1）空气压缩机

1）基本性能

空气压缩机（图 7-1）又称"气泵"，它以电动机作为原动力，以空气为媒质向气动类机具传递能量，即通过空气压缩机来实现压缩空气、释放高压气体，驱动机具的运转。以空气压缩机作为动力的装修装饰机具有：射钉枪、喷枪、风动改锥、手风钻及风动磨光机等。

图 7-1　空气压缩机

2）开机前的检查

① 开机前应首先检查润滑油油标油位是否达到要求，如无油或油位到达下限，应及时按空气压缩机要求的牌号加入润滑油，防止润滑不良造成故障。

② 接通电源前应首先核对说明书中所要求电源与实际电源是否相同，只有符合要求

时才可使用。

③空气压缩机运转前需用手转动皮带轮，如转动无障碍，打开放气阀，接通电源使压缩机空转，确认风扇皮带轮转动方向与所示方向一致。正式运转前应检查气压自动开关、安全阀、压力表等控制系统是否开启，自动停机是否正常。确认无误后方可投入使用。

3）使用中的检查

使用中应随时观察压力表的指针变化。当储气罐内压力超过设计压力仍未自动排气时，应停机并将储气罐内气体全部排出，检查安全阀。注意：切勿在压缩机运转时检查。

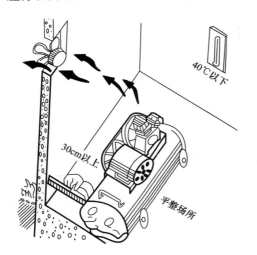

图 7-2　空气压缩机使用环境示意图

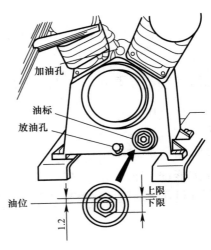

图 7-3　油标油位示意图

空气压缩机在正常运转时不得断开电源，如因故障断电时，必须将储气罐中空气排空后再重新启动。

（2）气动射钉枪

1）基本性能

气动射钉枪是与空气压缩机配套使用的气动紧固机具。它的动力源是空气压缩机提供的压空气，通过气动元件控制机械和冲击气缸实现撞针往复运动，高速冲击钉夹内的射钉，达到发射射钉紧固木质结构的目的，气动射钉枪外形如图 7-4 所示。

气动射钉枪用于装饰装修工程中在木龙骨或其他木质构件上紧固木质装饰面或纤维板、石膏板、刨花板及各种装饰线条等材料。使用气动射钉枪安全可靠，生产效率高，装饰面不露钉头痕迹，高级装饰板材可最大限度得到利用，且劳动强度低、携带方便、使用经济、操作简便，是装饰装修工程常用工具。

气动射钉枪射钉的形状，有直形、U形（钉书钉形）和 T 形几种。与上述几种射钉配套使用的气动射钉枪有气动码钉枪、气动圆头射钉枪和气动 T 形射钉枪。以上几种气动射钉枪工作原理相同，构造类似，使用方法也基本相同，在允许工作压力、射钉类型、每秒发射枚数及钉夹盛钉容量等方面有一定区别，气动码钉枪外形见图 7-5。

2）使用方法

①装钉。一只手握住机身，另一只手水平按下卡钮，并用中指打开钉夹一侧的盖，将

图 7-4 气动射钉枪

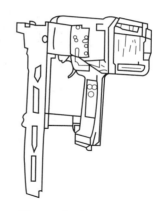

图 7-5 气动码钉枪外形

钉推入钉夹内，合上钉夹盖，接通空气压缩机。②将气动射钉枪枪嘴部位对准、贴住需紧固构件部位，并使枪嘴与紧固面垂直，否则容易出现钉头外露等问题。如果按要求操作仍出现钉头外露的情况，则应先调整空气压缩机气压自动开关，使空气压缩机排气气压满足气动射钉枪工作压力。如非空气压缩机排气压力的问题，则应对气动射钉枪的枪体、连接管进检查，看是否有元件损坏或连接管漏气。

3）使用注意事项

① 使用前应先检查并确定所有安全装置完整可靠，才能投入使用。使用过程中，操作人员应佩戴保护镜，切勿将枪口对准自己或他人。

② 当停止使用气动射钉枪或需调整、修理气动射钉枪时，应先取下气体连接器，并卸下钉夹内钉子，再进行存放、修理。

③ 气动射钉枪适用于纤维板、石膏板、矿棉装饰板、木质构件的紧固，不可用于水泥、砖、金属等硬面。

④ 气动射钉枪只能使用由空气压缩机提供的、符合钉枪正常工作压力（一般不大于0.8MPa）的动力源，而不能使用其他动力源。

（3）喷枪

1）基本性能

喷枪是装饰装修工程中面层装饰施工常用机具之一，主要用于装饰施工中面层处理，包括清洁面层、面层喷涂、建筑画的喷绘及其他器皿的处理等。

由于工程施工中饰面要求不同，涂料种类不同，工程量大小各异，所以喷枪也有多种类型。按照喷枪的工作效率（出料口尺寸）分，可分为大型、小型两种；按喷枪的应用范围分，可分为标准喷枪、加压式喷枪、建筑用喷枪、专用喷枪及清洗喷枪等。

① 标准喷枪。主要用于油漆类或精细类涂料的表面喷涂。因涂料不同，喷涂的要求不同，出料口径不同，可根据实际需要选择。一般对精细料、表面要求光度高的饰面，口径选择应小些，反之应选择较大口径。标准喷枪外形如图 7-6 所示。

② 加压式喷枪。加压式喷枪与标准式喷枪的不同之处在于，其涂料属于高黏度物料，需在装料容器内加压，使涂料顺利喷出。加压式喷枪外形如图 7-7 所示。

③ 建筑用喷枪（喷斗）。主要用于喷涂如珍珠岩等较粗或带颗粒物料的外墙涂料。其

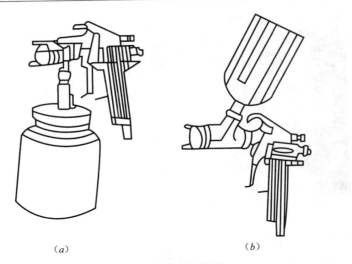

图 7-6　标准喷枪外形

(a) 吸上式；(b) 重力式

出料口径为 20～60mm 不等，可根据物料的要求和工程量的大小随时更换。供料为重力式，直通给料，只有气管一个开关调节阀门。其外形如图 7-8 所示。

④ 专用喷枪。主要以油漆类喷涂为主。美术工艺型用于装饰设计中效果图的喷绘，如图 7-9 所示。

图 7-7　加压式喷枪　　　图 7-8　建筑用喷枪　　　图 7-9　专用喷枪

⑤ 清洁喷枪。有清洗枪、吹尘枪等喷枪，它们不是处理表面涂层而是清洁采用高压气流或有机溶剂，清洗难以触及部位的污垢。其外形如图 7-10 所示。

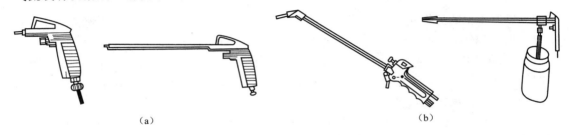

图 7-10　吹尘枪与清洗枪外形

(a) 吹尘枪；(b) 清洗枪

2）使用要点与注意事项

因目前市场上喷枪的规格、型号各不相同，此处只选取具有代表性的喷枪加以说明，其他型号喷枪的使用大同小异。

① 喷枪的空气压力一般为 0.3～0.35MPa，如果压力过大或过小，可调节空气调节旋钮。向右旋转气压减弱，向左旋转气压增强。

② 喷口距附着面一般为 20cm。喷涂距离与涂料黏度有关，涂料加稀释剂与不加稀释剂，喷涂距离有 ±5cm 的差别。

③ 喷涂面大小的调整，有的用喷射器头部的刻度盘，也有的用喷料面旋钮，原理是相同的。用刻度盘调节：刻度盘上刻度"0"与喷枪头部的刻度线相交，即把气室喷气孔关闭，这时两侧喷气孔中无空气喷出，仅从气室中间有空气喷出，涂料呈柱形；刻度"5"与搬线相交，两侧喷气孔有空气喷出，此时喷口喷出的涂料呈椭圆形；刻度"10"与刻度线相交，则可获得更大的喷涂面。用喷涂面调节钮来调节喷出涂料面的大小，顺时针拧动调节钮喷出面变小，逆时针拧动调节钮喷出面变大。

④ 有些喷枪的喷射器头可调节，控制喷雾水平位置喷射或垂直位置喷射。

⑤ 除加压式喷枪之外，喷枪可不用储料罐，而在涂料上升管接上一根软管，软管的另一端插在涂料桶下端，把桶放在较高位置上，不用加料可连续使用较长时间，适用于大面积喷涂工作。

2. 常用电动类机具的基本性能与注意事项

（1）手电钻

1）基本性能

手电钻（图 7-11）是装饰作业中最常用的电动工具，用它可以对金属、塑料等进行钻孔作业。根据使用电源种类的不同，手电钻有单相串激电钻、直流电钻、三相交流电钻等，近年来更发展了可变速、可逆转或充电电钻。在形式上也有直头、弯头、双侧柄、枪柄、后托架、环柄等多种形式。

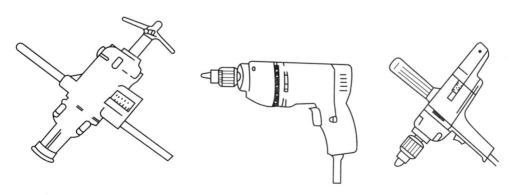

图 7-11　手电钻

2）使用要点

① 钻不同直径的孔时，要选择相应规格的钻头。

② 使用的电源要符合电钻标牌规定。

③ 电钻外壳要采取接零或接地保护措施。插上电源插销后，先要用试电笔测试，外壳不带电方可使用。

④ 钻头必须锋利，钻孔时用力要适度，不要过猛。

⑤ 在使用过程中，当电钻的转速突然降低或停止转动时，应赶快放松开关，切断电源，慢慢拔出钻头。当孔将要钻通时，应适当减轻手臂的压力。

（2）注意事项

① 使用电钻时要注意观察电刷火花的大小，若火花过大，应停止使用并进行检查与维修。

② 在有易燃、易爆气体的场合，不能使用电钻。

③ 不要在运行的仪表旁使用电钻，更不能与运行的仪表共用一个电源。

④ 在潮湿的地方使用电钻，必须戴绝缘手套，穿绝缘鞋。

（3）电锤

1）基本性能

电锤（图 7-12）是装饰施工常用机具，它主要用于混凝土等结构表面剔、凿和打孔作业。作冲击钻使用时，则用于门窗、吊顶和设备安装中的钻孔，埋置膨胀螺栓。国产电锤一般使用交流电源。国外已有充电式电源，电锤使用更为方便。

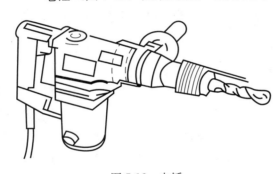

图 7-12　电锤

2）使用方法

① 保证使用的电源电压与电锤铭牌规定值相符。使用前，电源开关必须处于"断开"位置。电缆长度、线径、完好程度，要保证安全使用要求；如油量不足，应加入同标号机油；

② 打孔作业时，钻头要垂直工作面，并不允许在孔内摆动；剔凿工作时，扳撬不应用力过猛，如遇钢筋，要设法避开。

3）注意事项

① 电锤为断续工作制，切勿长期连续工作，以免烧坏电机；

② 电锤使用后，要及时保养维修，更换磨损零件，添加性能良好的润滑油。

（4）型材切割机

1）基本性能

型材切割机作为切割类电动机具，具有结构简单、操作方便、功能广泛、易于维修与携带等特点，是现代装饰装修工程施工常用机具之一。其外形如图 7-13 所示。型材切割机用于切割各种钢管、异型钢、角钢、槽钢以及其他型材钢，配以合适的切割片，适宜切割不锈钢、轴承钢、合金钢、淬火钢和铝合金等材料。

目前国产型材切割机大多使用三相电，切割片以 400mm 为主。进口产品一般使用单相电，切割片直径在 300～400mm。

切割片根据型材切割机的型号、轴径以及切割能力选配。更换不同的切割片可加工钢材、混凝土和石材等材料。图 7-14 为加工型材与石材的专用切割片。

图 7-13　型材切割机外形图

 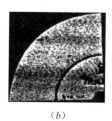

(a)　　　　　　　　　　　(b)

图 7-14　型材切割机专用切割片
(a) 型材专用；(b) 石材专用

2）使用方法

① 工作前应检查电源电压与切割机的额定电压是否相符，机具防护是否安全有效，开关是否灵敏，电动机运转是否正常。

② 工作时应按照工件厚度与形状调整夹钳的位置，将工件平直地靠住导板，并放在所需切割位置上，然后拧紧螺杆，紧固好工件。

③ 切割时，应使材料有一个与切割片同等厚度的刀口，为保证切割精度，应将切割线对准切割片的左边或右边。

④ 若工件需切割出一定角度，则可以用套筒扳手拧松导板固定螺栓，把导板调整到所需角度后，拧紧螺栓即可。

⑤ 要待电动机达到额定转速后再进行切割，严禁带负荷启动电动机。切割时把手应慢慢地放下，当锯片与工件接触时，应平稳、缓慢地向下施加力。

⑥ 切割完毕，关上开关并等切割片完全停下来后，方可将切割片退回到原来的位置。因为切下的部分可能会碰到切割片的边缘而被甩出，这是很危险的。

⑦ 加工较厚工件时，可拧开固定螺栓，将导板向后错一格再将导板紧固。加工较薄工件时，在工件与导板间夹一垫块即可。

⑧ 拆换切割片时，首先要松开处于最低位置的手柄，按下轴的锁定位置，使切割片不能旋转，再用套口扳手松开六角螺栓，取下切割片。装切割片时按其相反的顺序进行。安装时，应使切割片的旋转方向与安全罩上标出的箭头方向一致。

⑨ 如需搬运切割机时，应先将挂钩钩住机臂，锁好后再移动，见图 7-15。

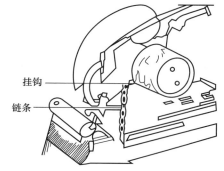

挂钩

链条

3）注意事项

① 每次使用前必须检查切割片有无裂纹或其他

图 7-15　型材切割机挂钩示意图

损坏，各个安全装置是否有效，如有问题要及时处理。

② 必须按说明书的要求安装切割片，用套口扳手紧固。切割片的松紧要适当，太紧会损坏切割片，太松有可能发生危险，也会影响加工精度。

③ 工作时必须将调整用具及扳手移开。

④ 若工件需切割出一定角度，则可以用套筒扳手拧松导板固定螺栓，把导板调整到所需角度后，拧紧螺栓即可。

⑤ 要待电动机达到额定转速后再进行切割，严禁带负荷启动电动机。切割时把手应慢慢地放下，当锯片与工件接触时，应平稳、缓慢地向下施加力。

⑥ 切割完毕，关上开关并等切割片完全停下来后，方可将切割片退回到原来的位置。因为切下的部分可能会碰到切割片的边缘而被甩出，这是很危险的。

⑦ 加工较厚工件时，可拧开固定螺栓，将导板向后错一格再将导板紧固。加工较薄工件时，在工件与导板间夹一垫块即可。

⑧ 拆换切割片时，首先要松开处于最低位置的手柄，按下轴的锁定位置，使切割片不能旋转，再用套口扳手松开六角螺栓，取下切割片。装切割片时按其相反的顺序进行。安装时，应使切割片的旋转方向与安全罩上标出的箭头方向一致。

⑨ 操作时要戴防护目镜。在产生大量尘屑的场合，应戴防护面罩。

⑩ 维修或更换切割片一定要切断电源。切割机的盖罩与螺钉不可随便拆除。

（5）木工修边机

1）基本性能

木工修边机是对木制构件的棱角、边框、开槽进行修整的机具。它操作简便，效果好，速度快，适合各种作业面使用，且深度可调，是一种先进的木制构件加工工具。木工修边机的外形如图 7-16 所示。

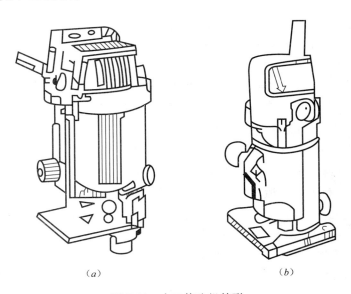

（a）   （b）

图 7-16 木工修边机外形

（a）TR—6 型；（b）TR—6A 型

2）使用要点与注意事项

① 工作前检查所有安全装置，务必完好有效。

② 确认所使用的电源电压与工具铭牌上的额定电压是否相符。

③ 作业中应双手同时握住手柄。双手要远离旋转部件。

④ 闭合开关前要确认刀头没有和工件接触，闭合开关后要检查刀头旋转方向和进给方向。

⑤ 如有异常现象，应立即停机，切断电源，及时检修。

⑥ 电源线应挂在安全的地方，不要随地拖拉或接触油和锋利物件。

3. 常用手动类机具的基本性能与注意事项

（1）手动拉铆枪

1）基本性能

拉铆枪主要有手动拉铆枪、电动拉铆枪和风动拉铆枪三种。电动和风动拉铆枪铆接拉力大，适合于较大型结构件的预制及半成品制作。其结构复杂，维修相对困难，且必须具备气源。在装饰工程施工中最常用的是手动拉铆枪。其外形如图 7-17 所示。

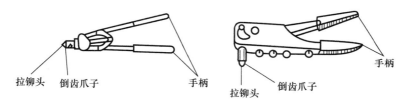

图 7-17　手动拉铆枪

在装饰装修施工中，拉铆枪广泛应用于吊顶、隔断及通风管道等工程的铆接作业。

2）使用要点与注意事项

手动拉铆枪的使用方法如图 7-18 所示。

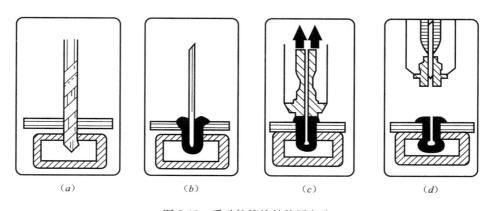

图 7-18　手动拉铆枪的使用方法

（a）在被铆固构件上打孔；（b）将抽芯式铝铆钉放在孔内；（c）用拉铆枪头套紧铆钉，并反复开合手柄；（d）抽出铆钉芯完成紧固工作爪子内。若过紧或过松，可调节拉铆枪头。调节方法是：松开调节螺母，根据需要调节螺套，向外伸长，爪子变紧，反之则变松，调整完毕拧紧调节螺母。

① 拉铆枪头有 $\phi2$、$\phi2.4$、$\phi3$ 等 3 种规格，适合不同直径的铆钉使用。使用时先选定所用的铆钉，根据选定的铆钉尺寸，再选择拉铆枪枪头，将枪头紧固在调节螺套上。选择时，铆钉的长度与铆件的厚度要一致，铆钉轴的断裂强度不得超过拉铆枪的额定拉力，并以钉芯能在孔内活动为宜。

② 将枪头孔口朝上，张开拉杆，将需用的铆钉芯插入枪头孔内，钉芯应能顺利插入

③ 铆钉头的孔径应与铆钉轴滑动配合。需要紧固的构件必须严格按铆钉直径要求钻孔，所钻孔必须同构件垂直，这样才能取得理想的铆接效果。

④ 操作时将铆钉插入被铆件孔内，以拉铆枪枪头全部套进铆钉芯并垂直支紧被铆工件，压合拉杆，使铆钉膨胀，将工件紧固，此时钉芯断裂。如遇钉芯未断裂可重复动作，切忌强行扭撬，以免损坏机件。

⑤ 对于断裂在枪头内的钉芯，只要把拉铆枪倒过来，钉芯会自动从尾部脱出。

⑥ 在操作过程中，调节螺母、拉铆头可能松动，应经常检查，及时拧紧，否则会影响精度和铆接质量。

（2）手动式墙地砖切割机

1）基本性能

手动式墙地砖切割机作为电动切割机的一种补充，广泛应用于装修装饰施工。它适用于薄形墙地砖的切割，且不需电源，小巧、灵活，使用方便，效率较高。

2）使用要点与注意事项

① 将标尺蝶形螺母拧松，移动可调标尺，让箭头所指标尺的刻度与被切落材料尺寸一致，再拧紧螺母，如图 7-19 所示。也可直接由标尺上量出要切落材料的尺寸。注意被切落材料的尺寸不宜小于 15mm，否则压脚压开困难。

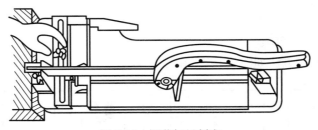

图 7-19   调节标尺刻度

② 应将被切材料正反面都擦干净，一般情况是正面朝上，平放在底板上。让材料的一边靠紧标尺靠山，左边顶紧塑料凸台的边缘，还要用左手按紧材料，如图 7-20 所示。

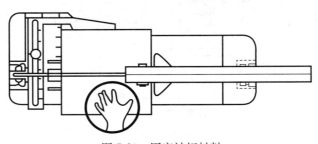

图 7-20   固定被切材料

在操作时底板左端最好也找一阻挡物顶住，以免在用力时机身滑动。对表面有明显高低花纹的刻花砖，如果正面朝上不好切，可以反面朝上切。

③ 右手提起手柄，让刀轮停放在材料右侧边缘上。为了不漏划右侧边缘，而又不使刀轮滚落，初试用者可在被切材料右边靠紧边缘放置一块厚度相同的材料，如图 7-21 所示。

④ 操作时右手要略向下压，平稳地向前推进，让刀轮在被切材料上从右至左一次性地滚压出一条完整、连续、平直的割线，如图 7-22 所示。然后让刀轮悬空，而让两压脚既紧靠挡块，又原地压在材料上（到此时左手仍不能松动，使压痕线与铁衬条继续重合），最后用右手四指勾住导轨下沿缓缓握紧，直到压脚把材料压断。

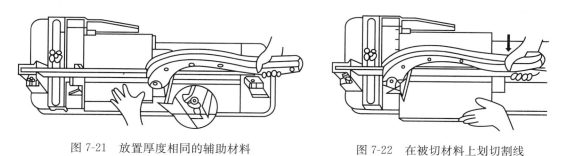

图 7-21　放置厚度相同的辅助材料　　　　图 7-22　在被切材料上划切割线

（三）经纬仪、水准仪的使用

1. 经纬仪、水准仪的基本性能与注意事项

（1）激光经纬仪

1）基本性能

激光经纬仪在光学经纬仪上引入半导体激光，通过望远镜发射出来。激光束于望远镜照准轴保持同轴、同焦。因此，除具备光学经纬仪的所有功能外，还有供一条可见的激光束，十分便于室外装饰工程立面放线。激光经纬仪望远镜可绕过支架作盘左盘右测量，保持了经纬仪的测角精度。也可向天顶方向垂直发射光束，作为一台激光垂准仪用。若配置弯管读数目镜，则可根据竖盘读数对垂直角进行测量。望远镜照准轴精细调成水平后，又可作激光水准仪用。若不使用激光，仪器仍可作光学经纬仪用，见图 7-23。

2）使用方法

① 架立三脚架。将三脚架架于测站上，调节架脚的长度，使得三脚架在放置仪器后，操作者的眼睛稍微高于望远镜视轴水平位置的高度，然后将三脚架上的旋手分别锁紧。

② 放置仪器。打开仪器箱，取出仪器放置脚架上，一只手扶住仪器，另一只手将中心螺钉旋入仪器基座的螺孔内，旋紧

图 7-23　激光经纬仪

中心螺钉时不要放松，也不要过紧；同时关上仪器箱。

③ 水平和直线度、角尺测量。

A 水平测量：调整仪器底盘上水平泡至三面水平（水平泡居中）后，调整仪器上水平/垂直旋钮至垂直位置后，目视刻度盘里刻度精确在90度（此事激光束打出来的是一条水平线），后开始测量被测点的水平；

B 直线度测量：仪器调整水平后，在被测物体两端测量并调出一条平行于两测量点的直线，后根据现场情况，进行逐点测量；得出直线度数据；

C 角尺测量：仪器在调整水平和对好两点的直线度后，调整仪器上的水平/垂直旋钮至水平位置后看激光刻度盘里面的此时的激光刻度数据，并且把它调整到一个整数（便于操作和记忆，如60度、65度、90度……），后测量被测物体的相关数据（相对于对直线的两点）。

3）仪器使用的注意事项：

激光操作仪是一种精密光学仪器，正确合理的使用和保养对提高仪器的使用寿命、保持仪器的精度有很大作用；以下几点需特别注意：

① 仪器从箱中取出需小心，一手扶住照准部，一手握住三角基座，装箱时同取出时动作相同。

② 仪器装上三脚架，锁紧螺栓要牢靠，以防仪器摔下。

③ 操作仪器时，动作要轻柔平稳，转动仪器锁紧机构不要用力过猛。

④ 使用过程中应避免阳光直晒，以免影响观测精度，遇到下雨时，用伞遮住仪器，以防仪器被雨淋坏。

⑤ 仪器受潮后应将仪器进行干燥处理后再使用。

⑥ 仪器表面清洁应用软毛刷轻轻涮出，如有水气或油污，可用干净的丝绸、脱脂棉或擦镜纸轻轻擦净，切莫用手触摸光学零件，以防发霉。

⑦ 仪器长期不用时，要定期试用检查，并且要取出电池；箱体内要放适当干燥剂，干燥剂失效后要立即调换；箱子应放于干燥、清洁、通风良好的室内。

⑧ 仪器应在-10～+45℃温度下使用。

（2）自动安平水准仪

1）基本性能

AL132-C自动安平水准仪主要用于国家二等水准测量，也可用于装饰工程抄平。平板测微器采用直接读数形式，直读0.1mm，估读0.01mm。可在-25°～+45°温度范围内使用，见图7-24。

2）使用要点与注意事项

① 仪器使用前的准备工作

A 调整好三脚架，使三脚架架头平面基本处于水平位置，其高度应使望远镜与观测者的眼睛基本一致。

图 7-24 自动安平水准仪

B　将仪器安置在三脚架架头上，并用中心螺旋手把将仪器可靠紧固。

C　旋转脚螺旋，使圆水准器气泡居中。

D　观察望远镜目镜，旋转目镜罩，使分划板刻划成像清晰。

E　用仪器上的粗瞄准器瞄准标尺，旋转调焦手轮，使标尺成像清晰，这时眼睛作上、下、左、右的移动，目镜影像与分划板刻线应无任何相对位移，即无视差存在，然后旋转微动手轮，使标尺成像于视场中心。

F　当需要进行角度测量或定位时，仪器务必设置在地面标点的中心上方，把垂球悬挂在三脚架的中心螺旋手把上，使垂球的尖与地面标点相距2cm左右，直到垂球对准地面标点，即是定中心于一测点上。

② 仪器的读数

水准仪部

A　高度读数

仪器瞄准标尺后，读数时读取水平十字丝在标尺所截的数值，因是正像望远镜，标尺数字在视场内是由下往上增大，读数时读取十字丝以下，最近的整厘米值，并由十字丝截住的厘米间隔估测到毫米。

B　视距读数量测距离

量测距离时，视距丝读取上丝 A1 值和下丝 A2 值，两者读数差乘 100，即得仪器到标尺的水平距离 c，量测角度望远镜照准目标 A，在金属度盘上读数 a，然后转动仪器，使望远镜照准目标 B，在金属度盘上读数 b，则 A、B 两目标对仪器安置点的平角 $\omega = b - a$。

C　测微器部

旋转测微手轮，使分划板水平横丝与水准标尺最近的厘米格值重合，读取标尺读数和测微器读数，两者相加即为所测值。上下读数方法相同。

2. 红外投线仪的基本性能与注意事项

（1）基本性能

自动安平红外激光投线仪是一种新型的光机电一体化仪器，它采用半导体激光器，激光线清晰明亮。仪器小巧，使用方便。可广泛用于室内装饰，吊顶，门窗安装，隔断，管线铺设等建筑施工中，见图 7-25。

仪器可产生五个激光平面（一个水平面和四个正交铅垂面，投射到墙上产生激光线）和一个激光下对点。两个垂直面在天顶相交产生一个天顶点。

仪器自动安平范围大，放在较为平整物体上，或装在脚架上调整至水泡居中即可。可转动仪器使激光束到达各个方向。微调仪器，能方便、精确地找准目标。自动报警功能可使仪器在倾斜超出安平范围时激光线闪烁，并报警。整平后迅速恢复出光。自动锁紧装置使仪器在关闭时自动锁紧，打开时自动松开。

图 7-25　自动安平红外激光投线仪

（2）使用要点与注意事项

① 将 3 节 5 号碱性电池装入电池盒内，大致整平仪器。

② 打开开关，电源指示灯亮和水平激光线亮。按 H 键水平激光线熄灭。

③ 按 VI 键，V11 垂直激光线和下对点亮。再按 V1 键，V11 和 V12 垂直激光线和下对点均亮。再按 V1 键，V11 和 V12 垂直激光线和下对点均熄灭。按 V2 键，V21 垂直激光线和下对点亮。

再按 V2 键，V21 和 V22 垂直激光线和下对点均亮。再按 V2 键，V21 和 V22 垂直激光线和下对点均熄灭。

④ 如果仪器倾斜度超过±3°时，仪器报警，激光线闪烁。此时应调节基座脚螺旋，使圆水泡居中，这时激光线亮。

⑤ OUTDOOR 键控制激光线的调制。按 OUTDOOR 键打开调制，即可使用探测器在室外使用。再按即关闭调制。

⑥ 如果面板电源指示灯闪烁，表明电池电压不足。此时，应更换新的电池。

参 考 文 献

[1] 陈晋楚. 建筑装饰施工员必读. 北京：中国建筑工业出版社，2009.

[2] 朱吉顶. 建筑装饰基本技能实训指导. 北京：中国机械工业出版社，2009.

[3] 北京土木建筑学会. 建筑装饰装修工程施工操作手册. 北京：经济科学出版社 2004.

[4] 中国建筑装饰协会培训中心编写组. 建筑装饰装修职业技能岗位培训教材. 北京：中国建筑工业出版社，2003.

[5] 中国建筑装饰协会. 中国建筑装饰行业年鉴. 北京：中国建筑工业出版社，2002～2004.

[6] 陈晋楚. 建筑装饰装修经理完全手册. 北京：中国建筑工业出版社，2005.

[7] 北京市建筑装饰协会. 建筑装饰施工员. 北京：高等教育出版社，2008.

[8] 中国建筑工程总公司. 建筑装饰装修工程施工工艺标准. 第一版. 北京：中国建筑工业出版社，2003.

[9] 叶刚. 综合实习. 北京：中国建筑工业出版社. 2003.

[10] 北京土木建筑学会. 建筑工程技术交底记录. 第一版. 北京：经济科学出版社，2003.

[11] 建筑装饰工程手册编写组. 建筑装饰工程手册. 第一版. 北京：机械工业出版社，2002.

[12] 饶勃. 金属饰面装饰施工手册. 第一版. 北京：中国建筑工业出版社，2005.

[13] 陆化来. 建筑装饰基础技能实训. 北京：高等教育出版社，2002.

[14] 彭纪俊. 装饰工程施工组织设计实例应用手册. 北京：中国建筑工业出版社，2001.

[15] 李亚江. 特殊及难焊材料的焊接. 第一版. 北京：化学工业出版社，2003.

[16] 建筑装饰工程手册编写组. 建筑装饰工程手册. 第一版. 北京：机械工业出版社，2002.

[17] 邵刚. 金工实训. 第一版. 北京：电子工业出版社，2004.

[18] 刘光源. 简明电器安装工手册. 第二版. 北京：机械工业出版社. 2001.

[19] 李有安，刘晓敏. 建筑电气实训指导书. 第一版. 北京：科学出版社，2003.

[20] 陈世霖. 建筑工程设计施工详细图集装饰工程（4）. 第一版. 北京：中国建筑工业出版社，2005.

[21] 王朝熙. 建筑装饰装修施工工艺标准手册. 北京：中国建筑工业出版社，2004.

[22] 住宅装饰装修工程施工规 GB 50327—2001. 北京：中国建筑工业出版社，2002.

[23] 建筑装饰装修工程施工质量验收规 GB 50210—2001. 北京：中国建筑工业出版社，2002.

[24] 建筑工程施工质量验收统一标准 GB 50300—2013. 北京：中国建筑工业出版社，2013.

[25] 木结构工程施工质量验收规 GB 50206—2012. 北京：中国建筑工业出版社，2002.

[26] 施工现场临时用电安全技术规 JGJ 46—2005. 北京：中国建筑工业出版社，2005.

[27] 国家建筑工程总局. 建筑安装工人安全技术操作规程. 北京：中国建筑工业出版社，1980.